×

この図鑑のDVDでは、サンゴ礁の海で、たくさんの生き物が生きるすがたを紹介しています。いろいろな生き物がかかわりあって生きているようすを、ぜひ見てみましょう。

DVDの名場面

ここは南の海のサンゴ礁。トゲだらけの大きなオニヒトデに、サンゴはおそわれてしまうのでしょうか。©BBC 2001

カンムリブダイのお目当てはサンゴについた藻類。サンゴもろとも食べてしまいます。©BBC 2001

サンゴ礁には、大きな魚から小さなプランクトンまで、さまざま生き物がくらしています。©BBC 2001

2匹の小さなフリソデエビが、自分の体よりも大きなヒトデを持ち上げようとしています。©BBC 2001

海底では、ハナイカのめすにおすが近づいています。左の大きいほうがめすです。©BBC 2001

満月から数日後の夜。サンゴの新しい命が海いっぱいに飛び出していきます。©BBC 2001

DVDについては、2〜7ページにも紹介してあります。

©2016 BBC Worldwide ltd. BBC and the BBC Earth logos are trademarks of the British Broadcasting Corporation and are used under licence. BBC logo © BBC 1996. BBC Earth logo © BBC 2014 All rights reserved.

http://bbcearthjapan.jp/

スマートフォンで見てみよう！

「3Dで見てみよう」「見てみよう」のマークがあるページから、水の生き物の3DCGや動画が見られるよ。
おうちの人がスマートフォンをもっていたら、おうちの人といっしょに見てみよう！

おうちの方へ

1 アプリをダウンロードしてください

「Google Play（Playストア）」・「App Store」から、ARAPPLI（アラプリ）をダウンロードしてください。

2 スキャンしてください

アラプリを起動し、「見てみよう」のマークがあるページ全体を、スマートフォンなどを縦にして画面いっぱいにスキャンしてください。

↓ページ全体が入るようにスキャンしてください。

「3Dで見てみよう」では、動く水の生き物が現れます！　スマートフォンを上に向けたり、左右に傾けると、いろいろな角度から観察できます。また、ピンチイン、ピンチアウトで拡大縮小ができます。写真を撮って楽しむこともできます。また「見てみよう」では、水の生き物の生態がわかる動画が見られます。

3DCG

動画

※スマートフォンアプリ「ARAPPLI（アラプリ）」のOS対応は　iOS：7,8 Android™4以降となります。
※タブレット端末動作保証外です。
※Android™端末では、お客様のスマートフォンでの他のアプリの利用状況、メモリーの利用状況等によりアプリが正常に作動しない場合がございます。
また、アプリのバージョンアップにより、仕様が変更になる場合があります。詳しい解決法は、http://www.arappli.com/faq/private をご覧下さい。
※Android™はGoogle Inc.の商標です。
※iPhone®は、Apple Inc.の商標です。　※iPhone®商標は、アイホン株式会社のライセンスに基づき使用されています。
※記載されている会社名及び商品名/サービス名は、各社の商標または登録商標です。

動画をうまく再生するには
- かざすページが暗すぎたり、明るすぎると動画が表示しにくい場合があります。照明などで調節してください。
- かざすページに光が反射していたり、影がかぶっていたりするとうまく再生されません。
- 複数のアプリを同時に使用していると、うまく再生されない場合があります。ご確認ください。
- 電波状況の良いところでご利用ください。
- うまく再生できない場合は、一度画面からページをはずして、再度かざし直すとうまく再生できる場合があります。

スマートフォンがない場合は

Web上でも、動画を公開しています。パソコンから下記URLにアクセスしてください。

<動画公開ページ>　http://zukan.gakken.jp/live/movie/

現在のサービスは、2018年6月30日までです。その後は、「学研の図鑑LIVE」のホームページをご覧ください。

<学研の図鑑LIVEホームページ>　http://zukan.gakken.jp/live/

学研の図鑑 LIVE（ライブ）

水の生き物
（みずのいきもの）

[総監修（そうかんしゅう）]
武田正倫（たけだまさつね）
国立科学博物館 名誉研究員

水の生き物の世界へようこそ

海の中にすんでいるのは、魚だけではありません。エビやカニのなかま、貝のなかまなど、たくさんの生き物が生きています。サンゴもそのひとつ。植物のように見えますが、サンゴは動物です。

サンゴは満月がすぎた夜に、卵をうみます。

サンゴは、おもに夜、触手をのばし食べ物をとります。

サンゴといろいろな生き物

サンゴのまわりには、いろいろな生き物が生きています。サンゴの中に身をかくしたり、産卵をしにきたり。また、サンゴを食べにくる生き物もいます。サンゴが生きている海は、たくさんの生き物がかかわりあって生きている世界です。

サンゴにすみつく、イバラカンザシ。

サンゴはミスジチョウチョウウオに食べられてしまいます。

産卵場所として、サンゴを利用するニザダイのなかま。

サンゴにおおいかぶさるように現れたのは、オニヒトデです。
サンゴを食べてしまう生き物です。

サンゴガニがオニヒトデを攻撃

　オニヒトデは、サンゴをとかして食べてしまう、サンゴにとっておそろしい敵です。しかし、サンゴをすみかにしている生き物が、すみかを守るため、オニヒトデを攻撃します。サンゴガニです。

サンゴガニが現れ、オニヒトデを攻撃します。

オニヒトデの弱点の腹側から、はさみで攻撃します。
サンゴガニの攻撃でオニヒトデはにげていきました。
このサンゴは助かったのです。

DVDで見てみよう

　DVDでは、サンゴ礁の海で見られる、たくさんの生き物の生きるすがたを紹介しています。ぜひ見てみましょう。

©2016 BBC Worldwide ltd. BBC and the BBC Earth logos are trademarks of the British Broadcasting Corporation and are used under licence. BBC logo © BBC 1996. BBC Earth logo © BBC 2014 All rights reserved.

もくじ

表紙：オキナワハクセンシオマネキ
背表紙：リュウグウオキナエビス
うら表紙：アメリカザリガニ
とびら：ミズクラゲ

スマートフォンで動画を見よう！ ─── 見返し
DVD関連ページ
水の生き物の世界へようこそ ─── 2
この図鑑の見方と使い方 ─── 10
この図鑑に出てくる水の生き物の特徴 ─── 12
「水」にすむ生き物、どこにいる？ ─── 14

ソライロイボウミウシ

節足動物 ─── 20

- カニのなかま ─── 22
- エビのなかま ─── 48
- ヤドカリのなかま ─── 60
- アナジャコのなかま ─── 66
- シャコのなかま ─── 67
- いろいろな節足動物 ─── 68

軟体動物 ─── 72

- イカ・タコのなかま ─── 74
- ウミウシのなかま ─── 83
- 巻貝のなかま ─── 88
- 二枚貝のなかま ─── 119
- ヒザラガイのなかま ─── 137
- ツノガイのなかま ─── 137
- カタツムリのなかま ─── 138

刺胞動物 ─── 146

- サンゴのなかま ─── 148
- イソギンチャクとそのなかま ─── 152
- クラゲとそのなかま ─── 156

有櫛動物 ─── 161

- クシクラゲのなかま ─── 161

アメリカザリガニ

棘皮動物 —— 164

- ヒトデのなかま —— 166
- クモヒトデのなかま —— 168
- ウニのなかま —— 170
- ナマコのなかま —— 174
- ウミユリのなかま —— 176

アオヒトデ

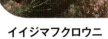
イイジマフクロウニ

いろいろな水の生き物たち —— 177

- 海綿動物 —— 178
- 平板動物、二胚動物、腹毛動物 —— 180
- 輪形動物、鉤頭動物 —— 181
- 扁形動物 —— 182
- 内肛動物 —— 184
- 外肛動物 —— 185
- 箒虫動物、腕足動物 —— 186
- 紐形動物 —— 187
- 環形動物 —— 188
- 毛顎動物、線形動物 —— 193
- 類線形動物、有爪動物 —— 194
- 鰓曳動物、動吻動物、胴甲動物 —— 195
- 緩歩動物 —— 196
- 珍無腸動物、半索動物 —— 197
- 脊索動物 —— 198

- 水の生き物キーワード集 —— 206
- 動物のなかまのつながり —— 208
- さくいん —— 210

LIVE情報 水の生き物の生態などがよく分かるLIVE情報

- オーストラリアのアカガニの集団産卵 —— 47
- アメリカザリガニの生態と観察 —— 58
- 浜辺で「宝探し」をしよう！ —— 71
- 貝がつくる宝石「真珠」 —— 125
- 海の中の美しい貝たち —— 141
- 深海にくらす生き物 —— 142
- イソギンチャクやサンゴとくらす生き物 —— 154
- 海の赤ちゃん大集合 —— 162
- 水の中でくらす単細胞の生き物 —— 200
- 潮だまりで生き物を見つけよう！ —— 202

オヨギイソギンチャク

イバラカンザシ

この図鑑の見方と使い方

　学研の図鑑LIVE「水の生き物」は、水の中にすむ無脊椎動物をまとめた図鑑です（人間をはじめとする哺乳類や魚類は、背骨をもつ脊椎動物です）。おもに、日本の海、川、湖、沼などにすんでいるものを紹介していますが、一部、陸上にすむ生き物や、日本でもよく見られる外国産の生き物ものっているので、いろいろな生き物の特徴を知ることができます。また、DVDの映像やスマートフォンなどで見られる動画で、迫力のある生き物のすがたや、ふだんなかなか見ることのできない場面を見ることができます。ぜひおうちの人と楽しんでください。

■ **小さななかま分け**
　それぞれの動物のグループを小さななかまに分けています。

■ **大きななかま分け**
　「●●動物」と書いてあるのが大きななかま分けです（たとえば、カニのなかまは、節足動物という大きななかまの中に入っています）。

■ **コラム**
　特に覚えておくとよい情報を目立つようにのせています。

■ **豆ちしき**
　ページと合わせて読むと知識が深まります。

■ **生き物の種類はなかまごとにまとめてあります。**

　無脊椎動物のなかでも、比較的目にすることの多いグループから紹介しています。カニやエビなどの「節足動物」、イカやタコ、貝の「軟体動物」といったように続きます。

■ **生き物のデータ**
　水の生き物のすみかや特徴が分かります。

テンテンウミウシ
ドーリス科
● 2.5cm　◆ 西太平洋熱帯域
夏に、外洋に面したどうくつなどで見られます。

● 名前…基本的に和名（日本で使われている正式な名前）です。その後に、科名などをのせています。
● 大きさ…体長など（生き物によって異なります）
● 分布… その生き物が見られる地域
★ おもな特徴…体のくわしい特徴、すみか、食べている物、毒をもっているかなどの情報

● 絶滅危惧種…数が少ない生き物で、環境省のレッドリスト（2015年版）にのっている、絶滅危惧種Ⅱ類（VU）以上の種にマークをつけています。
☀ 有毒マーク…人間が食べたりふれたりすると危険な有毒成分をもつ生き物です。

DVDマーク

このマークのあるページは、DVDにくわしく出ています。ぜひ、DVDも見ましょう。

見てみようマーク

左のマークがあるページは、スマートフォンなどで、3DCGの生き物が動くすがたが見られます。右のマークがあるページは、スマートフォンなどで、生き物の動画が見られます。おうちの人と相談して、楽しんでみましょう。やり方は、1ページの左のページに出ています。

DVD関連ページ

サンゴ礁を舞台にした水の生き物のくらしの一例を、迫力ある写真で紹介しています。

LIVE情報

水の生き物をもっと身近に感じられるような興味深い記事が、いろいろなテーマで用意されています。

■分布に関する日本のおもな地名

「生き物のデータ」の分布には、日本のいろいろな地名や場所が出てきます。その中でもよく出てくる地名や場所を地図に示しましたので、参考にしてください。また、日本の南の海までを記しているものもあります。

この図鑑に出てくる

背骨のない生き物

この図鑑には、水の中にすむ背骨をもたない動物（無脊椎動物）を中心に、さまざまなグループ（門）の生き物が約1300種類出てきます。これらの生き物たちがふくまれるおもなグループを、体のつくりや特徴とともに見ていきましょう。

節足動物　20ページ

体がたくさんの節に分かれていて、頭や胸、腹など、それぞれ異なったはたらきをします。体はかたい膜やから（外骨格）でおおわれ、頭には目や触角などの感覚器があります。脱皮して成長します。

カニのなかま

アカモンガニ

エビのなかま
クルマエビ

いろいろな節足動物
カブトガニ／クロフジツボ／フナムシ

シャコのなかま

フトユビシャコ

ヤドカリのなかま
ムラサキオカヤドカリ

オオワレカラ

軟体動物　72ページ

体がやわらかく、頭と足、胴に分かれています。体の背中側は胴の表面がのびた膜（外套膜）につつまれ、二枚貝や巻貝などではその外側をかたいからがおおっています。

イカのなかま

アオリイカ　スルメイカ

ウミウシのなかま

アオウミウシ

巻貝のなかま

サザエ　マツバガイ　ゴマフイモ

タコのなかま

マダコ

カタツムリのなかま

ミスジマイマイ

オウムガイのなかま

オウムガイ

ヒザラガイのなかま

ヒザラガイ

二枚貝のなかま

ハマグリ　マテガイ

刺胞動物　146ページ

体がやわらかく、刺激を受けると飛び出る毒の針のある細胞（刺胞）が触手にあります。この触手で、えものをさし、とらえて食べます。

クラゲのなかま

ミズクラゲ

イソギンチャクのなかま

ニンジンイソギンチャク

サンゴのなかま

トゲサンゴ

水の生き物の特徴

※生物のなかま分けのしかたには研究者によっていろいろ考え方があり、また、分ける手がかりが時代とともに変化していくため、分け方は確定したものではありません。

棘皮動物 （164ページ）

皮ふの下にかたいからのような外骨格をもっているものがいます。たくさんある先端が吸盤状になった細長い突起（管足）で移動します。

ウニのなかま
サンショウウニ

ヒトデのなかま
アオヒトデ

ナマコのなかま
マナマコ

背骨のある動物って？

この図鑑に登場する背骨をもたない動物（無脊椎動物）に対して、背骨をもつ動物を脊椎動物といいます。脊椎動物は、わたしたちヒトもふくまれる哺乳類、鳥類、爬虫類、両生類、魚類に分けられます。

鳥類／哺乳類／両生類／爬虫類／魚類

有櫛動物 （161ページ）

クシクラゲともいい、短い毛がくしの歯のように並んだ板が体に8列あり、これで水中を泳ぎます。
 ウリクラゲ

海綿動物 （178ページ）

岩などにくっつき、体の表面のたくさんのあなから水を取り入れます。
 ザラカイメン

腹毛動物 （180ページ）

1mm以下の小さな種ばかりで、腹側にある細かい毛の帯で、藻類の上や水底をはいまわります。イタチムシのなかまです。

輪形動物 （181ページ）

沼や池などにすみます。1mm以下の小さな種ばかりで、水中を泳いだり、藻類の上や水底をはいまわります。ワムシのなかまです。

扁形動物 （182ページ）

ウズムシのなかまです。体はやわらかく、扁平です。自由生活をするなかまのほか、日本海裂頭条虫（サナダムシ）などの寄生虫もふくまれます。

外肛動物 （185ページ）

たくさんの個虫が集まって、サンゴのなかまのような群体をつくってくらします。コケムシのなかまです。

腕足動物 （186ページ）

体の背中側と腹側に貝がらをもち、二枚貝ににたすがたをしていて、のばした体の先で岩などにつきます。シャミセンガイなどがいます。

環形動物 （188ページ）

たくさんの、輪のような体節が並んだ体のつくりをしています。ゴカイのなかま、ミミズ、ヒルのなかまに分けられます。

毛顎動物 （193ページ）

ヤムシ類のなかまです。海中をただようようにくらしています。頭部に顎毛というひげと、口に歯があります。

緩歩動物 （196ページ）

クマムシのなかまです。ゆっくり歩くので「緩歩動物」に分けられています。あしには関節はありません。陸上から深海までさまざまな場所にすんでいます。

半索動物 （197ページ）

海にくらす細長い体をした生き物です。海底の砂の中にすむギボシムシのなかまです。

このほかにも、内肛動物、平板動物、箒虫動物、紐形動物、線形動物など、いろいろななかまが出てきます。

豆ちしき サンゴ類、コケムシ類、ホヤ類などの体は多くの個体が集まってできていますが、1個体ずつを個虫といいます。

13

「水」にすむ生き物、どこにいる？

地球上には、真水の川や湖や沼や池などの淡水域、そして塩からい塩分をふくむ海の海水域の、大きく分けて2つの水の環境があります。しかも、同じ川でも上流と下流では、そして同じ海でも沿岸と深海ではまるで環境がちがっています。いろいろな水域の、さまざまな環境にあわせて、特徴のある水の生き物たちがくらしているのです。

川や湖沼・水田

川や湖や沼や池、それに水田は淡水域とよばれます。淡水は真水ともいい、塩分やミネラル分がほとんどふくまれていない水のことです。人間をふくめた陸上の生き物が飲んだり吸収したりすることができる水です。川にはいつも流れていて、つねに動いている水（流水）があります。湖や沼や池、水田にはたまっていてほとんど動かない水（止水）があります。そのちがいも、それぞれの場所にすむ生き物の種類のちがいにつながっています。

サワガニ

川の上流

川の上流は、人里からはなれた山地にあります。けわしい山の谷間を流れ下るため、水の流れが速い急流になっています。また途中には滝つぼのように水がたまり、流れがゆるやかになる場所があります。水中の養分は少なく、水はよくすんでいます。すんでいる生き物の種類は少ないのですが、ここでしか見られない種類が多くいます。

湖や沼や池

湖や沼や池は、水の流れがほとんどなく、水温などの環境の変化が少ない場所です。また水には周辺から流れこんだ養分が多くふくまれています。岸近くには水草などがしげり、それをえさやすみかにする生き物が多く見られます。

マルタニシ

砂浜や干潟

砂浜は、海流や波で運ばれた砂が、海岸に積み重なったものです。一方の干潟は、おもに川から運ばれた砂や泥が河口や湾の奥の海岸近くに積み重なったものです。干潟は、満潮時には海中にしずみ、干潮時には海面上にあらわれます。どちらも地上部分は平らで開けていて、かくれるような場所はあまりありません。一見、生き物がいない場所にも見えますが、ほとんどの生き物は砂や泥に巣穴を掘るなどしてもぐり、天敵となる野鳥などから身をかくしています。

ツノナガコブシガニ

ツメタガイ

タマシキゴカイのふん

アサリ

ヤマトオサガニ

ホソウミニナ

モミジガイ

潮だまり(タイドプール)

潮だまり(タイドプール)とは、潮が引いたときに、潮間帯にある岩場のくぼみなどに海水がとり残されてできる水たまりです。潮だまりは水深が浅く、天気や気温、波などの影響を受けやすいため、水温や水質の変化がはげしいとてもきびしい環境です。そのため、つねに海水中にある環境とは少しちがった生き物が見られるのが特徴です。また、大型の捕食生物が海から入りこみにくいので、生き物の産卵場所や幼体の成長場所にもなっています。

ウメボシイソギンチャク
マツバガイ
アオウミウシ
ホンヤドカリ
ムラサキウニ
カメノテ
イトマキヒトデ

潮だまりのようす(タイドプール)

潮が満ちたり引いたりして海面の高さが変わります。そのときに水たまりのようなところができるのが潮だまりです。

飛沫帯(潮上帯)
高潮線(満潮時の海面)
潮だまり (タイドプール)
潮間帯
低潮線(干潮時の海面)
潮下帯

17

広い海の中

海はとても広く、潮が引けば干上がってしまうようなごく浅い海岸から、水深数千mの深海、岩礁やサンゴ礁、砂地、それに陸地から遠くはなれた外洋の表層、中層域、海面を氷がおおう極地海域など、さまざまな環境があります。それぞれの場所には、その環境に適応した数多くの生き物がくらしていて、海の生態系を豊かなものにしています。

アオミノウミウシ

カツオノエボシ

外洋の表層〜中層

外洋の表層や中層は、生き物のすみかとなるものがほとんどなく、生き物は海面や水中をただよったり、流れ藻などの漂流物についたりしていますが、その種類は限られています。

クマエビ

砂地

海の底の砂地は、表面に身をかくすようなものが少ないため、生き物は砂にもぐっています。日中に活動するものもいますが、多くは天敵の魚などが眠る夜間に砂から出て活動します。

タコノマクラ

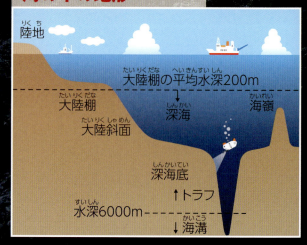

海の中の地形

陸地　大陸棚の平均水深200m　大陸棚　深海　海嶺　大陸斜面　深海底　↑トラフ　水深6000m　↓海溝

ハダカカメガイ

北の海
北の海は、夏でも水温があまり上がらず、冬には海面を流氷がおおうこともあります。低い水温の海でくらせる生き物の種類は多くありませんが、海水中の栄養分が多く、プランクトンも豊富なため、特徴的な生き物が見られます。

サンゴ礁
サンゴ礁には、サンゴがつくり出す複雑な海底の地形を利用してくらす小さな生き物が、数多くくらしています。また、それらを捕食するためにたくさんの生き物がやってくるので、さまざまな種類の生き物を見ることができます。

ツツボヤの一種

ウミトサカの一種

ヒメジャコ

岩礁
岩礁は岩にかたちづくられている地形です。岩がつくる複雑な地形は生き物のすみかやかくれ場所として利用されています。かたくしっかりとした岩は、付着性の生き物の基盤となります。またその生き物の体に寄生したり、共生したりするものも見られます。

マンジュウヒトデ

ダイオウグソクムシ

深海
近年、太陽の光のとどかない真っ暗な深海にも、意外と多くの生き物がくらしていることがわかってきました。海底のクジラの骨や熱水噴出孔のまわりで、ほかでは見られない特殊な生態をもつ生き物も見つかっています。

節足動物

カニ・エビ・ヤドカリのなかまなど

節足動物は、エビやカニ、ヤドカリのなかまをはじめ、昆虫やクモ、サソリ、ムカデなどをふくむ動物のグループです。現在生きている動物の85％以上にあたる、100万以上の種類がいます。

節足動物の体は、外骨格というかたい膜やからでつつまれていて、形がちがう何種類かの節がつながってできています。海水や淡水から地上や空中、地中まで、さまざまな場所にすんでいます。

目や口が集まる頭

頭（頭部や頭胸部）は、たくさんの節がくっつきあってひとかたまりになっています。かたい甲のようになっているものも多く、そこに、目や口、触角などの器官が集まっています。

- カニのなかま　22ページ
- エビのなかま　48ページ
- ヤドカリのなかま　60ページ
- アナジャコのなかま　66ページ
- シャコのなかま　67ページ
- いろいろな節足動物　68ページ

あしに関節がある

節から出ている1対のあしやひげなどを、付属肢といいます。付属肢には関節があり、筋肉によって細かい動きをすることができます。

本当の大きさです
クマエビ

外骨格につつまれた体
体は外骨格につつまれた節がつながってできています。外骨格は、クチクラというたんぱく質の膜が発達していて、甲のようにかたい部分もあれば、皮のようにやわらかで強い部分もあります。

脱皮して成長する
体が外骨格につつまれているので、成長して大きくなるためには、定期的にきつくなった古い外骨格をぬぎ、ゆとりのある新しい外骨格を身にまといます。

エビのなかまです。砂地の海底を歩いています。腹にある腹肢や尾扇を動かして泳ぐこともできます。幼生は水中をただよってくらします。

甲殻類の特徴
この図鑑に出てくる節足動物は、甲殻類というグループにふくまれています。多くは海水中にすんでいて、体は頭部と胸部（多くのものは頭部と胸部がくっついて頭胸部になる）、腹部に分かれています。頭部に2対の触角があり、胸部には歩くためのあし（歩脚）や泳ぐためのあし（遊泳脚）があり、腹部には補助的なあし（腹肢）や尾びれのような器官（尾扇や尾肢）などがあります。カニ・エビ・ヤドカリのなかまや、シャコのなかまなどがいます。

ミジンコやダンゴムシも甲殻類です。

21

◆大きさ ◆分布 ★おもな特徴など

カニのなかま❶ Crab

カニのなかま（節足動物）

淡水にすむサワガニから深海にすむカニまで、いろいろな種類がいます。日本産のもので約1000種ほどです。体が、頭部、胸部、腹部にはっきり分かれ、たくさんの体節をもつ節足動物です。あしが左右合わせて10本あります。

目
目は柄の先についています。多くの種類のカニは、目を甲のみぞにしまうことができます。目の柄のつけ根には触角があります。

腹側のつくり
（写真はサワガニ）

あしは胸部についている（胸脚）。

腹部

おす

はさみあし
1対目のあし。食べ物をはさんで口に運んだり、けんかに使ったりします。特におすは、ふつう大きいはさみをもちます。

歩脚
歩くときに使うあしです。4対8本あります。

スナガニ おす

めすは腹部に卵をかかえて育てます。おすよりもはばが広くなっています。

めす

背中側に甲があります（こうらともいいます）。甲やあしをつつむ「から」を何度もぬいで（脱皮）大きくなります。

十脚類の「腹部」と「あし」の見え方をくらべてみよう

カニ、ヤドカリ、エビのなかまを、十脚類といいます。胸部から出るあしが、はさみをふくめて、5対10本あるなかまです。ただし、10本のあしが、はっきり見えているもの、そうでないものがあります。それぞれのなかまの腹部を見て、節の折りたたまれ方や、あしの見え方をくらべてみましょう。

カニのなかま
（ケガニ）

腹部
あしは10本見えている。

腹部…折りたたまれている。
あし…10本見えている。

エビのなかま
（アメリカザリガニ）

腹部
あしは10本見えている。

腹部…折りたたまれていない。
あし…10本見えている。

ヤドカリのなかま❶
（ケアシホンヤドカリ）

腹部
後ろの2対のあしはふつう貝がらに入っている。

腹部…折りたたまれていないがねじれている。
あし…10本見えているが、後ろの2対は小さい。

★巻貝に入る種は、腹部がねじれています。はさみ以外の2対のあしを使い、よく後ずさりします。

ヤドカリのなかま❷
（タラバガニ）

腹部
あしははさみを入れて8本見えている。

腹部…折りたたまれている。
あし…8本見えている。後ろの1対は見えない。

★腹部が折りたたまれているヤドカリのなかまです。後ろの1対のあしは小さく、甲にかくれていて見えません。

豆ちしき　カニ類の目は、柄の先についています。柄が長いほうがまわりの状況を早く知ることができます。

アサヒガニ

アサヒガニ科 ♠甲長20cm ◆相模湾以南、ハワイ、西太平洋、インド洋 ★水深20〜50mの砂地にもぐっています。目がとび出していますが、引っこめることもできます。甲はつぶつぶでおおわれ、うろこのようになっています。めすでは甲の前の歯が小さくなっています。食用。(写真はおす)

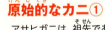
見てみよう
アサヒガニ

砂にもぐって身をかくす

アサヒガニのあしは平たく、砂をかいたり、掘ったりしやすい形です。ふだんは砂に浅くもぐり、目だけ出していて、危険を感じると、すばやく深くもぐり、身をかくします。(写真はめす)

腹側から見たアサヒガニ

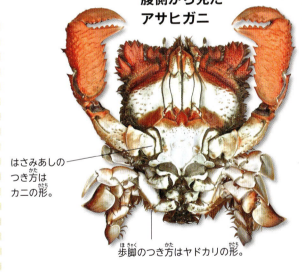

はさみあしのつき方はカニの形。

歩脚のつき方はヤドカリの形。

原始的なカニ①

アサヒガニは、祖先であるヤドカリの形を残す原始的なカニです。腹側から見ると、左右のはさみあしはカニのように、はなれてついていますが、歩脚はヤドカリのように、左右の根もとがくっついています。カニのように腹部を完全に折りたたむことができません。

ビワガニ

ビワガニ科 ♠甲長4cm ◆房総半島以南、ハワイ、オーストラリア ★水深30〜100mの砂地にすみます。甲の横にとげが1対あります。

トゲナシビワガニ

ビワガニ科 ♠甲長3.5cm ◆相模湾以南、香港 ★水深30〜100mの砂地にすみます。甲の横にとげがありません。

豆ちしき ビワガニという名前は、甲の形が、中国から日本に伝えられた楽器の琵琶ににているためです。

♠ 大きさ　◆ 分布　★ おもな特徴など

カニのなかま❷

カニのなかま（節足動物）

ワタゲカムリ
カイカムリ科 ♠甲幅3.5cm ◆北海道をのぞく日本沿岸、ハワイ、西太平洋、インド洋 ★水深20〜250mの岩場にすみます。全身がやわらかい毛でおおわれています。

アカゲカムリ
カイカムリ科 ♠甲幅5cm ◆相模湾〜土佐湾、インド洋中部 ★水深50〜90mの岩場にすみます。全身が赤褐色の短い毛でおおわれています。

カイカムリ
カイカムリ科 ♠甲幅10cm ◆北海道南部以南、西太平洋、インド洋 ★水深60〜250mの小石まじりの海底にすみます。体の後半部にカイメンをせおいます。

オオカイカムリ
カイカムリ科 ♠甲幅15cm ◆紀伊半島以南、ハワイ、西太平洋、インド洋、紅海 ★水深5〜50mの岩礁、サンゴ礁にすみます。体の後半部にカイメンをせおいます。

ミズヒキガニ
ミズヒキガニ科 ♠甲長1.5cm ◆青森県〜九州、韓国 ★水深30〜100mの岩場の海底にすみます。ヤギ類の切れはしを、最後の短いあしでもちはこびます。

毒をもつ「シロガヤ」をせおっているミズヒキガニ。

後ろ2対のあしで、せおったものをおさえる。

原始的なカニ②
アサヒガニに近いなかまの、カイカムリ科、ヘイケガニ科、ホモラ科、ミズヒキガニ科のカニは、貝がらやカイメンなどをせおって身をかくします。これは祖先のヤドカリの習性ににています。後ろの1対か2対のあしが短く、背中側についているため、せおうものをおさえることができます。

サナダミズヒキガニ
ミズヒキガニ科 ♠甲長1.5cm ◆東京湾以南の太平洋沿岸、秋田県以南の日本海沿岸、西太平洋、インド洋 ★水深50〜300mの砂地にすみます。最後の短いあしには毛のふちどりがあります。

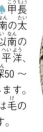

豆ちしき　ミズヒキガニの名は、歩脚が細長く、祝儀袋などにかける水引ににているためです。

サメハダヘイケガニ
ヘイケガニ科 ♠甲幅4cm ◆北海道〜九州までの全沿岸 ★水深15〜150mの砂地にすみます。

甲は細かいつぶでおおわれていて、ざらざらしている。

ヘイケガニ
ヘイケガニ科 ♠甲長2cm ◆駿河湾以南、韓国、中国北部 ★水深50〜150mの砂まじりの泥地にすんでいます。二枚貝のからなどをせおって身をかくしています。

キメンガニ
ヘイケガニ科 ♠甲幅3.5cm ◆本州北部から南の全沿岸、東シナ海、南シナ海 ★水深15〜70mの砂地にすみます。体は短毛でおおわれ、いぼのようなつぶがあります。

甲に鬼の顔のようなもよう。

「こわい顔」をかくすヘイケガニのなかま

ヘイケガニ

瀬戸内海でよく見られるヘイケガニには、約800年前に瀬戸内海でほろんだ平家の亡霊が宿り、甲にうらみのこもったこわい顔が現れたという伝説があります。しかしヘイケガニは、イソバナや貝がらなどを甲の上にせおう習性があり、「顔」はふだんかくれているため、「顔」で敵をおどかすことはありません。

テナガエバリア
コブシガニ科 ♠甲幅7mm ◆東京湾以南の太平洋沿岸、富山湾以南の日本海沿岸、東シナ海、オーストラリア ★水深30〜300mの貝がらの多い海底にすみます。

コブシガニ
コブシガニ科 ♠甲幅3cm ◆東京湾〜九州、インド洋中部 ★水深35〜300mの砂地にすみます。甲に6個のまるい斑紋が3個ずつたてに並んでいます。

トウヨウホモラ
ホモラ科 ♠甲長2cm ◆相模湾以南、西太平洋、インド洋 ★水深30〜150mの岩場にすんでいて、ヤギ類などをせおいます。

トゲトサカをせおうトウヨウホモラ。

テナガコブシガニ
コブシガニ科 ♠甲幅3cm ◆東京湾以南の太平洋沿岸、秋田県以南の日本海沿岸、東シナ海、南シナ海 ★水深10〜180mの砂地にすみます。おすのはさみあしは、甲幅の3倍以上になります。

長いはさみあし。

オオコブシガニ
コブシガニ科 ♠甲幅6cm ◆土佐湾、フィリピン、インドネシア ★水深100〜200mの砂地にすみます。大型種。甲は半球状。

細かいつぶでおおわれている。

ヘリトリコブシガニ
コブシガニ科 ♠甲幅1.5cm ◆東京湾〜九州、韓国、中国北部 ★干潟から水深30mまでの泥底にすみます。甲のまわりに、はばのせまいふちどりがあります。

豆ちしき コブシガニの名は、甲のりんかくがまるく、背面がにぎりこぶしのようにもりあがっているためです。

♠大きさ　◆分布　★おもな特徴など

カニのなかま❸

カニのなかま（節足動物）

ツノナガコブシガニ
コブシガニ科 ♠甲幅2.5cm ◆房総半島〜九州、オーストラリア、インド ★水深30〜100mの砂地にすみます。甲には白い点、あしには紅白もようがあります。

とげが11本

ジュウイチトゲコブシガニ
コブシガニ科 ♠甲幅2cm ◆東京湾〜九州、インド ★水深50〜100mにすみます。甲は小さなつぶつぶでおおわれ、ふちに11本のとげがあります。

ヨコツノコブシガニ
コブシガニ科 ♠甲幅6cm（左右の突起をふくむ） ◆相模湾〜土佐湾、香港、ペルシャ湾 ★水深50〜100mの砂地にすみます。甲の左右にある巨大な突起は、先がとがっていることもあります。

大きな突起

ヒシガタコブシガニ
コブシガニ科 ♠甲幅1.5cm ◆紀伊半島以南、九州西岸 ★水深50〜100mの砂や泥の海底にすみます。甲の左右で、前のへりと後ろのへりとがくいちがっています。

オオサカツノナガコブシガニ
コブシガニ科 ♠甲幅2.5cm ◆相模湾以南、西太平洋、インド洋 ★水深30〜100mの砂地の海底にすみます。ツノナガコブシガニににていますが、甲の白い斑紋が赤褐色の線で囲まれています。

マメコブシガニ
コブシガニ科 ♠甲長・甲幅共1.5cm ◆東京湾〜九州、韓国、台湾、中国北部 ★内湾の干潟で、潮干狩りの時期に、おすがめすをかかえているすがたを見ることができます。

メガネカラッパ
カラッパ科 ♠甲幅9cm ◆東京湾以南、西太平洋、インド洋、紅海 ★水深30〜50mの海底にもぐっています。目のまわりにめがねのようなもようがあります。

トラフカラッパ
カラッパ科 ♠甲幅13cm ◆東京湾以南、西太平洋、インド洋 ★水深30〜100mの砂地にすみます。はさみあしや甲のはしにトラのようなもようがあります。

円形のもよう

巻貝を割る右のはさみ

はさみにある大きな突起を貝がらのふちにひっかけて、かん切りのように貝を割り、中身を食べます。

目

はさみあしに円形のもようがあります。

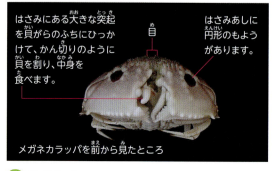
メガネカラッパを前から見たところ

ヨツモンカラッパ
カラッパ科 ♠甲幅9cm ◆沖縄、台湾 ★水深30〜50mの砂地にすみます。形はトラフカラッパにていますが、大型個体でも甲面の4つの斑紋がはっきりしています。

豆ちしき　巻貝類は95％以上が右巻きなので、巻貝を割って食べるカラッパ類も右のはさみが大きいのです（右利き）が、まれに左利きがいます。

ミツハキンセンモドキ
カラッパ科 ♠甲幅5cm（甲の横の突起をのぞく） ◆相模湾から土佐湾、日本海、インド洋中部 ★水深60〜275mの砂の海底にすみます。甲の横に大きな突起があること、はさみあしの外側に三角形の歯が3つあることが特徴です。

マルソデカラッパ
カラッパ科 ♠甲幅9cm ◆相模湾以南、ハワイ、西太平洋、インド洋 ★サンゴ礁の砂地から水深30mくらいまでの海底にすみます。甲はなめらかで、甲のふちに歯がないので、この名があります。赤褐色の小さな丸紋があるものもいます。

キンセンガニ
キンセンガニ科 ♠甲幅4.5cm ◆東京湾以南、西太平洋、インド洋 ★内湾の砂地にすみます。歩脚は4対とも先が平たく、それぞれ形がちがいます。砂にもぐるのも泳ぐのもじょうずです。

平たいあし

ケガニ
クリガニ科 ♠甲長12cm ◆日本海、茨城県沖以北、北海道沿岸、オホーツク海、ベーリング海 ★水深30〜200mの砂地にすみます。体は短いとげとかたい毛でおおわれています。重要な食用ガニです。

コモンガニ
キンセンガニ科 ♠甲幅4cm ◆奄美大島以南、西太平洋、インド洋 ★サンゴ礁海域の砂地にすみます。キンセンガニににていますが、甲面をおおう斑点は小さいです。

トゲクリガニ
クリガニ科 ♠甲幅10cm ◆北海道西岸、津軽海峡、三陸海岸 ★磯から浅い海の岩礁にすみます。ケガニににていますが、甲の横に大きな突起があります。食用。

オオツノクリガニ
ツノクリガニ科 ♠甲長5cm ◆駿河湾から土佐湾 ★水深100〜300mの泥底にすみます。おすでは必ず右側のはさみあしが大きくなります。

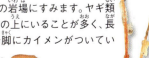

クモガニ
クモガニ科 ♠甲長1.5cm ◆東京湾以南、西太平洋、インド洋中部 ★水深10〜50mの岩場にすみます。前2対の歩脚には長い毛のふちどりがあり、たいていカイメンがついています。

イッカククモガニ
イッカククモガニ科 ♠甲長1.5cm ◆もともと北アメリカ太平洋沿岸に分布 ★船で日本（仙台湾から九州）、韓国、ニュージーランド、ブラジル、アルゼンチンなどに運ばれました。日本での最初の発見は東京湾で1970年です。

アケウス
クモガニ科 ♠甲長2cm ◆東京湾から九州西岸 ★水深10〜50mの岩場にすみます。ヤギ類などの上にいることが多く、長い歩脚にカイメンがついています。

長い歩脚

豆ちしき トゲクリガニにそっくりなクリガニでは、ひたいの4つの歯が同じ大きさです（トゲクリガニでは中央の2歯が小さい）。

27

♠大きさ ◆分布 ★おもな特徴など

カニのなかま④

カニのなかま（節足動物）

モクズショイ
クモガニ科 ♠甲長3.5㎝ ◆東京湾以南、西太平洋、インド洋 ★水深10～30mの岩場にすみます。黄色く曲がった毛に、海藻やカイメンなどをつけます。

ツノガニ
ツノガニ科 ♠甲長5.5㎝ ◆東京湾以南、オーストラリア、インド ★水深30～100mにすみます。甲は短い毛でおおわれ、体にカイメンやヒドロ虫のなかまをつけています。

――細長いあし

オウストンガニ
クモガニ科 ♠甲幅3cm ◆相模湾～土佐湾 ★水深300～500mの泥の海底にすみます。

見てみよう
モクズショイ

ハリセンボン
クモガニ科 ♠甲長2.2㎝ ◆房総半島～九州 ★水深30～200mの砂地や泥地にすみます。体全体がとげにおおわれています。

長いつの

コノハガニは、色や形がまわりの海藻にそっくりです。それは、食べた海藻の色を甲にためることができるためといわれています。

エダツノガニ
ツノガニ科 ♠甲長10㎝ ◆相模湾～九州 ★水深100～200mにすみます。体は短い毛でおおわれ、つのは長くて、先端近くにとげが1本ずつあります。

おす
めす

コノハガニ
モガニ科 ♠甲長3cm ◆房総半島以南、西太平洋、インド洋 ★低潮線～水深30mにすみます。甲の形が、おすは三角形、めすは四角形です。

ヨツハモガニ
モガニ科 ♠甲長3cm ◆北海道～九州、韓国 ★磯の海藻の間にすみます。体の色はすんでいるところの海藻の色ににます。

海藻をちぎって、甲の毛につけるヨツハモガニ

イボイソバナガニ
モガニ科 ♠甲長1.5cm ◆相模湾以南、西太平洋 ★水深10～20mでムチカラマツ（刺胞動物）についています。甲のでこぼこが、ムチカラマツにそっくりです。

豆ちしき　ズワイガニのめすは、甲幅が7㎝くらいになると、交尾し産卵します。約1年後にこどもがかえると、またすぐ産卵するので大きくなれません。

ノコギリガニ
ケアシガニ科 ♠甲長4cm
◆相模湾以南、西太平洋、インド洋 ★潮間帯の岩礁やサンゴ礁から水深30mの海底にすみます。甲のふちにのこぎり状の突起があります。

カイメンガニ
ケアシガニ科 ♠甲長3.5cm
◆東京湾以南、西太平洋、インド洋 ★水深10〜50mの岩場にすみます。甲やあしにカイメンや海藻、ごみがついています。

イソバナガニ
モガニ科 ♠甲長1.5cm ◆相模湾以南、西太平洋 ★水深10〜20mにすむイソバナについています。イソバナと色が同じで、あまり動きません。

ズワイガニ
ケセンガニ科 ♠甲幅15cm（おす）・7cm（めす） ◆日本海、房総半島以北、北海道、ベーリング海 ★水深150〜350mにすむ重要な食用ガニで、地方によって、マツバガニ、エチゼンガニなどいろいろなよび名があります。

ベニズワイガニ
ケセンガニ科 ♠甲長15cm ◆北海道〜鳥取県、相模湾 ★水深450〜2500mの深い海にすみます。ズワイガニより赤みの強い色です。

ケアシガニ
ケアシガニ科 ♠甲長9cm ◆東京湾〜九州、台湾 ★水深20〜50mの岩礁にすみます。甲のふちに長い突起があり、あしに黄色い毛が生えています。

豆ちしき　歩脚の長いカニ類は、英語ではspider crab（スパイダークラブ　クモガニ類）とよばれます。

●大きさ ◆分布 ★おもな特徴など

カニのなかま❺

カニのなかま（節足動物）

タカアシガニ
クモガニ科 ●甲長35cm・甲幅30cm ◆岩手県〜九州、東シナ海 ★水深200〜400mにすむ世界最大のカニで、大きいものはあしを広げると3mをこえます。春の産卵期は、水深20〜30mまで移動します。

おす

タカアシガニ（めす）
おすとくらべて、はさみあしが短いのが特徴です。

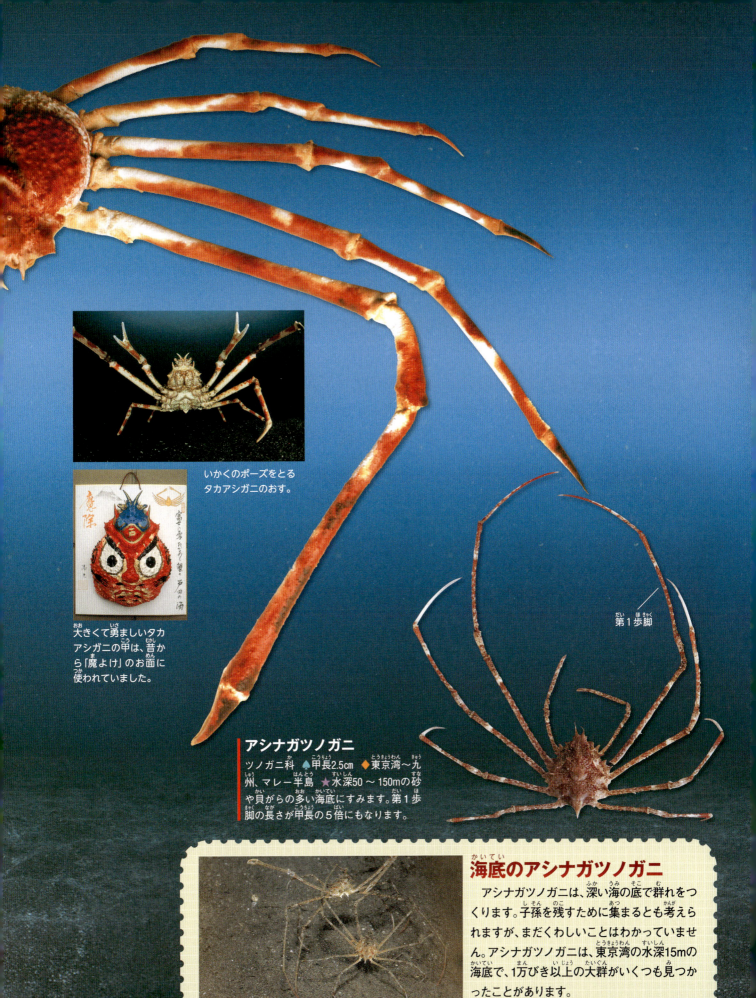

いかくのポーズをとるタカアシガニのおす。

大きくて勇ましいタカアシガニの甲は、昔から「魔よけ」のお面に使われていました。

第1歩脚

アシナガツノガニ
ツノガニ科 ◆甲長2.5cm ◆東京湾～九州、マレー半島 ★水深50～150mの砂や貝がらの多い海底にすみます。第1歩脚の長さが甲長の5倍にもなります。

海底のアシナガツノガニ
アシナガツノガニは、深い海の底で群れをつくります。子孫を残すために集まるとも考えられますが、まだくわしいことはわかっていません。アシナガツノガニは、東京湾の水深15mの海底で、1万びき以上の大群がいくつも見つかったことがあります。

豆ちしき　タカアシガニは、カニ類として最大ですが、昆虫類などもふくめても節足動物で最大です。小さいときはつのが長く、甲長の半分くらいあります。

♠大きさ　◆分布　★おもな特徴など

カニのなかま❻

カニのなかま（節足動物）

ホヤや海藻、カイメンなどをつけて、敵に見つかりにくいすがたのイソクズガニ。

オオタマワタクズガニ
ワタクズガニ科　♠甲長3cm　◆東京湾以南、西太平洋、インド洋　★水深20〜100mの岩場にすみます。甲にある曲がったとげにカイメンや海藻、ごみをつけます。

ヤワラガニ
ヤワラガニ科　♠甲長5mm　◆陸奥湾〜九州　★潮間帯の海藻の根もとにすみます。灰褐色で動きがおそいため、見つけづらいカニです。

イソクズガニ
ワタクズガニ科　♠甲長4cm　◆房総半島以南、西太平洋、インド洋　★潮間帯の岩場にすみます。甲はいぼ状の突起でおおわれ、海藻やカイメンをつけます。

カノコガニ
カノコガニ科　♠甲幅5cm　◆鹿児島県以南、西太平洋、インド洋　★サンゴ礁にすみ、サンゴのすきまにひそんでいます。

ヒシガニ
ヒシガニ科　♠甲幅5cm　◆東京湾以南、中国沿岸、マレー半島、オーストラリア　★水深30〜200mの砂に浅くもぐっています。甲は全体にいぼいぼがあります。

ソバガラガニ
ヤワラガニ科　♠甲幅1.5cm　◆陸奥湾〜九州　★浅い海の海藻の根もとにいます。甲はやわらかくて平らです。

カルイシガニ
ヒシガニ科　♠甲幅10cm　◆紀伊半島以南、伊豆諸島　★水深5〜270mのサンゴ礁や岩場にすみます。軽石のようなでこぼこしたすがたで、日中は岩場にいて、まわりにまぎれこんでいます。

ハナヒシガニ
ヒシガニ科　♠甲幅2cm　◆東京湾から土佐湾、ハワイ　★水深70〜95mの砂底にすみます。ヒシガニよりも甲の幅がせまく、全体が小さなつぶつぶでおおわれています。

メンコヒシガニ
メンコヒシガニ科　♠甲幅8cm　◆紀伊半島以南、西太平洋、インド洋　★水深100〜200mの岩礁にすみます。はさみがかくれてしまうほど大きな平たい甲をもっています。あまり動かないため、見つけづらいカニです。

豆ちしき　世界最小のカニは、ヤワラガニのなかま（甲幅が約2mm）とサンゴヤドリガニのなかま（甲長が約2mm）です。

ガザミ（ワタリガニ）
ワタリガニ科 ♠甲幅15cm ◆函館〜九州、中国、台湾 ★水深10〜30mの内湾の砂地にすみます。ひたいに小さいとげが3本、甲の左右に大きな突起が1本あります。食用になりよい味です。

シワガザミ
ワタリガニ科 ♠甲幅2.5cm ◆東京湾以南、西太平洋、インド洋 ★水深10〜100mの砂地や泥地にすみます。甲は毛でおおわれ、たくさんの横しわがあります。

タイワンガザミ
ワタリガニ科 ♠甲幅15cm ◆相模湾以南、西太平洋、インド洋、地中海 ★水深10〜30mの砂地にすみます。ひたいのとげが4本あります。食用になります。

左右で形のちがうはさみ
アミメノコギリガザミのはさみは、向かって右には貝がらなどをつぶす、おく歯のような大きな歯があり、向かって左のはさみには、前歯のような鋭い歯があります。

オオバシカルパガザミ
ワタリガニ科 ♠甲幅4cm ◆沖縄以南、西太平洋 ★水深10mほどの海底洞くつや大きなサンゴの下、岩の間などにすみます。甲面のもようは個体により少し異なります。

泳ぐのに適したあし

ガザミなどワタリガニのなかまは、いちばん後ろのあしが平たくなっているため、それを足ひれのように使い、上手に泳ぐことができます。

アミメノコギリガザミ
ワタリガニ科 ♠甲幅20cm ◆相模湾以南、西太平洋、インド洋 ★内湾の河口近くで見られます。ワタリガニのなかまで最大です。食用として重要なカニです。

豆ちしき　アミメノコギリガザミは、英語ではmangrove crab（マングローブクラブ）または mud crab（マッドクラブ）、静岡県浜名湖でのよび名はドウマンです。

♠大きさ ◆分布 ★おもな特徴など

カニのなかま❼

ジャノメガザミ
ワタリガニ科 ♠甲幅12㎝ ◆東京湾以南、西太平洋、インド洋 ★水深10〜30mの砂地や泥地にすみます。甲の後ろにまるいもようが3つ並んでいます。食用。

トゲノコギリガザミ
ワタリガニ科 ♠甲幅20㎝ ◆房総半島以南、西太平洋、インド洋、ハワイ、紅海 ★河口付近やマングローブの泥地に穴を掘って、その中にすみます。甲にのこぎりの刃のような歯が並んでいます。食用。

ヒラツメガニ
ワタリガニ科 ♠甲幅10㎝ ◆東京湾〜九州、中国北部 ★水深10〜100mにすみます。甲はまるく、アルファベットのHの形のみぞがあります。食用。

ナキガザミ
ワタリガニ科 ♠甲幅6㎝ ◆相模湾以南、ハワイ、西太平洋、インド洋 ★水深30m付近の岩礁やサンゴ礁にすみます。甲の下側に、発音のためのつぶがならんでいます。

アカテノコギリガザミ
ワタリガニ科 ♠甲幅12㎝ ◆東京湾以南、西太平洋、インド洋 ★河口の泥地にすみます。はさみの下側や体の下側がれんが色です。食用。

ベニツケガニ
ワタリガニ科 ♠甲幅7㎝ ◆房総半島以南、西太平洋、インド洋 ★潮間帯の岩礁から水深20m近くにすみます。夜間に活発に活動します。

目　柄が長い

メナガガザミ
ワタリガニ科 ♠甲幅10㎝ ◆相模湾以南、西太平洋、インド洋 ★水深10〜50mにすみます。はさみあしと目の柄が非常に長いカニです。

豆ちしき　メナガガザミの長い目の柄には、先端近くにも関節があって、目の部分をくるくると動かすこともできます。

フタバベニツケガニ
ワタリガニ科 ♠甲幅4.5㎝ ◆東京湾以南、西太平洋、インド洋 ★海岸の岩場に見られます。ひたいがはば広く、中央で２つに分かれています。

イボガザミ
ワタリガニ科 ♠甲幅7㎝ ◆東京湾以南、西太平洋、インド洋 ★水深30～80mの砂地や泥地にすみます。甲は短い毛でおおわれ、つぶつぶの集まりがあります。

ヒメベニツケガニ
ワタリガニ科 ♠甲幅2.5㎝ ◆相模湾以南、西太平洋、インド洋 ★水深10～30mの岩礁や海藻のある海底にすみます。甲は赤く、短い毛でおおわれています。

ベニイシガニ
ワタリガニ科 ♠甲幅8㎝ ◆相模湾～九州、香港 ★水深10～30mの岩礁にすみます。ひたいや甲のふちにするどいとげがあります。

イシガニ
ワタリガニ科 ♠甲幅7㎝ ◆北海道南部以南、中国、台湾 ★潮間帯の岩礁や河口近くで多く見られます。するどいはさみをもちます。食用。

フタホシイシガニ
ワタリガニ科 ♠甲幅3.5㎝ ◆仙台湾以南、西太平洋、インド洋 ★水深20～400mの砂地や泥地にすみます。甲の左右に1つずつ小さな黒い斑点があります。食用。

モンツキイシガニ
ワタリガニ科 ♠甲幅8㎝ ◆東京湾以南、西太平洋、インド洋中部 ★河口近くで見られます。イシガニににていますが、大きな白い紋があります。

ホンコンイシガニ
ワタリガニ科 ♠甲幅8㎝ ◆紀伊半島以南、西太平洋、紅海 ★甲がやや横長で、甲面がなめらか。甲の前側のふちの最後の歯が横に強く突出しています。

アカイシガニ
ワタリガニ科 ♠甲幅8㎝ ◆東京湾以南、西太平洋、インド洋 ★水深10～100mの砂地にすみます。短い毛でおおわれています。甲の左右に白い斑紋があります。

シマイシガニ
ワタリガニ科 ♠甲幅15㎝ ◆東京湾以南、西太平洋、インド洋 ★水深10～50mの砂や泥の海底にすみます。甲はなめらかで、もようは成長段階によって少し異なります。

豆ちしき　甲の横のへりは、ベニツケガニのなかまでは６歯、イシガニのなかまでは５歯に切れこんでいます。

♠大きさ ◆分布 ★おもな特徴など ☀有毒

カニのなかま❽

イチョウガニ
イチョウガニ科 ♠甲幅10cm ◆東京湾〜東シナ海 ★水深50〜100mにすみます。甲はイチョウの葉の形で、甲のへりに12の歯が並んでいます。

コイチョウガニ
イチョウガニ科 ♠甲幅1.5cm ◆相模湾〜北海道、アラスカ、日本海、韓国、中国北部 ★水深100mまでの岩の間に見られます。甲にこぶのようなでこぼこがあります。

左右のひげを合わせて水を取りこむ。

イボイチョウガニ
イチョウガニ科 ♠甲幅5.5cm ◆北海道〜九州 ★水深30〜100mの海底にすみます。甲のへりに、大小の歯が交互に並んでいます。

ヒゲガニ
ヒゲガニ科 ♠甲幅4cm ◆相模湾〜九州 ★水深30〜100mの砂地にもぐっています。長いひげを筒のようにして、水を取り入れて呼吸をします。

アカモンガニ
アカモンガニ科 ♠甲幅20cm ◆奄美群島以南、西太平洋、インド洋 ★サンゴ礁にすみます。甲はなめらかで、もりあがっています。大きなはさみをもちます。

ぎざぎざ(歯)が、左右5つずつある。

オウギガニ
オウギガニ科 ♠甲幅3.5cm ◆房総半島以南、西太平洋、インド洋 ★石の多い海岸にいますが、甲はでこぼこで、灰褐色のまだらもようがあり、目立ちません。

ムツハオウギガニ
オウギガニ科 ♠甲幅4cm ◆相模湾以南、西太平洋、インド洋 ★石の多い海岸で見られます。甲の左右のへりに歯が6つずつあります。

甲に不規則なもよう

ユウモンガニ
アカモンガニ科 ♠甲幅10cm ◆鹿児島県以南 ★水深3〜35mのサンゴ礁にすみます。甲はまるくもりあがり、ひたいはせまく、はさみは左右で大きさがちがいます。

スベスベマンジュウガニ☀
オウギガニ科 ♠甲幅5cm ◆相模湾以南、インド洋 ★沿岸の岩礁の岩の下や割れ目で見られます。筋肉にフグと同じ毒をもっています。えさのラン藻に毒があり、食べるとそれが筋肉にたまるためと考えられています。

ホシマンジュウガニ
オウギガニ科 ♠甲幅10cm ◆房総半島以南、西太平洋、インド洋 ★低潮線の岩礁から水深50m付近にすみます。甲に小さなくぼみがたくさんあります。

ふちどりがはっきりしている。

ヘリトリマンジュウガニ
オウギガニ科 ♠甲幅8cm ◆東京湾〜九州、香港 ★水深5〜15mの岩礁にすみます。甲の表面に多くのしわがあり、甲のまわりは板状にふちどられています。

豆ちしき　日本のイチョウガニは食用にしませんが、アメリカイチョウガニ（ダンジネスクラブ）とヨーロッパイチョウガニ（エディブルクラブ）は食用です。

複数のまるいもよう

ベニホシマンジュウガニ
オウギガニ科 ♠甲幅4.5cm ◆相模湾〜九州、香港、インド ★水深10〜50mにすみます。甲はなめらかで、赤い斑紋がたくさんあります。

甲が白くまるい。

ゴイシガニ
オウギガニ科 ♠甲幅2.5cm ◆東京湾〜九州、ハワイ ★潮間帯付近の石の下にかくれています。甲がまるく乳白色で、碁石ににています。

アカマンジュウガニ
オウギガニ科 ♠甲幅10cm ◆相模湾〜土佐湾 ★岩の多い海岸から水深20mにすみます。甲はなめらかで、もりあがっています。

ウモレオウギガニ
オウギガニ科 ♠甲幅9cm ◆鹿児島以南、西太平洋、インド洋 ★サンゴ礁にすみます。甲はうろこ状にでこぼこして、光沢があります。毒があるので、食べてはいけません。

ひたいが出ている。

トガリオウギガニ
オウギガニ科 ♠甲幅2.5cm ◆東京湾〜九州 ★石の多い海岸にすみます。甲はなめらかで、ひたいが前の方にとび出しています。

表面はざらざら

サメハダオウギガニ
オウギガニ科 ♠甲幅3cm ◆東京湾以南、西太平洋、インド洋 ★石の多い海岸の低潮線〜水深300mにすみます。体全体につぶつぶがあります。

タマオウギガニ
オウギガニ科 ♠甲幅4cm ◆相模湾〜九州、香港、オーストラリア ★浅い海でウミトサカ類に穴をあけて、かくれすんでいます。甲はまるまった形です。

ヒメオウギガニ
オウギガニ科 ♠甲幅1.8cm ◆相模湾以南、小笠原諸島、オーストラリア ★潮間帯から水深30mの岩礁の岩の間に見られます。体の色はまわりの色ににています。

ベニオウギガニ
オウギガニ科 ♠甲幅3cm ◆相模湾以南、西太平洋、インド洋 ★水深10〜20mの海底、サンゴ礁で見られます。小さいときはまっ白で、大きくなると赤くなります。

馬のひづめのような形

ヒヅメガニ
オウギガニ科 ♠甲幅4.5cm ◆相模湾以南、西太平洋、インド洋 ★石の多い海岸やサンゴ礁にすみます。はさみの先の形が馬のひづめににています。

キバオウギガニ
イソオウギガニ科 ♠甲幅2cm ◆奄美大島以南、西太平洋、インド洋 ★死んだサンゴのすきまにすんでいます。右のはさみあしが大きく、はさみの部分にきばのような大きな歯があります。

豆ちしき アカモンガニやベニホシマンジュウガニの斑紋の数と配置はいろいろです（個体変異）。ベニオウギガニの色の変化は成長変異とよばれます。

●大きさ ◆分布 ★おもな特徴など

カニのなかま❾

カニのなかま（節足動物）

キンチャクガニ
オウギガニ科 ●甲幅1.5cm ◆伊豆諸島、奄美群島以南、西太平洋、インド洋 ★サンゴ礁にすみます。必ずはさみにはイソギンチャクをはさんでいて、ボクサーやチアリーダーのようにふって、ねらってくる魚などをいかくします。

見てみよう　キンチャクガニ

キンチャクガニとイソギンチャク
キンチャクガニがはさんでいるイソギンチャクは、カサネイソギンチャクのなかまであるらしいことが、最近の研究でわかってきました。カニに持ち運ばれているうちに、イソギンチャクの形は、少しずつ変わります。

イワオウギガニ
イワオウギガニ科 ●甲幅5.5cm ◆鹿児島県以南、西太平洋、インド洋 ★サンゴ礁にすむ目の赤い中型のカニです。潮が引いたところで食べ物をさがします。

トラノオガニ
ケブカガニ科 ●甲幅1cm ◆相模湾～奄美群島 ★岩礁の岩のくぼみや海藻の根もとにいます。とくにウミトラノオの根もとに多く見られます。

ヒメケブカガニ
ケブカガニ科 ●甲幅1cm ◆青森県以南、西太平洋、インド洋 ★水深50m近くの岩礁の岩の間にすみます。はさみはとげがあり、左右の大きさがちがいます。

（左右大きさのちがうはさみ）
（甲やあしに毛がある。）

オオケブカガニ
ケブカガニ科 ●甲幅5cm ◆東京湾～土佐湾 ★潮間帯から水深15mの岩場にすみます。体は黄色くてややかたい毛でおおわれています。

（全身に長い毛が生える。）

マツバガニ
マツバガニ科 ●甲幅13cm ◆房総半島～九州 ★水深30～100mの岩場にすみます。甲の前方、はさみ、あしに黒いとげがあります。ズワイガニとはちがいます。

ケブカガニ
ケブカガニ科 ●甲幅3cm ◆東京湾以南、西太平洋、インド洋 ★内湾の水深30～100mの泥地にすみます。やわらかい毛でおおわれています。

コマチガニ
ケブカガニ科 ●甲幅1.5cm ◆鹿児島県以南、西太平洋、インド洋 ★磯から浅い海の岩場で、ウミシダ類の根もとに多く見られます。

豆知識　はさみにイソギンチャクをはさんでいるカニは、キンチャクガニ属10種、ケブカキンチャクガニ属1種が知られています。

サンゴと共生するサンゴガニのなかま

サンゴガニはサンゴをすみかにしていて、サンゴをおそうオニヒトデの管足をはさみで切り、サンゴを守ります。サンゴは、カニが敵におそわれにくい安全なすみかとえさをとる場所をあたえます。

オニヒトデを攻撃するサンゴガニ。

サンゴガニ
サンゴガニ科 ♦甲幅1.5cm ◆紀伊半島以南、西太平洋、インド洋 ★サンゴ礁のハナヤサイサンゴなどの枝の間に見られます。はさみの外側にやわらかい毛があります。

アミメサンゴガニ
サンゴガニ科 ♦甲幅1cm ◆相模湾以南・西太平洋、インド洋 ★サンゴ礁のハナヤサイサンゴの枝の間に見られます。あみ目もようがあります。

アラメサンゴガニ
サンゴガニ科 ♦甲幅2cm ◆奄美大島以南、西太平洋、インド洋 ★ハナヤサイサンゴ類などに見られます。太い線のあみ目もようです。

オオアカホシサンゴガニ
サンゴガニ科 ♦甲幅3cm ◆奄美大島以南、小笠原諸島、東南アジア、ハワイ、南太平洋 ★ミドリイシ類やハナヤサイサンゴ類の枝の間に見られます。

ホシベニサンゴガニ
サンゴガニ科 ♦甲幅1cm ◆相模湾以南、西太平洋、インド洋 ★水深20〜100mの岩場に育つウミカラマツ類についています。甲面に三日月のような斑紋があります。

サンゴヤドリガニのめすがサンゴの枝先につくと、サンゴはカニを取り囲むように成長します。そしてとじこめてしまうため、めすはサンゴから出られなくなります。おすは小さいので、穴から出入りできます。

サンゴヤドリガニ
サンゴヤドリガニ科 ♦甲幅5mm(めす)・1mm以下(おす) ◆奄美群島以南、西太平洋、インド洋 ★ハナヤサイサンゴやトゲサンゴの枝にこぶをつくり、その中にすんでいます。

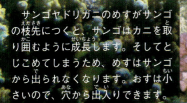

ゼブラガニ
ケブカガニ科 ♦甲幅1.5cm ◆駿河湾〜鹿児島湾、オーストラリア東岸、インド ★サンゴ礁や岩礁にすむラッパウニ、シラヒゲウニのとげの間にすんでいます。

ナキエンコウガニ
エンコウガニ科 ♦甲幅3cm ◆相模湾以南、台湾、フィリピン、ベトナム ★水深約50〜500mの泥地にすみます。口の横にある発音器を、第1歩脚にある突起でこすって音を出します。

長いはさみあし / 小さなふくらみ

エンコウガニ
エンコウガニ科 ♦甲幅6.5cm ◆函館以南、西太平洋、インド洋 ★水深30〜100mにすみます。小さいときは甲のへりに2本のとげがありますが、成長とともになくなります。

豆ちしき ゼブラガニはラッパウニなどのとげの間でくらしています。ゼブラガニに取りつかれたウニはその部分のとげが落ちてしまいます。

♠大きさ　◆分布　★おもな特徴など

カニのなかま❿

カニのなかま（節足動物）

ケブカエンコウガニ
エンコウガニ科　♠甲幅3cm　◆東京湾以南、西太平洋、オーストラリア　★内湾の水深30〜100mの泥地にすみます。やわらかい毛でおおわれています。

オオエンコウガニ
オオエンコウガニ科　♠甲幅20cm　◆東京湾以南、西太平洋　★水深80〜200mにすみます。大型のカニで、甲はざらざらしています。食用。

目
柄が長い

メナガエンコウガニ
エンコウガニ科　♠甲幅4.5cm　◆房総半島以南、西太平洋、インド洋　★水深30〜100mの泥地にすみます。目の柄が非常に長いカニです。

マルバガニ
エンコウガニ科　♠甲幅3.5cm　◆函館以南、西太平洋、インド洋　★水深30〜100mの砂地や泥地に生息します。甲は厚く、なめらかです。

マルピンノ
カクレガニ科　♠甲幅1.5cm（めす）・0.5cm（おす）　◆本州北部〜九州、中国北部　★アサリに入っています。やわらかい甲です。

クロピンノ
カクレガニ科　♠甲幅0.7cm　◆東京湾〜紀伊半島沿岸、小笠原諸島　★二枚貝のケガキの中にすんでいます。黒くやわらかい甲です。

おす
めす

オオシロピンノ
カクレガニ科　♠甲幅1.5cm（めす）・0.5cm（おす）　◆東京湾〜九州、中国北部　★アサリ、ハマグリなどの二枚貝の中にすんでいます。

めすは一生貝の中から出ませんが、おすは体が小さく、貝を自由に出入りできます。

カギツメピンノ
カクレガニ科　♠甲幅1.3cm（めす）・0.7cm（おす）　◆東京湾〜九州　★ムラサキガイやヒオウギガイに入っています。歩脚の先の節（指節）がかぎづめ状です。

オオヨコナガピンノ
オサガニ科　♠甲幅1.3cm（めす）・0.7cm（おす）　◆本州〜九州、中国　★干潟の泥地や砂地にすむ、ツバサゴカイの管の中に共生します。甲は横に広く、まるみのある四角形です。

豆ちしき　カクレガニ類は、二枚貝類だけでなく、ホヤ、ナマコ、ウニなどにすんでいる種もいます。

巣穴を掘り、砂を放り投げるスナガニ。

ミナミスナガニ
スナガニ科 ▲甲幅2.5cm ◆相模湾以南、西太平洋、インド洋 ★砂浜にすみます。甲のへりはまるみを帯び、大きいはさみの内側はなめらかです。

コメツキガニ
コメツキガニ科 ▲甲幅1cm ◆北海道南部以南、中国 ★河口近くの干潟にすみます。干潮時、干潟で砂を口に入れてえさをこして食べます。そのしぐさが米をつく動作ににています。

チゴガニ
コメツキガニ科 ▲甲幅1cm ◆東京湾〜九州、韓国 ★河口付近の干潟にすみます。1分間に約30回もの速さで、はさみを上下にふる動作をします。

スナガニ
スナガニ科 ▲甲幅3cm ◆岩手県〜九州、中国北部 ★高潮線より上の砂浜に穴を掘ってすんでいます。大きい方のはさみで音を出します。

オサガニ
オサガニ科 ▲甲幅5cm ◆東京湾以南、中国北部 ★干潟にすみます。甲が横長です。おすのはさみは大きくて、内側に毛が生えています。

ヤマトオサガニ
オサガニ科 ▲甲幅4cm ◆青森県以南、中国 ★河口の泥地にすみます。潮が引くと穴から出てきて、食べ物を探します。

目の先につのがある

ツノメガニ
スナガニ科 ▲甲幅3cm ◆東京湾以南、西太平洋、インド洋 ★砂浜に直径5cmほどの穴を掘ってすみます。日中は穴の中にいます。おすでは目につのがあります。

ミナミコメツキガニ
ミナミコメツキガニ科 ▲甲幅1cm ◆沖縄諸島 ★海岸や河口近くにすみます。前向きに歩きますが、危険を感じると体を回転させながら、砂を掘ってもぐります。

豆ちしき スナガニ類の英名は ghost crab（ゴーストクラブ 幽霊ガニ）です。夜ライトを当てると、何だかわからないほどすばやく逃げるためです。

41

カニのなかま（節足動物）

♠大きさ ♦分布 ★おもな特徴など

カニのなかま ⓫

見てみよう
オキナワハクセンシオマネキ

シオマネキのはさみ
シオマネキのなかまのおすは、はさみが片方だけ大きくなります。その大きなはさみは、おすどうしで戦うときや、めすに求愛するときに使います。大きなはさみをふって求愛すると、めすの多くは、大きくてりっぱなはさみをもつおすをえらびます。めすのはさみは小さく、左右同じ大きさです。

リュウキュウシオマネキ
スナガニ科 ♠甲幅2.5cm ♦石垣島以南、東南アジア、南太平洋、オーストラリア ★河口の高潮線近くにすみます。甲は、若いときはオレンジ色で、成長すると前方が淡黄色になります。

ヒメシオマネキ　　リュウキュウシオマネキ

ヒメシオマネキ
スナガニ科 ♠甲幅2.5cm ♦相模湾以南、西太平洋、インド洋 ★潮間帯付近の海岸や河口にすみます。はさみの外側は黄色です。おすのはさみは右のほうが大きくなっています。

おす

ベニシオマネキ
スナガニ科 ♠甲幅2cm ♦奄美大島以南、東南アジア、ミクロネシア ★河口の高潮線近くにすみます。体の色は、赤色のみや赤色と紺色、青色と紺色など、さまざまです。

めす

はさみのふり方いろいろ
ハクセンシオマネキやベニシオマネキは、はさみを横から上や前に大きくふります。リュウキュウシオマネキやヒメシオマネキは、体の前で上下させます。

ハクセンシオマネキ
スナガニ科 ♠甲幅2cm ♦伊勢湾～九州、韓国、中国北部 ★干潟に穴を掘ってすんでいます。おすの大きなはさみは、とれると再生します。

シオマネキ
スナガニ科 ♠甲幅4cm ♦三重県～沖縄諸島、韓国、中国北部、台湾 ★干潟や河口、潮間帯上部の海岸にすみます。数が減っています。

オキナワハクセンシオマネキ
スナガニ科 ♠甲幅1.5cm ♦奄美大島以南、ミクロネシア ★河口の高潮線近くにすみます。甲の色は白色や黒褐色、淡褐色などさまざまで、もようがあるものもいます。

はさみを大きくふるハクセンシオマネキ。
 →

豆ちしき　シオマネキ類の名は、おすの求愛の動きが「潮をまねいている」ように見えるためです。英語はfiddler crab（フィドラークラブ　バイオリンひきのカニ）です。

42

イワガニ
イワガニ科 ▲甲幅3.5cm ◆函館〜九州、ハワイ、北アメリカ太平洋岸 ★海岸の岩礁に多く見られます。水から出ていることが多く、フナムシを食べます。

オキナガレガニ
イワガニ科 ▲甲幅3.5cm ◆房総半島以南、中部太平洋 ★流木や海藻、ウミガメ、クラゲなどについて漂流しています。あしは平たく、毛が生えていて、泳ぐのに役立っています。

オオイワガニ
イワガニ科 ▲甲幅6cm ◆奄美群島、小笠原諸島、西太平洋、インド洋 ★岩礁に生息する大型の種です。大きくなるほど、赤褐色が濃くなります。岩の上をすばやく走り回ることができます。

アカカクレイワガニ
イワガニ科 ▲甲幅3cm ◆高知県以南、西太平洋、インド洋 ★高潮線より上の岩場のくぼみや石の下に見られます。甲にたくさんの横すじがあります。

モクズガニ
モクズガニ科 ▲甲幅6cm ◆北海道〜沖縄、韓国東岸、台湾 ★ふだんは川の中流にすみ、秋の繁殖期に河口近くに移動します。はさみに毛のふさがあります。

ケフサイソガニ
モクズガニ科 ▲甲幅3cm ◆北海道〜九州、韓国、台湾、中国北部 ★石の多い海岸や河口付近の干潟で見られます。おすは、はさみのつけ根に、毛のふさがあります。

日本で見られるようになった中国の「上海ガニ」
中国の海にすみ、上海ガニとよばれ、食用になっていたチュウゴクモクズガニは、最近、東京湾などでも見かけられるようになりました。飼育したものを不用意に海に放したり、卵が海にこぼれ落ちたりしたことが原因と考えられています。

タカノケフサイソガニ
モクズガニ科 ▲甲幅3cm ◆北海道〜九州、韓国、台湾、中国北部 ★ケフサイソガニとのちがいは、腹部に黒色の斑がないことと、おすのはさみにある毛のふさが大きく、はさみの中ほどまで達することです。

チュウゴクモクズガニ
イソガニ科 ▲甲幅10cm ◆中国、朝鮮半島西岸 ★川や沼、湖にすみ、卵をうむときは河口近くに移動します。

豆ちしき 小笠原諸島にも大型のモクズガニがいることが知られていましたが、2006年に新種として認められ、オガサワラモクズガニと名づけられました。

♠大きさ ◆分布 ★おもな特徴など

カニのなかま⑫

ヒライソガニ
モクズガニ科 ♠甲幅2.5cm ◆北海道〜九州、韓国、台湾、中国北部 ★石の多い海岸によく見られます。石の下にかくれていてあまり出てきません。

イソガニ
モクズガニ科 ♠甲幅2.5cm ◆北海道〜九州、韓国、台湾、中国北部 ★海岸の岩礁で見られます。おすのはさみのつけ根にやわらかいふくろがついています。

ハマガニ
モクズガニ科 ♠甲幅4.5cm ◆房総半島以南、台湾 ★河口近くの湿地に穴を掘って、すみます。甲は毛でおおわれ、深いみぞがあります。

ヒライソガニのいろいろなもよう
ヒライソガニは、個体によって、色や甲のもようがさまざまです。

アシハラガニ
モクズガニ科 ♠甲幅3.5cm ◆青森県〜沖縄、韓国、台湾、中国北部 ★河口付近の土手やアシのしげみにすみます。おすは目の下のくぼみにつぶつぶがあり、はさみあしでこすって音を出します。

音を出すアシハラガニ。

カニの幼生
多くのカニは、幼生(ゾエア)が卵からかえります。動物性プランクトンとして水中をただよい、脱皮をくり返して成長し、メガロパ幼生から子ガニとなります。

ショウジンガニのメガロパ幼生

ショウジンガニ
ショウジンガニ科 ♠甲幅5cm ◆岩手県以南、西太平洋 ★海岸の岩礁から水深10mにすみます。水から出ることはありません。岩についた海藻などを食べます。

豆ちしき　ヒライソガニとアシハラガニ類では、目のくぼみの下側、カクベンケイでははさみあしの上側にあるつぶつぶをこすって発音します。

ミナミアシハラガニ
モクズガニ科 甲幅1.5cm 伊豆大島、小笠原諸島、沖縄県、台湾、オーストラリア、アフリカ ★干潟の高潮線付近の砂や小石のあるところに穴を掘って、その中にすみます。

トゲアシガニ
トゲアシガニ科 甲幅3.5cm 房総半島以南、西太平洋、インド洋 ★海岸の岩礁に見られます。甲は円形で平たく、岩の下やすきまをすばやく移動します。

カクベンケイ
ベンケイガニ科 甲幅2cm 東京湾〜沖縄県、韓国、台湾、中国 ★河口近くの塩分のない水のところにすみます。はさみの指の上のふちに18〜19個のつぶつぶがあります。

イボショウジンガニ
ショウジンガニ科 甲幅4.5cm 相模湾以南、西太平洋、インド洋 ★波の荒い海岸の岩礁にすみます。甲にいぼのような突起がたくさんあります。

クロベンケイガニ
ベンケイガニ科 甲幅4cm 房総半島〜沖縄県、韓国、台湾、中国 ★海岸近くの湿地や草原、水田に穴を掘って、すみます。すばやく動きます。

ベンケイガニ
ベンケイガニ科 甲幅3.5cm 東京湾〜沖縄県、韓国、台湾、中国 ★河口付近の岩場や海岸近くの草むらにすみます。甲は四角形で、横のへりに切れこみがあります。

アカテガニ
ベンケイガニ科 甲幅3.5cm 岩手県〜九州、韓国、台湾、中国北部 ★河口近くの湿地で見られます。ふだんは海から離れたところで生活しています。

見てみよう アカテガニ

満月の夜、子どもをうむ
アカテガニのめすは、卵をかかえて1か月ほど守ります。潮の満ち引きの大きい満月か新月の夕方になると、海岸に集まってきます。そして海に入り、体をぶるぶるとふるわせ、卵からかえった幼生を海に放ちます。幼生は成長すると陸に上がります。

満月の夜、海岸へやってきたアカテガニのめす。

幼生を海に放つアカテガニのめす。満潮の後1時間くらいのうちに行います。

豆ちしき 本州の太平洋側では、アカテガニは夏の満月の夜、幼生を海に放ちます。しかし、日本海側では特別な「集団産卵」は見られません。

45

♠ 大きさ ◆ 分布 ★ おもな特徴など

カニのなかま⓭

赤褐色

青色

紫褐色

■ サワガニ
サワガニ科 ♠甲幅2.5cm ◆青森県〜屋久島 ★水のきれいな川の上流にすみます。水中の石や落ち葉の下にひそみ、貝や水生昆虫、魚の死がいなどを食べます。卵は母ガニにかかえられたまま成長し、子ガニとなってふ化します。体の色は、すんでいる場所によってちがい、赤褐色、青色、紫褐色などがあります。食用になります。

卵をかかえるめすのサワガニ。卵の中で十分に育つため、1つ1つが大きい。

卵から生まれた子ガニをだいたまま歩く母ガニ。生まれてしばらくは腹にだいています。

サワガニはすんだ渓流で見られます。

■ ムラサキオカガニ
オカガニ科 ♠甲幅6cm ◆石垣島以南、台湾、東南アジア、インド洋東部 ★海岸近くの草むらや林に穴を掘ってすみ、夜になると活発に活動します。甲は横長のだ円形で、ひたいはせまくなっています。

■ オカガニ
オカガニ科 ♠甲幅6cm ◆沖縄県以南、西太平洋、インド洋 ★熱帯や亜熱帯地方の海岸付近に穴を掘り、すみます。ふだんは陸上で生活し、卵をふ化させるときだけ海へ行きます。

■ ミナミオカガニ
オカガニ科 ♠甲幅9cm ◆与論島以南、台湾、ミクロネシア、東南アジア、南太平洋、インド洋 ★海岸近くの湿地、マングローブ林の近くに穴を掘り、その中にすみます。落ち葉やかれ草を食べます。はさみは、左右で大きさがちがいます。

豆ちしき 沖縄県竹富町の黒島にはオカガニが多く、「オカガニの島」として有名です。夏の満月の夜、幼生を放つために多くのめすが海辺に集まります。

オーストラリアのアカガニの集団産卵

オーストラリア北西部にあるクリスマス島では、おびただしい数のクリスマスアカガニの大移動と、いっせい産卵が見られます。ふだんは森林でくらすオカガニのなかまですが、毎年10～11月ごろ、交尾と産卵のため、海岸へと移動します。

①森林から出て海岸に向かうクリスマスアカガニの大群。

②おすは早めに海岸へ到着し、穴を掘り、めすと交尾する場所をつくります。

③おすは交尾を終えると、森林へもどりますが、めすは、穴で2週間ほど卵をかかえてすごします。

⑤幼生を海に放っためすは、集団で森林へ帰っていきます。

下弦の月

④下弦の月の満潮時、めすはいっせいに海岸へ出ます。海水をかぶると卵はかえり、幼生は海へ泳ぎ出します。

ふ化直前の卵の中に幼生が見えます。

エビのなかま❶

♠大きさ（体長）　◆分布　★おもな特徴など

エビのなかまのあしは、歩くための「歩脚」とえものをとったり食べたりするときに使う「はさみあし」があります。

触角 ものにふれるのを感じたり、においを感じたりします。

あし 歩くのに使います。先がはさみになっているはさみあしは、ものをつかむのにも使います。

スジエビ

腹肢 泳ぐのに使います。

タイショウエビ
クルマエビ科　♠28cm　◆黄海、東シナ海　★ほかのクルマエビのなかまよりも、深いところ（90〜150m）にすみます。

クルマエビ
クルマエビ科　♠20cm　◆北海道南部以南、西太平洋、インド洋、地中海東部　★沿岸〜水深100mにすみます。昼は砂地や泥地にもぐっていて、夜に活動します。食用のために養殖が行われています。

ウシエビ（ブラックタイガー）
クルマエビ科　♠30cm　◆房総半島以南、西太平洋、インド洋　★体の色は黒茶色で、成長すると胸や腹に黄色の横じまがあらわれます。食材として人気があり、台湾から南の国ぐにで養殖されています。

シバエビ
クルマエビ科　♠15cm　◆東京湾以南　★浅い海の砂地や泥地にすみます。体に浅いくぼみがあり、細かい毛が生えています。てんぷらや塩焼きなど、さまざまな料理に使われます。

サルエビ
クルマエビ科　♠12cm　◆北海道南部以南　★水深100mより浅い海にすみます。てんぷらやむきえびなど食用とされるほか、つりのえさとしても使われます。

豆ちしき　エビは英語でいろいろなよび名があります。大きいものからLobster、Prawn、Shrimpなどと使い分けられています。

アカエビ
クルマエビ科 ♠12cm ◆本州中部以南、西太平洋 ★赤い不規則な形の紋におおわれています。

クマエビ
クルマエビ科 ♠22cm ◆東京湾以南、西太平洋、インド洋、地中海東部 ★あたたかく浅い海や海水がまじる汽水域にすみます。あしが赤いことからアシアカともよばれます。フライやすしなどの料理に使われます。

フトミゾエビ
クルマエビ科 ♠20cm ◆房総半島以南、韓国、西太平洋、インド洋 ★内湾の砂地や泥地にすみます。昼は海底にもぐっていて、夜に活動します。腹部に赤褐色の斑紋と線のもようがあるのが特徴です。

サクラエビ
サクラエビ科 ♠5cm ◆東京湾、相模湾、駿河湾 ★深い海にすみ、くもった日の夜に浅いところにうかんできます。体は桜色で、発光器があります。ほしえびにします。

トゲヒオドシエビ
ヒオドシエビ科 ♠8cm ◆太平洋、インド洋、大西洋 ★水深500〜2600mにすみます。第3〜6腹節の背にとげがあります。

ミナミヌマエビ
ヌマエビ科 ♠3cm ◆本州南部、四国、九州 ★川や湖沼、用水路で見られます。雑食性です。水そうで飼うと、藻や魚の食べ残しを食べてきれいにします。つりのえさにもなります。

ヌマエビ
ヌマエビ科 ♠3cm ◆本州中部〜沖縄諸島 ★池や水田、川のよどみにある水草の間にすみます。第1、第2胸脚の先ははさみになっていて、先に毛が生えています。

サラサエビ
サラサエビ科 ♠4.5cm ◆男鹿半島〜鹿児島、韓国 ★体は透明で、赤褐色の複雑なしまもようと白い斑点もようがあります。額角は、根もとに関節があるため上下に動きます。

ヌカエビ
ヌマエビ科 ♠3cm ◆近畿地方以北 ★川や湖沼、池にすみます。体は半透明で黄色や茶色、緑色など、すむ場所によって色がちがいます。雑食性です。

スザクサラサエビ
サラサエビ科 ♠4cm ◆南西諸島以南、西太平洋、インド洋 ★浅い海のサンゴ礁や岩礁にすみます。おすは成長すると、第1はさみあしが長くなります。

豆ちしき クルマエビとサクラエビのなかまのめすは、ほかのエビ類とちがい、卵をだくことをせず、海中にうみ、放してしまいます。

♠ 大きさ（体長） ◆ 分布 ★ おもな特徴など

エビのなかま ❷

エビのなかま（節足動物）

オリヅルエビ
サンゴエビ科 ♠1cm ◆小笠原諸島、南西諸島 ★潮通しのよいところの小石やサンゴのかけらの下にすみます。長い毛がたくさん生えている前あしで、プランクトンをつかまえ、食べます。

シラエビ
オキエビ科 ♠5.5cm ◆日本各地 ★水深100〜600mにすみ、富山湾に多くいます。生きているときは、ほとんど透明です。昼間は深海にいて、夜間浮上します。

テナガエビ
テナガエビ科 ♠9cm ◆本州、四国、九州、韓国、中国北部 ★低地の流れのゆるやかな川、湖、沼にすみます。おすははさみあしが長く、体長の1.8倍になります。

シラタエビ
テナガエビ科 ♠6.5cm ◆函館以南の韓国、台湾、中国 ★潮間帯にすみます。触角が青く、体は白みがかった半透明です。額角が長く、そのつけ根はもりあがっています。

イソスジエビ
テナガエビ科 ♠5cm ◆北海道南西部以南、西太平洋、インド洋 ★潮間帯の岩礁にすみます。体に黒褐色の複雑な横しまもようがあります。尾の黄色い紋が目立ちます。

スジエビモドキ
テナガエビ科 ♠4cm ◆北海道以南、西太平洋、インド洋東部 ★潮間帯の岩礁にすみます。もようがスジエビににていますが、池や湖などの淡水にはすみません。

アカホシカクレエビ
テナガエビ科 ♠3cm ◆相模湾〜沖縄諸島 ★浅い海の岩礁にいるイソギンチャクに共生しています。魚についた寄生虫などを食べます。

スジエビ
テナガエビ科 ♠5.5cm ◆日本各地、サハリン ★川や池、沼などにすみますが、海水がまじる汽水域にも見られます。昼は水草などのしげみにひそみ、夜に活動します。

ムチカラマツエビ
テナガエビ科 ♠1cm ◆伊豆半島以南、ハワイ、インド洋 ★サンゴ礁や岩礁に生息するムチカラマツの幹にすんでいます。白や黄色の横帯があります。

ソリハシコモンエビ
テナガエビ科 ♠2.5cm ◆八丈島以南、西太平洋、インド洋 ★サンゴ礁や岩礁の岩穴にすみます。魚の口の中の食べかすや寄生虫などを食べます。

アヤトリカクレエビ
テナガエビ科 ♠2cm ◆伊豆半島 ★岩礁に生息するウスアカイソギンチャクに、体の色やもようをそっくりに変化させてすんでいて、よく見ないとわからないほどです。

見てみよう　カクレエビのなかま

豆ちしき　シラエビの体はすき通っているため、卵をかかえているめすは、青緑色の卵が見えています。

ヒラテテナガエビ
テナガエビ科 ♠9cm ◆千葉県以南、四国、九州、台湾 ★川の下流域〜中流域の流れがゆるやかなところにすみます。雑食性です。体色は茶褐色で、腰に1本の黒い帯があります。

ミナミテナガエビ
テナガエビ科 ♠10cm ◆神奈川県以南〜種子島、小笠原諸島 ★川の中流から海水がまじる汽水域の、流れがゆるやかなところにすみます。夜行性で、魚や水生昆虫などを食べます。

見てみよう ミナミテナガエビ

ウミウシカクレエビ
テナガエビ科 ♠2cm ◆駿河湾以南、西太平洋、インド洋 ★浅い海のサンゴ礁や岩礁にすむウミウシやナマコの体表面で共生しています。体の色は宿主のウミウシやナマコとにた色をしています。

ガンガゼカクレエビ
テナガエビ科 ♠2cm ◆伊豆半島以南、インド洋 ★浅い海のサンゴ礁や岩礁にいるガンガゼのとげに、頭を根もとに向けてつかまり、共生しています。とげと同じ色で、側面に白いすじがあります。

トゲツノメエビ
テナガエビ科 ♠2.5cm ◆鹿児島湾以南、西太平洋、インド洋 ★サンゴ礁や岩礁の潮間帯下部にすみ、小石やサンゴのかけらのすきまに見られます。目の柄が長く、目の先がとがっています。

ハクセンアカホシカクレエビ
テナガエビ科 ♠2cm ◆本州中部 ★スナイソギンチャクの触手に守られ、共生しています。スナイソギンチャクの食べ残しを食べたり、魚の寄生虫をクリーニングしたりします。

豆ちしき カクレエビ類はほとんどが、イソギンチャクやサンゴ、ウミシダ、貝、ヒトデなどと共生しています。

♠大きさ（体長）　◆分布　★おもな特徴など

エビのなかま❸

テッポウエビ
テッポウエビ科　♠5cm　◆日本各地、中国　★潮間帯〜浅い海の砂地や泥地の海底に浅い穴を掘って、おすめすですんでいます。大きい方のはさみで音をたてていかくします。

マダラテッポウエビ
テッポウエビ科　♠5cm　◆房総半島以南、西太平洋、インド洋　★潮間帯の小石の下にすみます。体の地色は赤褐色や緑褐色で、腹節にうすい斑紋がたてにならびます。水深10m以下では、地色と斑点の色が逆になります。

テッポウエビモドキ
テッポウエビ科　♠5cm　◆房総半島〜九州、韓国、台湾、中国　★潮間帯〜水深3mの岩礁にすみます。はさみで音を出しません。

コシマガリモエビ
ヒメサンゴモエビ科　♠5cm　◆北海道〜九州の内湾　★日本近海の浅い海で、アマモの多いところにすみます。第3腹節のところで、への字形に曲がっています。

ホリモンツキテッポウエビ
テッポウエビ科　♠4cm　◆南西諸島以南　★ハゼはエビを守り、エビは小石や砂を運び出し、巣穴をつくって、整えます。ハゼとエビは、同じ巣穴で助け合いながらくらします。

ハゼとくらすホリモンツキテッポウエビ

フタミゾテッポウエビ
テッポウエビ科　♠3.5cm　◆房総半島〜九州、西太平洋、インド洋　★潮間帯〜浅い海の砂や小石のある海底に穴を掘ってすんでいます。それぞれの目の上に1本ずつ2本のすじ（みぞ）があります。

オニテッポウエビ
テッポウエビ科　♠5cm　◆房総半島以南、西太平洋、インド洋　★潮間帯の砂地の海底に穴を掘ってすんでいます。大きい方のはさみは、えものをとるときや、音をたてていかくするときに使います。

サンゴモエビ
モエビ科　♠2.5cm　◆土佐湾以南、西太平洋、インド洋　★死んだサンゴの間にすみます。おすは成長とともに第1脚が長くなります。

ホソモエビ
モエビ科　♠3cm　◆北海道〜九州の太平洋　★内湾の藻の生えているところにすみます。体が緑色や褐色で細長いため、藻の中での生活に適しています。

豆ちしき　テッポウエビが、いかくのために出す音が「パチンパチン」というので、「鉄ぽう」エビという名がつきました。

トウヨウオニモエビ
モエビ科 ♠3cm ◆天草諸島以南、西太平洋、インド洋 ★岩礁の藻場にすみます。体は紡錘形をしています。おすでは、あごの一部やはさみあしが長くなります。

アカシマシラヒゲエビ
リスマタ科 ♠5cm ◆房総半島以南、西太平洋、インド洋、ハワイ ★ウツボのそばにいて守ってもらっています。ウツボについた寄生虫や口の中の食べかすを食べてきれいにします。

イソギンチャクモエビ
ヒメサンゴモエビ科 ♠2cm ◆房総半島以南、西太平洋、インド洋、大西洋 ★サンゴ礁にいる、大きなイソギンチャクの触手の間にすみ、共生しています。体をそらし、尾を上に向けて行動します。

アカシマモエビ
リスマタ科 ♠2cm ◆房総半島以南、韓国、西太平洋、インド洋 ★額角はかたく、甲はやわらかくて、体は透明です。腹に赤いすじが8本あります。

もり上がっている。

トヤマエビ
タラバエビ科 ♠17cm ◆北海道～福井県沖 ★水深200～350mで見られます。小さいときはおす、大きくなるとめすに変わります。食材としては、ボタンエビという名で売られています。

ボタンエビ
タラバエビ科 ♠15cm ◆噴火湾～土佐湾 ★水深250～500mにすみます。小さいときはおすで、大きくなるとめすに変わります。赤褐色の斑点が並びます。

ヒゴロモエビ（ブドウエビ）
タラバエビ科 ♠17cm ◆銚子以北、北海道 ★水深200～300mにすみます。小さいときはおす、大きくなるとめすに変わります。とれたては赤く、その後ぶどう色になります。

ホッコクアカエビ（アマエビ）
タラバエビ科 ♠12cm ◆富山湾以北の日本海 ★水深200～250mにすみます。さしみやすしなどでよく食用にされます。小さいときはおすで、大きくなるとめすに変わります。

スナエビ
タラバエビ科 ♠10cm ◆北海道東部、サハリン、シベリア ★水深3～250mの岩礁にすみます。体色は、黄褐色や茶褐色で側面に赤い斑点があります。

豆ちしき タラバエビ科のエビは小さいときはおすで、体が大きくなるとめすになるため、すべてのエビが卵をうむことができます。

♠大きさ（体長）　◆分布　★おもな特徴など　●絶滅危惧種

エビのなかま ④

エビのなかま（節足動物）

ホッカイエビ
タラバエビ科 ♠13cm ◆日本海沿岸、岩手県〜北海道沿岸、オホーツク海 ★潮間帯より深い岩礁にあるアマモの葉や根もとあたりで見られます。体は緑褐色でたてじまがあり、海藻の中で保護色となっています。

オトヒメエビ
オトヒメエビ科 ♠6cm ◆房総半島以南、ハワイ、西太平洋、インド洋、大西洋 ★温帯の岩礁や熱帯のサンゴ礁にすみます。ハタやウツボについた寄生虫を食べます。

ウリタエビジャコ
エビジャコ科 ♠4.5cm ◆日本各地 ★干潟にすむ小型のエビです。肉食で、おもに魚のこどもを食べます。

ドウケツエビ
ドウケツエビ科 ♠1.5cm ◆相模湾〜土佐湾 ★水深100〜1000mにすみます。カイロウドウケツという海綿動物の中に、おすめす一組でくらします。

ウチダザリガニ
ザリガニ科 ♠15cm ◆北海道、福島県、長野県、滋賀県、千葉県、福井県 ★1926年から1930年にかけてアメリカから食用としてもちこまれたといわれています。ニホンザリガニと巣穴を競合する可能性があるため、環境省が定める特定外来生物に選ばれています。

アカザエビ
アカザエビ科 ♠25cm ◆東京湾〜九州東岸 ★水深200〜400mにすみます。細長いはさみをもち、腹に「小」の字のようにもりあがったすじがあります。

ニホンザリガニの幼若個体（こども）

アメリカザリガニ
アメリカザリガニ科 ♠10cm ◆日本各地（アメリカ原産）★かたいからと力の強いはさみが特徴的です。1927年にアメリカから食用ガエルのえさとしてもちこまれました。繁殖力が強いため、生息範囲を広げています。

ニホンザリガニ ●
アメリカザリガニ科 ♠3〜4cm ◆北海道南部、青森県、秋田県、岩手県 ★古くから日本に生息するザリガニですが、生息環境の悪化で、絶滅危惧種となっています。額角が短く、幅が広い体形をしています。

豆ちしき　ニホンザリガニは絶滅危惧種となっていますが、アメリカザリガニに負けて分布がせばまったわけではありません。

日本でよく食べられている大きなエビ

オマールエビ（ロブスター）
アカザエビ科 ♠50cm ◆カナダ～北アメリカ大西洋沿岸 ★岸近くの浅瀬～水深700mで岩の下などに穴を掘り、生活します。はさみは、左右で形がちがいます。味のよいエビです。オマールとはフランス語でハンマーの意味です。はさみあしが、ハンマーを思わせるほど大きいためです。

アメリカンロブスターともよばれます。日本の海にはいませんが、輸入されて、レストランなどでよく食べられています。

サザナミショウグンエビ
ショウグンエビ科 ♠10cm ◆沖縄諸島、インド洋 ★外洋の海底どうくつや岩のくぼみの中などにすみます。オレンジ色の体に白いすじや斑紋があります。

シマイセエビ
イセエビ科 ♠30cm ◆房総半島以南、ハワイ、西太平洋、インド洋、アメリカ西海岸 ★外洋に面した岩礁や潮の流れの強いところにすみます。あしには白いたてじまがあります。

イセエビ
イセエビ科 ♠35cm ◆茨城県以南、韓国、台湾、中国 ★水深10～30mの岩場にすみます。昼は岩穴にひそみ、夜に活動します。水産業上重要種で、さしみ、煮物、焼き物などにして食べられます。

豆ちしき イセエビ類をつかまえると、ギーギーという音を出します。触角のつけ根に音が出るしくみがあります。

♠大きさ（体長）　◆分布　★おもな特徴など

エビのなかま⑤

エビのなかま（節足動物）

ハコエビ
イセエビ科　♠35cm　◆房総半島以南　★水深30〜200mの砂地や泥地にすみます。甲がかたく、四角いはこのような形をしています。ゆでたり、さし身などにしたりして食べます。

ゴシキエビ
イセエビ科　♠30cm　◆相模湾以南、西太平洋、インド洋　★サンゴ礁や岩礁の岩穴にすみます。青くあざやかな色をした最も美しいエビです。食用となります。

ニシキエビ
イセエビ科　♠55cm　◆相模湾以南、西太平洋、インド洋　★サンゴ礁の砂地や泥地にすみます。イセエビ類で最も大きく、色が美しいため、観賞用のかざりになります。味はあまりよくありません。

豆ちしき　ウチワエビ類は、浅い海の砂地や泥地にすみ、セミエビ類は浅い海の岩礁にすんでいます。

アカイセエビ
イセエビ科 ♠35㎝ ◆小笠原諸島 ★水深5〜40mのサンゴ礁や岩礁にすみます。腹に白色の斑点のかのこもようがあります。小笠原固有種です。

オオバウチワエビ
セミエビ科 ♠13㎝ ◆相模湾以南、インド洋西部 ★ウチワエビににていますが、甲のふちにあるぎざぎざの歯が大きく、数が少ないところがちがいます。

コブセミエビ
セミエビ科 ♠30㎝ ◆相模湾以南、西太平洋、インド洋 ★水深10〜30mの岩礁にすみます。セミエビににていますが、第2〜4腹節の背にこぶのようなふくらみがあるところがちがいます。

ウチワエビ
セミエビ科 ♠17㎝ ◆房総半島以南、オーストラリア東南部 ★水深100mより浅い砂地や泥地にすみます。おしつぶされたように平たくて、まるいうちわのような形をしています。食用とされます。

セミエビ
セミエビ科 ♠30㎝ ◆房総半島以南、西太平洋、インド洋 ★水深20〜30mの岩礁にすみます。体はやや平たく、細長い四角形で、セミににています。甲のふちはぎざぎざしていません。

ヒメセミエビ
セミエビ科 ♠7㎝ ◆房総半島以南、台湾、インド洋 ★外洋の岩礁にすみます。昼は岩穴の中でじっとしていて、夜に活動します。体の色は赤褐色で、あしに黒い帯があります。

ゾウリエビの幼生

ゾウリエビ
セミエビ科 ♠15㎝ ◆房総半島以南、西太平洋、インド洋 ★水深10〜30mの岩場にすみます。おしつぶされたように平たくて、色は褐色です。甲はかたく、ぶつぶつとした突起があります。

豆ちしき ウチワエビのなかまは、体だけでなく触角もおしつぶされたような形をしています。

LIVE情報 アメリカザリガニの生態と観察

日本各地の、池や流れのおそい小川などで見られます。どんな生活をしているのでしょうか。

おす

交尾器
腹のあしが短い。

おすとめすのちがい

おすのはさみあしは、はさみがめすより大きく、とじたときのすきまも大きくあきます。おすには、腹と胸の間あたりに交尾器があります。
めすは卵をだくため、腹にあるあしが長くなっています。

めす

長い腹のあしで卵をかかえます。

体のつくり

エビガニとよばれることもあり、エビのような長い体に、カニのような大きくて力の強いはさみあしがあります。

ごつごつした歯があります。
はさみあし

あなが2つあります。
おしっこをするあな

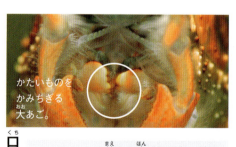
かたいものをかみちぎる大あご。
口

はさみあし、あごあしを使って、タニシを食べます。

肛門

ふんを出しています。
尾

第2触角
第1触角
目
あごあし

前の2本にははさみがあり、食べ物をちぎることにも使われます。
第1歩脚
第2歩脚
第3歩脚
歩脚 水底を歩くあし。
第4歩脚

58

アメリカザリガニの成長

めすは、おすとの交尾により400〜500個の卵をうみます。その卵がふ化して誕生した赤ちゃんアメリカザリガニは、脱皮をくり返して、大きく成長していきます。

1 交尾をしているようすです。(下がめす)

2 めすの第2歩脚の根もとにある産卵孔から、卵がうまれます。

3 母親は卵を腹にかかえ、あしを動かして新鮮な水を卵に送ります。

卵の直径は2mmほどです。母親にかかえられたまま成長します。

産卵直後の卵

5 卵はかえってから1週間くらいで、脱皮をします。まだ母親の腹にかかえられたままです。

4 2〜3週間で、体長3〜4mmの赤ちゃんが誕生します。

ふ化直前の卵は中に体がうっすらと見えます。

産卵3日後。小さなつぶつぶがたくさん見えています。

見てみよう アメリカザリガニ

6 赤ちゃんは2週間くらいして2回目の脱皮をすると、母親の腹からはなれます。

7 1年に7〜10回の脱皮を行って、成長します。体の色はだんだん濃くなっていきます。

8 おとなへと成長するにつれて、体は赤黒くなっていきます。

えらで呼吸する

アメリカザリガニは、えらで呼吸します。歩脚のわきから、水を吸いこみ、水中に溶けている酸素を、えらから取りこみます。そして体でいらなくなった二酸化炭素をとかした水を、口からはき出します。右の写真は、えらを通った青いインクが、口から出てきたようすです。

※アメリカザリガニは、日本の生態系に悪影響をおよぼすため、「生態系被害防止外来種リストの緊急対策外来種」に定められています。

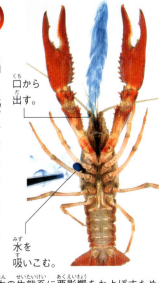
口から出す。
水を吸いこむ。

脱皮の前につくる胃石

アメリカザリガニは脱皮が近づくと、胃の中に「胃石」というカルシウムのかたまりがつくられます。胃石は写真のようなボールのような形です。

脱皮した後、このカルシウムがかたい体をつくるもとになります。

巣穴で冬眠する

アメリカザリガニは、水辺の土に穴を掘り、巣にします。冬は穴の中で冬眠します。

ヤドカリのなかま ① Hermit Crab

◆大きさ ◆分布 ★おもな特徴など

代表的なヤドカリは、やわらかい腹部を巻貝などの貝がらの中に入れていますが、からに入らない種類も少なくありません。水の中だけでなく、陸にすむものもいます。

オカヤドカリ

- 貝がらをせおう: 巻貝などの貝がらを、体の一部のようにせおっています。
- 眼柄
- 大きなはさみ
- 歩くためのあし: いちばん前ははさみあしで、歩くのには2、3番目のあしを使います。

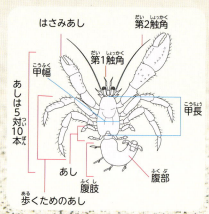

はさみあし／第2触角／第1触角／甲幅／甲長／あし／腹肢／腹部／歩くためのあし／あしは5対10本

ツノガイヤドカリ
ツノガイヤドカリ科 ♠体長3cm ◆相模湾〜九州 ★浅い海にすみ、細長いツノガイ類に入ります。腹部はややかたく、まっすぐです。

ベニワモンヤドカリ
ヤドカリ科 ♠甲長1.2cm ◆房総半島以南、西太平洋、インド洋、ハワイ ★サンゴ礁にすみ、イモガイ類を好んで使います。体は平たくなっています。

イソヨコバサミ
ヤドカリ科 ♠甲長1.5cm ◆房総半島以南、西太平洋、インド洋 ★外洋に面した岩礁の潮間帯にいます。はさみは左右同じ大きさです。

ケブカヒメヨコバサミ
ヤドカリ科 ♠甲長1.5cm ◆北海道〜九州、韓国 ★潮間帯の岩礁にすみます。あしに毛が密生しています。

イモガイヨコバサミ
ヤドカリ科 ♠甲長1cm ◆薩南諸島以南、西太平洋、インド洋 ★サンゴ礁の砂地や泥地にすみます。体が平たく、イモガイなどの殻口がせまい貝をよく使います。

イシダタミヤドカリ
ヤドカリ科 ♠甲長5cm ◆東京湾以南、西太平洋、インド洋 ★水深20〜50mにすみます。左の第2あしに石だたみのようなきざみがあります。

ホンドオニヤドカリ
ヤドカリ科 ♠甲長4cm ◆房総半島〜九州（太平洋側）、新潟県〜鳥取県（日本海側）★歩くためのあしとはさみあしに毛が生え、節に赤褐色の斑紋があります。

オイランヤドカリ
ヤドカリ科 ♠甲長4cm ◆伊豆半島以南、西太平洋、インド洋 ★よくタカラガイに入っています。よく目立つ、かたい毛が生えています。

豆ちしき:「ヤドカリ科」のなかまのはさみは、左右が同じくらいの大きさか、左側のほうが大きくなっています。

ユビワサンゴヤドカリ
ヤドカリ科 ♠甲長1cm ◆房総半島以南 ★サンゴ礁の潮間帯にいます。歩くためのあしに青いもようがあります。

セグロサンゴヤドカリ
ヤドカリ科 ♠甲長1cm ◆房総半島以南 ★サンゴ礁にすみ、眼柄のオレンジ色のもようが特徴です。歩くためのあしもオレンジ色です。

アカホシヤドカリ
ヤドカリ科 ♠甲長6cm ◆房総半島以南、台湾 ★はさみあしや歩くためのあしに赤い点があり、眼柄に紫色の帯があります。

スベスベサンゴヤドカリ
ヤドカリ科 ♠甲長1.2cm ◆房総半島以南、西太平洋、インド洋 ★サンゴ礁の潮間帯にすみます。左側のはさみが大きく、からに入ったときにふたの役割をします。

ヨコスジヤドカリ
ヤドカリ科 ♠甲長7.5cm ◆房総半島以南、西太平洋、インド洋、地中海 ★やや深い砂泥底にすみます。おもにヤツシロガイのからに入り、からにはヤドカリイソギンチャクをつけています。

イボアシヤドカリ
ヤドカリ科 ♠甲長2cm ◆東京湾以南、韓国、台湾 ★やや深い砂泥地にすみます。利用している巻貝に、よくイソギンチャクをつけています。

ソメンヤドカリ
ヤドカリ科 ♠甲長4.5cm ◆相模湾以南、西太平洋、ハワイ ★水深20～30mでサザエなどのからを利用し、イソギンチャクをつけています。

コモンヤドカリ
ヤドカリ科 ♠甲長7cm ◆房総半島以南、西太平洋、インド洋 ★サンゴ礁にすみます。はさみあしや歩くためのあしは毛でおおわれています。

アオボシヤドカリ
ヤドカリ科 ♠甲長3cm ◆沖縄列島以南、西太平洋、インド洋 ★サンゴ礁や岩礁にすみ、イモガイなどの貝を利用し、体は平らです。歩くためのあしに青い斑紋があります。

オカヤドカリ
オカヤドカリ科 ♠甲長4cm ◆奄美大島以南、南太平洋、インド洋 ★陸生のヤドカリです。さまざまな巻貝を利用します。かつては夜店などで見かけました。

ムラサキオカヤドカリ
オカヤドカリ科 ♠甲長4cm ◆鹿児島県以南、東南アジア、インド洋 ★海岸線近くの草むらに生息します。眼柄の下側に、黒いしみのようなもようがあるのが特徴です。

豆ちしき 日本にいるオカヤドカリ科のヤドカリは、すべて天然記念物です。

◆大きさ ◆分布 ★おもな特徴など

ヤドカリのなかま❷

ヤドカリのなかま（節足動物）

サキシマオカヤドカリ
オカヤドカリ科 ◆甲長4cm ◆八重山諸島以南、西太平洋、南太平洋、インドネシア ★陸生のヤドカリで、はさみやあしが赤く、白い点がよく目立ちます。

ヤシガニ
オカヤドカリ科 ◆甲長12cm ◆与論島以南 ★幼生のころは海で育ち、後期幼生になると貝をせおって陸に上がります。その後、脱皮して親になると、貝は使わずココヤシやタコノキの林に穴を掘ってすみます。夜行性です。

見てみよう ホンヤドカリ

ホンヤドカリ
ホンヤドカリ科 ◆甲長1cm ◆北海道〜九州、小笠原諸島、台湾、カムチャッカ半島、韓国 ★波打ちぎわの岩場に多く見られます。日本の温帯域では、いちばん多く見られます。

ケアシホンヤドカリ
ホンヤドカリ科 ◆甲長1.5cm ◆北海道南部〜九州、ロシア（日本海側） ★潮間帯の岩礁にすみます。はさみあしは緑色で、黒い点がたくさんあります。

ベニホンヤドカリ
ホンヤドカリ科 ◆甲長2.5cm ◆相模湾・山形県以南、韓国 ★浅い岩礁にすみます。はさみあしや、歩くためのあしは、あざやかな紅色です。

ヤマトホンヤドカリ
ホンヤドカリ科 ◆甲長2.5cm ◆房総半島・青森県以南、韓国 ★よく潮だまりの石の下にかくれていて、あしには赤と白のしまもようがあります。

ユビナガホンヤドカリ
ホンヤドカリ科 ◆甲長1.5cm ◆房総半島以南 ★河口の高潮線付近にすみます。歩くためのあしの、いちばん先の節が長いのが特徴です。

ホシゾラホンヤドカリ
ホンヤドカリ科 ◆甲長1.5cm ◆本州中部〜九州 ★ケアシホンヤドカリににていますが、はさみあしは茶色で、青白い点がたくさんあります。

カンザシヤドカリ
ホンヤドカリ科 ◆甲長0.5cm ◆紀伊半島以南、東南アジア ★貝がらに入らず、サンゴについたカンザシゴカイの空になった管を利用するため、尾はまっすぐです。毛の生えた触角でプランクトンをつかまえて食べます。

カイメンホンヤドカリ
ホンヤドカリ科 ◆甲幅1.5cm ◆北海道、日本海沿岸、黄海、サハリン ★岩礁の海藻の生えているところに多く見られます。大きいものはカイメンをせおい、小さいものは巻貝を利用します。

豆ちしき　左右のはさみをくらべて、右側が大きいのが「ホンヤドカリ科」のヤドカリです。

ムラサキゼブラヤドカリ
ホンヤドカリ科 ♠甲長1cm ◆伊豆大島以南、西太平洋、インド洋 ★歩脚とはさみあしや触角が紫色です。

アデヤカゼブラヤドカリ
ホンヤドカリ科 ♠甲長4cm ◆伊豆大島以南、西太平洋 ★水深15mより深いところの岩のくぼみや海底どうくつにすみます。

イガグリガニ
タラバガニ科 ♠甲長・甲幅13cm ◆東京湾〜土佐湾 ★水深300〜600mにすみます。いがぐりのように、とげでおおわれています。

ヒラアシエゾイバラガニ
タラバガニ科 ♠甲幅15cm ◆駿河湾 ★水深700〜800mにすみます。甲はかたく、はさみや、歩くためのあしにするどいとげがあります。なかなかとれず、めずらしいです。

ハナサキガニ
タラバガニ科 ♠甲長・甲幅15cm ◆北海道、サハリン、オホーツク海、北太平洋 ★浅い海にすみます。北海道を代表する甲殻類で、おもに煮ガニや鉄砲汁にして食べられます。

イバラガニモドキ
タラバガニ科 ♠甲幅20cm ◆東北地方沖〜相模湾 ★水深500〜1100mにすみます。からはかたく、イバラガニと同じように、成長とともにとげは短い突起になります。

豆ちしき 暖かい海にすむヤドカリ類は左のはさみが大きく、寒い海や深い海にすむヤドカリ類は右のはさみが大きいです。

♠大きさ　◆分布　★おもな特徴など

ヤドカリのなかま❸

ヤドカリのなかま（節足動物）

イバラガニ
タラバガニ科　♠甲幅20cm　◆房総半島沖〜土佐湾　★水深400〜600mにすみます。若いときは針のような長い突起をもちますが、成長とともに短い突起となります。アカガニともよばれます。

タラバガニ
タラバガニ科　♠甲幅25cm　◆日本海、北海道、北太平洋、北極海　★水深30〜360mで水温10℃以下の海底にすみます。タラの漁場でとれることから、この名がつきました。あしを広げると1m以上になります。

トウヨウコシオリエビ
コシオリエビ科　♠甲長6mm　◆函館〜九州、小笠原諸島　★低潮線〜200mの砂や泥のところ、岩礁のすきま、海藻の根もとなどさまざまなところで見られる代表的なコシオリエビです。

アブラガニ
タラバガニ科　♠甲幅25cm　◆北海道以北　★タラバガニににています。タラバガニは甲の中央のとげが6本ですが、アブラガニは4本で、全体的にとげが少なめです。

オルトマンワラエビ
ワラエビ科　♠甲長6mm　◆房総半島〜鹿児島県　★外洋の水深30〜70mのサンゴ礁や岩礁にすむヤギ類の枝上に見られます。細いあしの長さは、体の10倍以上です。

豆ちしき　タラバガニのなかまは、カニと名前がついていても、はさみをふくめて甲の外に出ているあしは4対で、ヤドカリのなかまです。

コマチコシオリエビ
コシオリエビ科 ♠甲長1.2cm ◆相模湾以南、西太平洋、インド洋 ★低潮線付近〜120mのサンゴ礁や岩礁にすみます。ウミシダ類の根もとにしがみついています。

腹側

オオアカハラ
カニダマシ科 ♠甲長2cm ◆房総半島以南、ハワイ、東南アジア、南太平洋、インド洋 ★サンゴ礁や岩礁のすき間や小石の下にかくれすんでいます。腹側は紅色です。

オオコシオリエビ
コシオリエビ科 ♠甲長4cm ◆金華山沖・山形県沖〜九州 ★海の深いところ、75〜450m付近でよく見られます。体の折り曲げられている尾のところが白色です。

アカホシカニダマシ
カニダマシ科 ♠甲長2cm ◆紀伊半島以南、東南アジア、南太平洋、インド洋 ★サンゴ礁の潮だまりやハタゴイソギンチャク類の触手の間にすみます。

コブカニダマシ
カニダマシ科 ♠甲長1.5cm ◆北海道〜九州、韓国、ロシア ★石の下にかくれすみ、昼も夜もほとんど出てきません。つぶ状の突起でおおわれたはさみは、左右で大きさがちがいます。

イソカニダマシ
カニダマシ科 ♠甲長1cm ◆房総半島以南、台湾、東南アジア ★カニ型をしたヤドカリでは、磯で最もよく見られます。石の下にいて、石をどかすと、すばやく後ずさりして逃げます。

ウミエラカニダマシ
カニダマシ科 ♠甲長1cm ◆相模湾以南、東南アジア、インド洋 ★水深20〜30mにすむウミエラなどについています。多くは、おすとめすのペアでいます。

スナホリガニの一種
スナホリガニ科 ♠甲長2.5cm ◆紀伊半島以南、西太平洋、インド洋 ★潮間帯の砂にもぐっています。第1脚ははさみをもたず前にのばし、ほかのあしや腹部は折りたたんで甲の中にかくれています。

豆ちしき コシオリエビのなかまは、エビににていますが、いちばん後ろのあしが、ほかより小さいので、ヤドカリのなかまとされています。

♠大きさ ◆分布 ★おもな特徴など

アナジャコのなかま

エビににた形をしています。多くは巣穴を作りますが、スナモグリのなかまのように、海底の石の下から見つかるものもいます。

アナジャコのなかま（節足動物）

巣穴をつくるオキナワアナジャコ。掘った土は巣穴のまわりに積み上げます。高さ1mにもなり、「シャコ塚」とよばれます。

■ オキナワアナジャコ
オキナワアナジャコ科 ♠体長15〜18cm
◆奄美大島以南、東南アジア、インド洋
★干潟、マングローブ林にすみます。深さ1mにもなる巣穴をつくります。

■ アナジャコ
アナジャコ科 ♠体長9cm ◆北海道〜九州、韓国、台湾 ★浅い海の砂や泥の海底に穴を掘り、すんでいます。昼は穴の中にいて、夜に出て活動します。

■ ニホンスナモグリ
スナモグリ科 ♠体長6cm ◆北海道〜九州、韓国 ★外洋に面した潮間帯の砂や泥にもぐっています。甲はやわらかく、色は半透明です。産卵期になると腹節が紅色になります。

豆ちしき　昔、沖縄の女性は、オキナワアナジャコを焼いた粉を使って髪をあらい、手入れをしたといわれます。

♠大きさ ◆分布 ★おもな特徴など

いろいろな節足動物❶

あしや体がいくつかの節に分かれている特徴をもつ生き物はまだまだたくさんいます。海水や淡水に、大きなものからとても小さなものまでいます。また、体がじょうぶなから（甲）につつまれているものだけでなく、からがないものもいます。

ホウネンエビ
ホウネンエビ科 ♠体長1.5～3cm ◆北海道以外の日本各地 ★初夏に水田でよく見られます。体に甲はなく、背中を光に対して下にして、11対のあしを動かして泳ぎます。

カブトエビの一種
カブトエビ科 ♠体長2～3.5cm ◆宮城県以南の日本各地 ★6～7月ごろ水田で見られます。体の前部は甲におおわれ、あしが40対以上あります。後部は細く、2本の長いしっぽがあります。カブトガニと同じように「生きた化石」といわれています。

オカメミジンコ
ミジンコ科 ♠体長1～2mm ◆日本各地 ★浅い池や湖でよく見られます。頭は小さく、体は卵形です。触角（ひげ）を動かして泳ぎます。

カイエビ
カイエビ科 ♠体長0.7～1cm ◆本州、四国 ★水田にすんでいます。二枚貝のからのような甲からあしを出して泳ぎまわり、泥の表面の小さな生き物を食べます。

アオムキミジンコ
ミジンコ科 ♠体長0.5～1mm ◆日本各地 ★湖や池で見られます。背中を下にして泳ぐため、この名がつきました。

カイアシ類
カイアシ亜綱 ♠体長0.5～5mm ◆日本各地 ★海に多いですが、池などにも見られ、多くの種類がいます。長い触角をオールのように動かして泳ぎ、小さな藻などを食べています。魚たちの大切な食べ物となっています。

刺激をうけると青白く光ります。

ウミホタル
ウミホタル科 ♠体長3～3.5mm ◆青森県以南の太平洋沿岸、瀬戸内海 ★体は透明な卵形の甲につつまれています。昼は砂の中にいて、夜、海を泳ぎまわってえさを探します。刺激をうけると青白く光る汁を出し、とてもきれいです。

見てみよう
カメノテ

カメノテ
ミョウガガイ科 ♠体長3～4cm ◆北海道南部以南 ★潮間帯上部の岩のわれ目などに群がってすんでいます。体の上部はカメの手ににた形のからでおおわれ、下部は柄になっています。

クロフジツボ
クロフジツボ科 ♠直径3～4cm ◆本州～九州 ★潮間帯中部の岩につき、からは山型をしています。潮が満ちたときに、からの口からあしを出してプランクトンを食べます。

イワフジツボ
イワフジツボ科 ♠直径1cm以下 ◆北海道南部～九州 ★潮間帯上部の岩の上についています。長い時間海から出ていても、生きていられます。

豆ちしき　カメノテやフジツボ類は、むかしは貝のなかまと考えられていましたが、体のつくりや幼生の形から節足動物であることがわかりました。

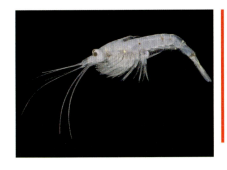

シキシマフクロアミ
アミ科 ♠体長0.7～1.3mm ◆本州、九州 ★アミ類は形がエビとにていますが、別のグループです。群れになって泳ぐものが多いですが、この種類は砂にもぐっています。

イソコツブムシの一種
コツブムシ科 ♠体長0.5～1mm ◆日本各地 ★河口の石の下などにいます。形はダンゴムシににていて、同じように体をまるめることができます。

フナムシ
フナムシ科 ♠体長3～5cm ◆本州以南 ★水面より上の岩礁や岸壁などで見られます。7対のあしを使って歩きまわり、岩などに生えている海藻を食べます。

ソメワケウミクワガタ
ウミクワガタ科 ♠体長6mm ◆三陸沿岸 ★ウミクワガタ類のおすとめすは、すがたがまったくちがい、おすはクワガタムシによくにています。幼生は魚の血を吸いますが、成体になると何も食べません。

ダイオウグソクムシ
スナホリムシ科 ♠体長40cm ◆西大西洋 ★水深200～1000mの海底にすみます。等脚類では世界最大です。死がいや弱った生き物を食べますが、あまり食べなくても長い間生きていられます。

ニッポンヨコエビ
ヨコエビ科 ♠体長0.7～1cm ◆本州～九州 ★川の上流などの落ち葉の間や石の下にすみます。ヨコエビはエビではなく、体が横倒しになっていることが多いので、こうよばれています。

フトメリタヨコエビ
メリタヨコエビ科 ♠体長0.5～1cm ◆北海道～九州 ★メリタヨコエビ類は潮間帯の石の下などにすんでいて、石をひっくり返すと見られます。生き物の死がいなどを食べています。

オオワレカラ
ワレカラ科 ♠最大体長6cm ◆北海道～九州 ★ヨコエビに近い種類ですが、とても細長い体をしています。浅い海に生えている海草のアマモの上にすみ、魚に見つけられないようなアマモと同じような色をしています。

オオウミグモの一種
オオウミグモ科 ♠体長3cm ◆南極海とその周辺 ★ウミグモ類は陸上のクモ類とはちがうグループで、海底にすんでいます。日本沿岸にも小型の種類が見られますが、深海にはこのように大きくなるものもいます。あしがとても長く、体の数倍から十数倍の長さがあります。

豆ちしき アミ類、ヨコエビ・ワレカラ類、等脚類（フナムシなど）は、めすの胸の部分に卵やこどもをかかえるふくろがあります。

69

◆大きさ ◆分布 ★おもな特徴など ●絶滅危惧種

いろいろな節足動物❷

カブトガニ ●
カブトガニ科 ◆全長60cm ◆瀬戸内海、九州北岸
★寒いときは沖合の少し深いところにもぐって冬眠し、水温が18℃以上になると干潟に出て活動します。頭胸部、腹部、尾のつなぎ目の部分が折れ曲がります。腹部のふちには6対のとげがありますが、めすでは後ろの3対が短くなっています。

甲を下にして背泳ぎのように泳ぎます。

カブトガニの一生

おす　めす

1 産卵
7～8月の大潮の満潮時に産卵します。おすとめすで砂浜に深さ10～20cmのくぼみをつくり、500～600個の卵をうみます。それを数回くり返します。

2 ふ化
産卵から6週間ほどで幼生が出てきます。尾剣はまだなく、すがたが大昔にいた生物のサンヨウチュウににているため、サンヨウチュウ型幼生とよばれます。

脱皮したぬけがら

脱皮をした幼生

3 成長
幼生は脱皮を18回したあと、15年くらいで成体になります。寿命は25年くらいといわれています。

生きている化石
約2億年前から、さまざまな種があらわれましたが、今も最初にあらわれたすがたとほとんど変わらないため、「生きている化石」といわれます。現在は日本のカブトガニのほか、アメリカカブトガニ、東南アジアのミナミカブトガニ、マルオカブトガニの4種があります。

大昔のカブトガニの化石

おすにはへこみがある。
甲
頭胸部
腹部
6対のとげ
尾剣
カブトガニのおす
5対のあしは、先がはさみのようになっている。
おす（腹側）

豆ちしき カブトガニの重要な産卵場所である岡山県笠岡市の生江浜は国の天然記念物に指定されています。

LIVE情報 浜辺で「宝探し」をしよう！

浜辺には、貝がらやウニのから、イカの甲など、いろいろなものが打ち上がっています。それらを拾って楽しむ遊びがビーチコーミングです。方法は簡単。ただ浜辺を歩いて、自分が気に入った宝ものを拾うだけ。ぜひチャレンジしてみましょう。

タコブネ

クロアワビ／サンゴのなかま／チョウセンハマグリ／ヤクシマダカラ／アカウニ／アズマニシキ／サクラガイ／マヒトデ／キンセンガニの甲／コウイカのなかまの甲／ムラサキウニ／カズラガイ／ウニのなかま

どうやってするの？

ビーチコーミングに必要なものは、拾ったものを入れるビニール袋だけ。ただし、ウニのからなど壊れやすいものを入れるにはプラスチック容器があると便利です。

まとまって打ち上げられているところや貝がたまっているところなどを探しましょう。また広く長い浜辺より、近くに岩場のある浜辺のほうが多く見つかります。

波の働きで物がたまった打ち上げ帯。同じ大きさや重さごとに流れてきたものが波打ちぎわに平行に集まっています。

拾った貝がら、ウニのから、イカの甲などは、水洗いをして塩分や砂を洗い流し、よく乾かしましょう。中身が残っていたら、水につけてくさらせてから洗い流すか、うすめた漂白剤などにしばらくつけて、中身を溶かした後に洗い流します。ただし、漂白剤は貝がらなども傷めるので、つけすぎないように注意が必要です。漂白剤を使う場合はおとなの人にやってもらいましょう。

漂白しているウニのから

※ビーチコーミングは必ず波のおだやかな日や場所でおとなの人とやりましょう。

帰ってからも楽しもう！

拾ってきた貝がらなどは、大きいものはそのままかざり、小さなものはびんなどに入れるとよいでしょう。接着剤やグルーガン（樹脂を熱して接着させる道具）を使って、いろいろなところに貝がらをくっつけて工作をするのも楽しみ方のひとつです。

小さい貝がらは小瓶に入れると飾りやすくなります。

拾った貝がらで飾ったフォトフレームやウニのからで作った写真立て。

軟体動物 イカ・タコ・巻貝・二枚貝のなかまなど

軟体動物は、骨や節がなく、体は粘膜におおわれたやわらかい肉でできています。イカの体は胴と頭、あしに分かれています。胴の部分はふくろのようになっていて、中に内臓があり、外側が外套膜という膜でおおわれています。また、神経系はよく発達しています。イカ・タコのなかまのほか、ウミウシのなかま、巻貝のなかま、二枚貝のなかま、ヒザラガイのなかま、ツノガイのなかまなどがいます。二枚貝以外、口にはやすりのような歯（歯舌）があります。

- イカ・タコのなかま　74ページ
- ウミウシのなかま　83ページ
- 巻貝のなかま　88ページ
- 二枚貝のなかま　119ページ
- ヒザラガイのなかま
  ツノガイのなかま　137ページ
- カタツムリのなかま　138ページ

筋肉質なあし
あしは筋肉質で、イカ・タコのなかまのように細かい動きをすることができるものもいます。そのほかのものでは、物にへばりついたり、波打たせて移動したりするために使います。

頭
目や口があります。イカやタコは、とくに目が発達しています。二枚貝ではほとんどの種類で目が退化しています。

外套膜につつまれた体
胴は背中側から腹側に向けて、ふくろ状になった外套膜でおおわれています。貝類では、外套膜が貝がらをつくり出しています。

アオリイカ
水中を泳いでいるアオリイカ。あしには、たくさんの吸盤が並んでいます。

えらで呼吸する
外套膜と皮ふの間にえらがあり、ここに取り入れた海水を利用して呼吸をします。イカ・タコのなかまは、ここに取り入れた海水をろうとからふき出して、移動するのに利用しています。また、カタツムリのなかまのように、えらが肺に変化したものもいます。

おもな軟体動物の特徴

イカ・タコのなかま
頭の前にあしがあり、動きがすばやく、あしをつかってえものをじょうずにとらえることができます。

小さい魚をつかまえたアオリイカ

巻貝のなかま
らせん状にまいた貝がらをもっていて、頭には目や触角があります。大きな平たいあしではい歩きます。

海底をはうボウシュウボラ

二枚貝のなかま
体の左右にある貝がらで体がつつまれています。目は退化していて、大きなあしで砂や泥にもぐります。

チョウセンハマグリ

ヒザラガイのなかま
体は平たく、背中に8枚のからが並んでいます。吸盤のようなあしで岩などにはりつきます。

岩についたヒザラガイ

♠大きさ ◆分布 ★おもな特徴など

イカ・タコのなかま❶

Chambered nautilus（オウムガイ）
Squids・Cuttlefish（イカ） Octopus（タコ）

イカ・タコは、頭から直接あしが生えているので「頭足類」とよばれます。日本に、イカは約170種、タコは約60種がすんでいます。泳ぎの得意なイカはプランクトンや魚を好んで食べ、岩のすきまなどでくらすタコは、エビ、カニ、貝などを食べます。

イカ・タコのなかま（軟体動物）

アオリイカ

ひれがある

10本のあし
吸盤があります。このうち2本の長い触腕でえものをつかまえます。

ワモンダコ

8本のあし
吸盤で味やにおいがわかるといわれています。

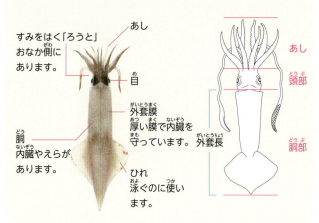

すみをはく「ろうと」おなか側にあります。
あし
目
外套膜
厚い膜で内臓を守っています。
胴
内臓やえらがあります。
ひれ
泳ぐのに使います。

あし
頭部
外套長
胴部

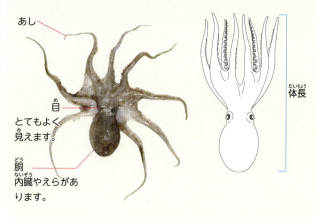

あし
目
とてもよく見えます。
胴
内臓やえらがあります。

あし
体長

＊イカ・タコのあしは、ものをつかんだり、いろいろなことができるので、「うで」ともよばれます。

イカもタコもすみをはく

イカもタコもすみをはいて敵からのがれます。

イカのすみ

イカのすみは、広がらずに水中をただようので、すみのかたまりをおとりにして、敵の目をそらすことができます。

タコのすみは、よく広がるので、えんまくのように、すがたをかくして、敵から逃げることができます。

豆ちしき　イカの吸盤は、かたいリングがはまっていて、これでえさにしがみつくようにできています。

●オウムガイ

オウムガイは、巻貝ににた形のからをもっていますが、頭足類で、イカ、タコの原始的ななかまとされています。

えらが2対、触手が60～90本あり、吸盤はありません。

オウムガイ
オウムガイ科 ♠からの直径20cm ◆熱帯西太平洋 ★5億年前から形が変わっていないため「生きている化石」といわれています。触手でえさをつかまえたり、ものにつかまったりします。

●イカのなかま

10本のあしを使い、小魚などをとらえて食べます。特に2本の長い触腕をよく使います。

コウイカのなかまは、すべて甲（貝がら）をもっています。

見てみよう コウイカ

コウイカ
コウイカ科 ♠外套長18cm ◆東京湾以南、東シナ海 ★水深10～100mの海底にすみます。体内に舟型の貝がら（イカの甲）をもっているため、コウイカといいます。

ボウズコウイカ
コウイカ科 ♠外套長6cm ◆相模湾～紀伊半島 ★潮間帯の岩礁にすみます。コウイカのなかまでは小型です。コウイカとちがい、甲のとげはとび出していません。

甲のとげが出ています。

コブシメ
コウイカ科 ♠外套長50cm ◆奄美群島以南 ★サンゴ礁にすむ大型のイカです。12月から5月にサンゴ礁に集まってきてピンポン玉のような卵をうみます。

豆ちしき　タコの吸盤は、べったり吸いつくようにできています。

♠大きさ ◆分布 ★おもな特徴など

イカ・タコのなかま❷

イカ・タコのなかま（軟体動物）

ハナイカ
コウイカ科 ♠外套長4cm ◆相模湾以南 ★小型のコウイカのなかまで、浅い海の岩場にすみ、イソバナやウミトサカなどの「お花畑」にまぎれるほど、はなやかな色です。外套膜に多くの突起があります。

カミナリイカ
コウイカ科 ♠外套長30cm ◆房総半島以南、韓国、中国 ★浅い海の砂地にすみます。形はコウイカににていますが、背には目のようなもようがあります。

あしを広げ、おどかすミミイカ

ミミイカ
ダンゴイカ科 ♠外套長5cm ◆北海道南部以南 ★沿岸の海底にすみます。外套膜はドームのような形、ひれはまるい耳形です。体の中に1対の発光器をもちます。

ヒカリダンゴイカ
ダンゴイカ科 ♠外套長2cm ◆北海道以南 ★ミミイカによくにた小型のイカです。

発光するホタルイカ

ボウズイカ
ダンゴイカ科 ♠外套長7cm ◆茨城県・島根県以北 ★水深100〜600mの砂の海底にすみます。

ヒメイカ
ヒメイカ科 ♠外套長1.5cm ◆北海道南部以南 ★イカ類のなかまでは、最も小さいイカです。内湾のアマモなどが生えているところにすみます。背中にある粘液細胞で海藻や定置網などにくっつきます。

ホタルイカ
ホタルイカモドキ科 ♠外套長7cm ◆日本海、北海道〜土佐湾 ★外洋にすみます。外套膜と頭の腹側と目玉、うでに500個以上の発光器をもち、ホタルのように青白く光ります。春から夏にかけて、産卵のため、富山湾の岸近くにやってきます。その海面は、特別天然記念物になっています。

豆ちしき　イカの発光にはホタルイカのように自分で光るものと、ミミイカのように発光バクテリアを体の中に入れて光るものがあります。

ジンドウイカ
ヤリイカ科 🌱外套長6cm ◆北海道～九州 ★沿岸の水深10～50mの海底にすみます。うでの吸盤には、半円形の歯が9～20枚あります。

ひれはひし形。

ヤリイカ
ヤリイカ科 🌱外套長40cm ◆北海道以南 ★沿岸から近海にすむ、細長いイカです。春になると海岸に近づき、漁網や海藻、岩だなの下などに卵をうみつけます。

やりの先のように細い。

ヤリイカの産卵

卵のうは10cmほど
岩穴の天井にうみつけられた卵

40日ほどで3mmくらいの子イカがふ化します。

こどももすみをはきます。

おすは白い線があります（めすは斑点）。

見てみよう
アオリイカ

ケンサキイカ
ヤリイカ科 🌱外套長35cm ◆房総半島以南 ★ヤリイカより、体やあしが太く、がんじょうです。ひれは胴の真ん中くらいまでのびていて、体の中に発光器があります。

アオリイカ
ヤリイカ科 🌱外套長45cm ◆日本各地、西太平洋、インド洋 ★沿岸の岩礁やサンゴ礁にすみます。大きなひれをもち、背はうちわのような形です。初夏に海岸に近づき、サンゴや海藻に卵をうみつけます。

すむところで、外套膜やひれなどの形がちがいます。

 ヤリイカのように、甲のないイカのなかまでもペラペラの「軟甲」があります。これは貝がらのなごりです。

イカ・タコのなかま❸

♠大きさ ◆分布 ★おもな特徴など

スルメイカの軟甲

ソデイカ
ソデイカ科 ♠外套長70cm ◆相模湾以南、西太平洋、インド洋 ★大型のイカで、暖かい海の水深400mくらいのところにいます。体は筋肉質です。

大きな三角形のひれ。

スルメイカ
アカイカ科 ♠外套長30cm ◆北海道以南 ★東シナ海で産卵し、卵は暖流にのって運ばれるあいだにふ化して大きくなります。そして親になると卵をうむため、また日本列島にそって南下します。最もふつうに食用にされているイカです。

トビイカ
アカイカ科 ♠外套長40cm ◆西太平洋、インド洋の温・熱帯域 ★海から飛び出して、体の中の水をふき出すと、ひれでつばさのようにバランスをとりながら、50mほど飛ぶことができます。筋肉がよくしまっています。発光器があります。

ひれの方を前にして飛びます。

ダイオウイカってどんな味？

ときどき日本海に打ちあがります。塩味とアンモニア臭が強いので、生で食べるのにはむいていません。塩抜きして乾燥させてなら食べることができますが、あまりおいしくはないようです。

ダイオウイカ

- ダイオウイカ科
- 外套長1.8m
- 世界中の海
- 水深650～900mの深海にすみます。あし先まで入れると全長4mをこえる最大のイカで、天敵はマッコウクジラです。小笠原や千葉県、山口県、富山県などで捕獲されたことがあります。写真は、オーストラリアのタスマニア州で打ちあがったダイオウイカです。

♠大きさ ◆分布 ★おもな特徴など ☀有毒

イカ・タコのなかま④

●タコのなかま
海底や岩などにかくれるようにすむ種類が多くいます。

マダコ
マダコ科 ♠体長60cm ◆世界各地の温帯〜熱帯 ★潮間帯〜100mの岩礁にすみます。岩かげのくぼみや穴をすみかにして、縄張りをもちます。夜行性で、エビやカニ、貝などを食べます。

見てみよう マダコ

マダコの産卵

母ダコは、うんだ卵を大事に守る習性があります。

マダコの卵

ブドウのふさのようになる

ふ化したこども

シマダコ
マダコ科 ♠体長80cm ◆紀伊半島以南 ★熱帯のサンゴ礁などにすむ、やや大型のタコです。背に7列、うでに2列、光を反射させて光って見える斑点があります。

敵がくると目の形をしたもようを見せておどかします。

イイダコ
マダコ科 ♠体長20cm ◆北海道〜九州、韓国、中国 ★内湾の水深10m付近の砂地や泥地にすむ小型のタコです。うでのつけ根に2つの金色の輪のもようがあります。

豆ちしき マダコの卵は小さく多数の卵がブドウのふさのように岩だなの下にぶら下がり「海藤花」とよばれます。

ヒョウモンダコ
マダコ科 ◆体長12cm ◆相模湾以南、西太平洋、インド洋 ★潮間帯より少し深い岩礁にすむ、小型のタコです。背に4列、うでの上に1列の斑紋と、青色の輪があります。だ液に強い毒があるため、かまれると危険です。

見てみよう ヒョウモンダコ

テナガダコ
マダコ科 ◆体長60cm ◆北海道～九州、韓国 ★潮間帯～少し深い泥の海底に穴を掘ってすみます。泥の中にかくれ、長いうでを外に出してエビやカニ、貝などをとらえて食べます。

サメハダテナガダコ
マダコ科 ◆体長20cm ◆房総半島以南 ★浅い海の砂地にすみ、危険を感じると砂にもぐります。体はかたく、表面はつぶつぶでおおわれてざらざらしています。うでは太く、目の上に5個のとげがあります。毒をもつので危険です。

カラスザメのなかまをとらえたミズダコ

ミズダコ
マダコ科 ◆体長1～3m ◆東北地方以北、ベーリング海 ★寒い海の水深100～200mの泥の海底にすむ大型のタコです。皮ふはやわらかくてずるずるした感じです。表面はでこぼこしています。

豆ちしき タコは、容器の中の食べ物でも、ふたをひねって開けて食べるため、知能が高いと考えられています。

♠大きさ ◆分布 ★おもな特徴など

イカ・タコのなかま❺

アオイガイのめす

めすの貝がら

アオイガイ（カイダコ）

カイダコ科 ♠おす・体長1.5cm、めす・体長25cm ◆世界各地の温帯～熱帯 ★2つ合わせるとアオイの葉のような形の、うすくて白いからをめすはもち、からの中に卵をうんで守ります。おすは小さく、貝がらをもちません。

タコブネ（フネダコ）

カイダコ科 ♠体長8cm ◆世界各地の温帯～熱帯 ★暖かい海の海面にただよっています。めすだけが貝がらをもっていて、そのからの中に卵をうみつけます。

クラゲダコ

クラゲダコ科 ♠体長12cm ◆西太平洋、インド洋の温・熱帯域 ★水深200～800mの海中にただよっています。体は半透明の寒天質でおおわれ、つりがね型です。目は望遠鏡のように長くのびて、背のほうを向いています。

イカやタコが体の色を変えるひみつ

イカやタコのなかまは、まわりに合わせて体の色を変えることができます。皮ふの下に「色素胞」という色素の入ったふくろがあります。筋肉がのびちぢみすることで、色素胞の大きさが変わり、体の色が変わります。
このように体色を変化させることですがたが目立たなくなり、敵から身をかくすことに役立ちます。

泳いで白っぽい岩にやってきたワモンダコ。

まわりの白っぽい岩に合わせて体色が変化します。

まわりの色そっくりにすっかり色が変わりました。

ヤリイカの色素胞。筋肉がゆるむと色の部分が小さくなります。筋肉がちぢむと色素胞は引っぱられてのび、色の部分が大きくなります。こうして体の色が変わります。

豆ちしき クラゲダコのように、まっ暗な深海にすむタコは、黒いすみをはいても意味がないので、すみぶくろをもちません。

♠ 大きさ（体長） ◆分布 ★おもな特徴など

ウミウシのなかま ① Sea Slugs

貝と同じグループの生き物ですが、からはもたないか、あっても小さなもので、ほとんどが、えらはむき出しになっています。おすとめすの区別はありません。

肛門
えら
外套膜
触角
触角のあるものとないものがいます。

アオウミウシ
イロウミウシ科
♠3cm ◆本州以南 ★潮間帯の岩礁にすみます。体は青色、外套膜と背のふちは黄色か白、触角は赤色です。春から夏に、白いリボン状の卵塊をうみます。

見てみよう アメフラシ

卵塊
黄色いひものかたまりのような形。海岸でよく見ることができます。ウミゾウメンともよばれます。

アメフラシ
アメフラシ科
♠40cm ◆日本各地、韓国、中国 ★潮間帯付近の岩礁にすみ、冬から春にかけて見られます。刺激すると、紫色の液を出します。3月〜7月が産卵期で、黄色いひものような卵塊をうみます。

ジャノメアメフラシ
アメフラシ科
♠20cm ◆房総半島以南、西太平洋、インド洋 ★黄緑色に黒いあみ目もようがあって、潮間帯より深い岩場の海藻のまわりにいます。

紫色の液を出すアメフラシ

アマクサアメフラシ
アメフラシ科
♠30cm ◆日本各地、西太平洋、インド洋 ★あしの後ろが吸盤状で、白い液を出します。

タツナミガイ
アメフラシ科
♠20cm ◆日本各地 ★潮間帯の岩礁にすみます。三角形の小さい貝がらをもっています。刺激をあたえると紫色の液を出します。

豆ちしき　タツナミガイの名は、三角形の小さな貝がらが立った波のように見えることからつけられました。

ウミウシのなかま❷

♠大きさ（体長）　◆分布　★おもな特徴など

ムラサキウミコチョウ
ウミコチョウ科
♠1〜2.5cm　◆南日本、オーストラリア熱帯・亜熱帯域　★あしをはばたくように動かして泳ぎます。体色は赤紫色で、濃さはいろいろです。

ホオズキフシエラガイ
カメノコフシエラガイ科
♠3〜4cm　◆本州中部以南　★体の形がホオズキの実ににています。

ハナデンシャ
フジタウミウシ科
♠10cm　◆相模湾以南　水深20m付近にすみます。背に赤や黄色の突起があります。刺激を受けると体が青白く光ります。

ウデフリツノザヤウミウシ
フジタウミウシ科
♠2cm　◆相模湾、紀伊半島、インド洋、西太平洋　★だいだい色の体に、4つの突出物があります。

見てみよう　ハダカカメガイ

ハダカカメガイ（クリオネ）
ハダカカメガイ科
♠2cm　◆北太平洋　★つばさのような形のあしをもち、それを動かして泳ぎます。半透明で、内臓がすけて見えます。

ヒカリウミウシ
フジタウミウシ科
♠10〜15cm　◆本州〜九州　★水深10〜50mの砂地にすみます。暗い所では、青白く光ります。

クロスジリュウグウウミウシ
フジタウミウシ科　♠6cm　◆西太平洋熱帯域　★サンゴ礁の浅瀬で見られます。

豆ちしき　カメガイ類はすべて浮遊性で、あしがチョウのはねのように変形していて、それをふって泳ぐので「翼足類」とよばれます。

イソアワモチ
イソアワモチ科
♠3cm ◆房総半島以南 ★潮間帯の岩の上で水から出てくらしますが、海中では皮ふ呼吸をします。背中のいぼの中には、光を感じる器官があります。

イソウミウシ
ドーリス科
♠3cm ◆日本各地 ★潮間帯の岩礁にすむダイダイイソカイメンの上にいて、カイメンと同じような色をしています。表面はビロード状です。

テンテンウミウシ
ドーリス科
♠2.5cm ◆西太平洋熱帯域 ★夏に、外洋に面したどうくつなどで見られます。

ユウゼンウミウシ
ドーリス科
♠5～10cm ◆沖縄県以南 ★潮間帯より少し深いサンゴ礁にすみます。体は黄色地に褐色と緑と朱色の斑紋があります。

ヤマトウミウシ
ドーリス科
♠5～7cm ◆日本各地 ★潮間帯付近の岩礁にすみ、石の下でじっとしています。ダイダイイソカイメンを食べます。

クロスジウミウシ
イロウミウシ科
♠4cm ◆相模湾以南、西太平洋、インド洋 ★潮間帯の岩礁にすみます。体は、白地に黒いたて線があり、触角と外套膜のふちはだいだい色です。

シンデレラウミウシ
イロウミウシ科
♠10cm ◆西太平洋熱帯域、インド洋 ★外套膜のふちに白色の帯があり、その内側はあみ目もようになっています。白色の帯の幅は個体によってちがいます。

クモガタウミウシ
ドーリス科
♠6～10cm ◆房総半島以南 ★潮間帯の岩礁にすみ、干潮時には裏返しになっているのがよく見られます。背はかたく、褐色で茶色のまだらもようがあります。腹はだいだい色で黒色の水玉もようがあります。

キベリクロスジウミウシ
イロウミウシ科 ♠5cm ◆南西諸島、西太平洋熱帯域 ★冬にサンゴ礁のやや深い岩礁の上にいることがあります。

ちょっと変わったウミウシのなかま
ウミウシのなかには、貝がらをもつもの、海中をゆらゆら泳ぎまわるものなどがいます。

貝がら

ミスガイ
ミスガイ科 殻長5cm ◆房総半島以南、西太平洋熱帯域、インド洋 ★砂の中にすむミズヒキゴカイを食べます。あしが大きく、フリルのようです。

アオミノウミウシ
アオミノウミウシ科
♠3cm ★太平洋 ★体は細長く、両わきに大きなうでがあります。これではばたくようにして泳ぎます。

豆ちしき　ウミウシ類は、いずれも幼生の間は巻いたからをもっているので、巻貝のなかまとわかります。

♠ 大きさ（体長） ◆ 分布 ★ おもな特徴など

ウミウシのなかま❸

ウミウシのなかま（軟体動物）

ミカドウミウシ
ミカドウミウシ科 ♠10cm ◆紀伊半島以南、西太平洋 ★潮間帯より少し深い岩礁やサンゴ礁にすみます。岩の上をはって移動しますが、ときどき外套膜を使い、体をくねらせて泳ぎます。

カナメイロウミウシ
イロウミウシ科 ♠5cm ◆西太平洋 ★触角からえらにかけて、だいだい色の線があります。

ミスジアオイロウミウシ
イロウミウシ科 ♠3cm ◆西太平洋熱帯域 ★水深15m付近にすみます。ふちは白色です。触角とえらは、黄色からだいだい色です。

サガミウミウシ
イロウミウシ科 ♠4cm ◆伊豆半島 ★比較的深いところの岩礁で見られます。

サラサウミウシ
イロウミウシ科 ♠4〜5cm ◆相模湾、能登半島以南 ★赤紫色のあみ目もようがあります。

ニシキウミウシ
イロウミウシ科 ♠10cm ◆房総半島以南 ★朱色のまだらもようがあります。

シロウミウシ
イロウミウシ科 ♠3cm ◆本州以南 ★黒い斑紋があり、触角とえらがだいだい色です。

コモンウミウシ
イロウミウシ科 ♠6cm ◆房総半島以南、インド、西太平洋 ★外套膜のふちに紫色の斑点があるのが特徴です。

サキシマミノウミウシ
サキシマミノウミウシ科 ♠2cm ◆本州中部以南 ★海藻の多い岩礁にすみます。体は細長く白色です。背の突起は大きく、先があざやかなだいだい色です。

メリベウミウシ
メリベウミウシ科 ♠8cm ◆相模湾以南 ★潮間帯の潮だまりなどで見られます。夜に活動します。口の前にある大きな頭きんを広げて、小型甲殻類などを丸のみします。

イガグリウミウシ
イロウミウシ科 ♠2cm ◆相模湾以南、インド洋、西太平洋 ★ニセイガグリウミウシとのちがいは、背の突起の先が赤いところです。

ニセイガグリウミウシ
イロウミウシ科 ♠2cm ◆相模湾以南、インド洋、西太平洋 ★背の突起は白色、外套膜は黄色です。

ダイダイウミウシ
クロシタナシウミウシ科 ♠4〜5cm ◆相模湾以南、西太平洋、インド洋 ★潮間帯の岩礁にすみます。背から内臓がすけて見えます。触角もえらもだいだい色です。

クロシタナシウミウシ
クロシタナシウミウシ科 ♠7cm ◆房総半島以南 ★潮間帯の岩礁にすみます。体は黒色で、外套膜のふちはピンク色です。

ハナオトメウミウシ
タテジマウミウシ科 ♠2〜3cm ◆相模湾以南、西太平洋 ★潮間帯より深い岩礁の海藻の多い所にすみます。体は白地で、背に赤いこぶのような突起があります。

ダイオウタテジマウミウシ
タテジマウミウシ科 ♠5cm ◆相模湾以南 ★水深10mの砂地にもぐっています。背中に細いたてじまもようがあります。

キイボキヌハダウミウシ
キヌハダウミウシ科 ♠8cm ◆インド洋、西太平洋 ★ほかのウミウシをおそって食べます。

ニシキウミウシをおそう、キイボキヌハダウミウシ

キイロイボウミウシ
イボウミウシ科 ♠5〜7cm ◆房総半島、佐渡島以南、西太平洋、インド洋 ★潮間帯より少し深い海底にすみます。刺激を受けると、白い液を出します。

ソライロイボウミウシ
イボウミウシ科 ♠6cm ◆インド洋、西太平洋 ★体の中央付近の突起は、先が黄色です。

エムラミノウミウシ
アオミノウミウシ科 ♠5cm ◆北海道、本州北部 ★背に黄だいだい色の線があります。写真は、ひものようにつながった卵をうんでいるところです。

スミゾメミノウミウシ
オオミノウミウシ科 ♠5cm ◆相模湾以南 ★ヤギモドキウミヒドラなどの上で生活しています。写真のピンク色のものは卵塊です。

はでな色は警告の色
多くのウミウシは、敵から身を守る貝がらをもっていませんが、体内や体の表面をおおう粘液に毒があります。そのため、はでな目立つ色は、敵に毒があることを警告し、おそわれにくくしているといわれています。

アオウミウシ
サラサウミウシ

サガミミノウミウシ
クセニアミノウミウシ科 ♠3〜4cm ◆相模湾〜紀伊半島 ★浅い海の岩礁にすみます。ミノウミウシのなかまは、イソギンチャクなどを食べます。みのにたくわえたイソギンチャクの刺胞で、敵から身を守ります。

イソギンチャクの刺胞をたくわえています。

◆大きさ ◆分布 ★おもな特徴など

巻貝のなかま❶ Marine & Freshwater Snails

巻貝のなかま（軟体動物）

多くの種類は海底でくらしていますが、カタツムリなど、陸上で生活するなかまもいます。軟体動物で最も種類の多いグループです。世界中で10万種類くらいいると考えられています。

- 水管：水を吸いこむ管。水にとけている酸素をとりこみます。
- 貝がら：体をかたいからでおおっています。
- 触角
- 目
- あし
- ふた：危険を感じると、貝がらに体を入れ、ふたをとじます。

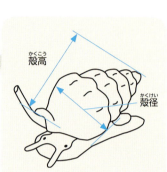

殻高／殻径

多くの巻貝は、らせん状に巻いた貝がらをもっていますが、形はさまざまです。らせん状ではなく、平らな貝がらや、かさ型の貝がらのものもいます。

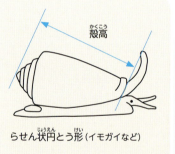

らせん状円とう形（イモガイなど）
殻高

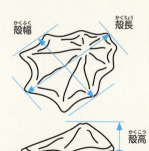

殻幅／殻長
かさ型（カサガイなど）
殻高

オミナエシダカラ

クロスジグルマ

カワアイ

ウズイチモンジ

ツリフネキヌヅツミ

ウノアシ

シロマダライモ

オキナエビスガイ
オキナエビスガイ科
♠殻高・殻径10cm ◆相模湾、房総半島、遠州灘、伊豆七島沿岸 ★水深80〜200mくらいの岩礁にすみます。殻口に長い切れこみがあります。食べ物は、カイメン類です。

殻口

リュウグウオキナエビスガイ
オキナエビスガイ科
♠殻長18cm・殻高20cm ◆土佐湾以南〜台湾、東シナ海、インドネシア ★水深100〜400mくらいにすみます。口の切れこみがからの半周くらいの長さになります。

呼吸孔は6〜8個。

トコブシ ミミガイ科
♠殻長7cm ◆北海道南部以南〜九州、台湾 ★水深10mくらいの岩や石の下にすみます。小型のアワビ類で、あしのうらは吸盤のようになっています。あなは、アワビのような管状にもりあがりません。

呼吸孔は5〜7個。

ミミガイ
ミミガイ科
♠殻長12cm ◆太平洋側四国以南、西太平洋、インド洋 ★サンゴ礁や岩礁にすみます。からはうすく、耳形で、からの表面はすべすべしています。

エゾアワビ
ミミガイ科
♠殻長14cm ◆東北地方以北、朝鮮半島沿岸 ★からはうすくてでこぼこしています。

メガイアワビ ミミガイ科
♠殻長20cm ◆本州中部〜九州（沖縄県をのぞく） ★潮間帯〜水深20mにすみます。ほかのアワビより、からは平たく、赤みが強く、もりあがりがやや前方にあります。

クロアワビ ミミガイ科
♠殻長20cm ◆本州中部〜九州、朝鮮半島沿岸 ★潮間帯〜水深20mくらいの褐藻の多い岩礁にすみます。

呼吸孔は3〜5個。

マダカアワビ ミミガイ科
♠殻長25cm ◆東北地方〜九州、朝鮮半島沿岸 ★潮間帯より少し深いところ〜水深50mの褐藻の多い岩礁にすみます。アワビ類で最大で、からは高くふくれています。

アワビの発生
アワビのなかまは、海中に精子と卵を出して受精させます。その後、ふ化して幼生となり、巻いたからができます。幼生はせん毛を使って泳ぎます。

精子を出すマダカアワビ

誕生3か月後のクロアワビ

せん毛

豆ちしき　アワビのからにある穴「呼吸孔」は、呼吸に使った水や、ふんや卵（めす）や精子（おす）を、外に出すところです。

♠ 大きさ ◆ 分布 ★ おもな特徴など

巻貝のなかま❷

巻貝のなかま（軟体動物）

マツバガイ
ヨメガカサ科
♠ 殻長8cm・殻幅6cm ◆ 本州～九州、韓国 ★ 潮間帯の岩礁にはりついていて、満潮時に食べ物をさがし動きまわります。からのもようは、あみ目状のものもあります。

殻頂。

カサガイ
ヨメガカサ科
♠ 殻長9cm・殻幅6cm ◆ 小笠原諸島 ★ 殻頂は高く、放射状のすじ（肋）の上には、つぶつぶが並んでいます。まだらもようは、成長につれて消えることがあります。

ユキノカサガイ
ユキノカサガイ科
♠ 殻長6cm・殻幅5cm ◆ 東北地方以北、亜寒帯北太平洋 ★ 潮間帯～水深50mくらいの岩礁にすみます。からは表も裏も純白色で、まわりに浅いぎざぎざがあります。

アオガイ
ユキノカサガイ科
♠ 殻長2cm ◆ 本州以南、台湾、中国 ★ 潮間帯の中下部にすみ、干潮時のぬれた石の下に見られます。内面は青いです。

コウダカアオガイ
ユキノカサガイ科
♠ 殻長2.5cm ◆ 房総半島以南、台湾 ★ 潮間帯上部の岩礁や石の上にすみます。アオガイより少し背の高い貝です。

ウノアシ
ユキノカサガイ科
♠ 殻長3cm ◆ 日本各地、西太平洋、インド洋 ★ 潮間帯上部の岩礁でよく見られます。からは水鳥のあしのような形です。

「家」にもどるウノアシ
ウノアシは、藻類などの食べ物をとりに出たあと、必ず自分のすみかに帰ります（帰家運動）。そのため、岩が貝の形にくぼんでいることさえあります。

見てみよう ベッコウガサ

ツタノハガイ
ツタノハガイ科
♠ 殻長4cm・殻幅3cm・殻高1cm ◆ 房総半島以南 ★ 潮間帯下部～水深10mくらいの岩礁にはりついています。

ベッコウガサ
ヨメガカサ科
♠ 殻長3.5cm・殻幅3cm ◆ 日本各地、台湾、中国 ★ からの表面はごつごつしています。内側をすかして見ると、べっこう（タイマイのこうら）のようなもようが見えます。

オオベッコウガサ
ヨメガカサ科
♠ 殻長9cm・殻幅6cm ◆ 奄美群島以南 ★ からの表面は、ほとんどなめらかで幼いときは緑黄色を帯びています。

ヨメガカサ
ヨメガカサ科
♠ 殻長5cm・殻幅3cm ◆ 日本各地、台湾、フィリピン ★ 潮間帯で岩礁や石の上をはい、潮が引いているときは動きません。もようはいろいろです。

カモガイ
ユキノカサガイ科
♠ 殻長3cm ◆ 日本各地、台湾 ★ 波のしぶきがかかる岩礁に群れが見られます。冬は岩かげにひそみ、春になると元の場所に行き、群れをつくります。からの背が高く、表面はざらざらしています。

ヒメコザラ
ユキノカサガイ科
♠ 殻長1.5cm・殻幅1.3cm ◆ 本州以南 ★ 潮間帯の岩礁や石の上に見られます。

テンガイ
スソキレイガイ科
♠ 殻長2cm・殻幅1.5cm ◆ 房総半島以南、西太平洋、インド洋 ★ 潮間帯の岩にすみます。別名コムソウガイ。

切れこみ。

スソカケガイ
スソキレイガイ科
♠ 殻長1.7cm・殻幅1.2cm ◆ 房総半島以南 ★ 潮間帯の岩礁にすみます。

あな。

コウダカスカシガイ
スソキレイガイ科
♠ 殻長1.5cm・殻幅1.2cm ◆ 東北地方以北、亜寒帯北太平洋 ★ 水深10～50mの岩礁にすみます。

あな。

クズヤガイ
スソキレイガイ科
♠ 殻長2cm・殻幅1.5cm ◆ 房総半島以南 ★ 潮間帯の岩にすみます。

豆ちしき カサガイのなかまは、いずれも「から」は笠型ですが、幼生のときは巻いた「から」と「ふた」をもっています。

スカシガイ
スソキレガイ科
- 殻長2cm・殻幅1.2cm ◆房総半島、佐渡以南 ★潮間帯の岩礁で、干潮のときは石の下などにひそんでいます。

かさをかぶったようなスカシガイ
スカシガイの体は、ナメクジのように長く、からは前の方にかさのようについています。

オトメガサ スソキレガイ科
- 殻長4.5cm ◆北海道北部をのぞく全国 ★潮間帯にすみます。楕円形で、黒っぽい外套膜におおわれているすがたは、ウミウシににています。危険を感じると外套膜はからの中に引っこみます。

生きているときは、からが外套膜につつまれています。

チグサガイ
ニシキウズガイ科
- 殻高1.5cm ◆北海道南部以南 ★潮間帯～水深20mくらいの海藻の上にすみます。表面はなめらかで、暗い緑色や紅色です。しまもようや市松もようがあります。

クルマチグサ
ニシキウズガイ科
- 殻径8mm・殻高5mm ◆房総半島～九州 ★潮間帯の石の下にすみます。殻頂は、うすい紅色です。

オニノハ
ニシキウズガイ科
- 殻高3.2cm ◆房総半島以南 ★潮間帯付近の岩礁にすみます。からはかたく、表面にたくさんのこぶがあります。

エゾチグサ
ニシキウズガイ科
- 殻高1.2cm ◆東北地方以北 ★潮間帯の海藻の間にすみます。からは厚くてかたいです。

ハナチグサ
ニシキウズガイ科
- 殻高1cm ◆日本各地 ★潮間帯の岩や石の間、海藻の上にすみます。赤や紫の地色に、白や黄色のもようがあります。

クロヅケガイ
ニシキウズガイ科
- 殻高1.8cm ◆北海道南部以南 ★潮間帯上部の岩礁や石の上にすみ、干潮のときは、ぬれた岩の上をはいます。

アシヤガイ ニシキウズガイ科
- 殻高1cm ◆本州～九州 ★潮間帯の小石の間にすみます。平たくて殻口が大きいため、小さいアワビのように見えますが、ふたがあります。

イロワケクロヅケガイ ニシキウズガイ科
- 殻高1.5cm ◆房総半島以南 ★潮間帯の岩礁にすみ、ぬれた石の上に見られます。紫がかったピンクのもようがあります。旧名メクラガイ。

コシダカエビス
エビスガイ科
- 殻高2.5cm ◆房総半島～九州 ★潮間帯下部～水深50mの岩礁にすみます。薄茶色の地に、濃い赤褐色の不規則な斑点があります。

マキアゲエビス
ギンエビス科
- 殻高4cm ◆本州～九州 ★水深5～100mの砂地にすみます。からのまわりにそっていぼが並んでいます。

ハリエビス
ギンエビス科
- 殻高3cm ◆房総半島～九州 ★水深100～200mの砂底にすみます。からは純白色で、とげがあります。

イシダタミ ニシキウズガイ科
- 殻高2.5cm ◆日本各地 ★潮間帯の岩礁でよく見られます。からは厚く、表面に石だたみのようなきざみもようがあります。

ナツモモ
ニシキウズガイ科
- 殻高1.5cm ◆房総半島以南 ★潮間帯下部の岩礁にすみます。れんが色のつぶの列の中に黒と淡黄色のつぶが散らばっています。

触角を出してはいまわるイシダタミ。

豆ちしき イシダタミは、ふだんは潮間帯の中部から下部にいますが、繁殖期には満潮線付近に集まります。卵は緑色で、海中にばらばらにうみ出されます。

♠大きさ ♦分布 ★おもな特徴など

巻貝のなかま❸

巻貝のなかま（軟体動物）

エビスガイ
エビスガイ科
- ♠殻高3cm ◆本州〜九州
- ★潮間帯の石や岩礁の上をはっています。からは、厚くてかたく、多くのすじがあります。内側は真珠のような光沢があります。

切断面

巻貝を切ると、このようになっています。

ギンエビス
ギンエビス科
- ♠殻高5.5cm ◆相模湾〜九州 ★水深50〜200mの砂の海底にすみます。東北地方にすむものは、からの突起が多く、ヒラセギンエビスとよばれています。

キサゴ
ニシキウズガイ科
- ♠殻径3cm ◆北海道北東部をのぞく日本各地
- ★外洋に面した砂地の潮間帯〜水深10mくらいにすみます。砂地に体を半分うずめるようにはいまわり、ヒトデなどにおそわれると、とびはねます。

ダンベイキサゴ
ニシキウズガイ科
- ♠殻高2.5cm・殻径4.5cm ◆東北地方以南
- ★外洋の水深10mくらいの砂の海底にすみます。からの表面はみぞがなく、なめらかです。キサゴ類のなかで最も大きい貝です。

底面
色はいろいろあります。

底面

イボキサゴ
ニシキウズガイ科
- ♠殻高1.6cm ◆日本各地 ★内湾の潮間帯〜水深10mの砂地や泥地にすみます。らせんにそって、いぼ列があります。

クボガイ
バテイラ科
- ♠殻高4cm ◆房総半島以南
- ★潮間帯〜水深20mの岩礁や石のところにすみます。からは成長すると底の中心付近が濃い緑色になります。

コシダカガンガラ
バテイラ科
- ♠殻高3cm ◆日本各地 ★潮間帯の岩や石の間にすみます。からはかたく、まるみがかった円すい形です。象牙色の地に黒いしみのような斑点もようがあります。

ウズイチモンジ
ニシキウズガイ科
- ♠殻高2.5cm ◆房総半島〜九州
- ★潮間帯〜水深20mくらいの岩礁にすみます。からのとげを底面から見ると、歯車のようです。

クマノコガイ
バテイラ科
- ♠殻高3cm ◆房総半島以南 ★潮間帯〜水深20mくらいの岩礁にすみます。底面の中心がへこみ、緑色の点があります。

活動するクボガイ。からに海藻がついていることがよくあります。

豆ちしき　エビスガイの名は七福神の恵比寿がどっかりとすわったすがたからついた名です。

ニシキウズ
ニシキウズガイ科
♠殻高5cm ◆紀伊半島以南 ★潮間帯〜水深10mくらいのサンゴ礁や岩礁にすみます。殻底のまわりの角がするどく、底面はややへこんでいます。

バテイラ
バテイラ科
♠殻高5cm ◆房総半島以南 ★潮間帯から水深10mくらいの岩礁にすみます。円すい形です。

ヒメアワビ
ニシキウズガイ科
♠殻長1.5cm ◆北海道南部以南 ★潮間帯の岩礁の小石の下などにすみます。危険を感じると、腹足の後部を切りはなして逃げます。

サラサバイ サラサバイ科
♠殻高1.5cm ◆房総半島以南 ★潮間帯より深い岩礁の、海藻の間にすみます。からはかたく、光沢があります。もようはさまざまです。

カタベガイ カタベガイ科
♠殻高3cm ◆房総半島以南 ★潮間帯〜水深20mくらいの岩礁にすみます。からは、厚くてかたく、表面には、管のような突起が2〜3列あり、とげとげしています。

ウラウズガイ サザエ科
♠殻高3.5cm ◆房総半島以南 ★潮間帯の岩礁にすみます。からはかたく、巻きにそって赤紫色の突起があります。

上や底面から見ると歯車のよう。

スガイ サザエ科
♠殻高3cm ◆日本各地 ★潮間帯の岩礁にすみます。からは厚くてかたく、まるみがあります。表面は緑藻のカイゴロモにおおわれています。春先に潮だまりで産卵します。

サザエ サザエ科
♠殻高10cm ◆北海道南部〜九州 ★潮間帯から水深20〜30mの岩礁にすみます。からの内側は、真珠のような光沢があります。夜行性です。

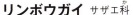

エゾザンショウ サンショウスガイ科
♠殻高1.5cm ◆北海道〜東北地方 ★潮間帯の石の上にすみます。からは厚くてかたく、赤褐色です。

リンボウガイ サザエ科
♠殻径4.5cm ◆房総半島以南 ★水深50〜300mの砂や泥の海底にすみます。とげが8〜9本あります。からの表面や底面につぶつぶが列をつくっています。

からのとげは、波のあらいところで育つと大きくなります。

とげのないサザエ。

低い円すい形

豆ちしき バテイラは漢字で「馬蹄螺」と書きます。整った円すい形がウマのひづめのように見えるので名づけられました。

♠大きさ ◆分布 ★おもな特徴など

巻貝のなかま④

巻貝のなかま（軟体動物）

リュウテン サザエ科
♠殻高10cm ◆種子島以南
★からは厚くすべすべしています。アクセサリーの材料にも使われます。

ヒラサザエ サザエ科
♠殻径16cm ◆東北地方～九州
★ふちに歯車のような突起があります。底面は何重にもみぞがあり、殻口のまわりだけ白くなっています。

ヤコウガイ サザエ科
♠殻高18cm ◆奄美群島以南、西太平洋、インド洋
★水深20～50mの岩場やサンゴ礁にすみます。大型で重い貝です。からは、緑色の濃淡と褐色の斑点があります。正倉院（奈良県）の宝物などに使われている螺鈿の材料になっています。

ニシキアマオブネ アマオブネガイ科
♠殻高3cm ◆紀伊半島以南 ★潮間帯の岩礁やサンゴ礁にすみます。からは厚くてかたく、表面はなめらかです。地色は象牙色で、黒い雲のようなもようがあります。

アマオブネガイ アマオブネガイ科
♠殻高2.5cm ◆房総半島以南
★潮間帯の岩礁にすみます。夏、岩の上に産卵します。

アマガイ アマオブネガイ科
♠殻高1.8cm ◆房総半島～九州 ★潮間帯上部の岩礁のくぼみなどに多く見られます。からはかたく、半球形で、表面はざらざらしています。

キバアマガイ アマオブネガイ科
♠殻高2.5cm ◆八丈島、奄美群島以南 ★潮間帯上部の岩についています。黄白色の地に黒い斑点があります。殻口はせまくて、きばのような突起があります。

豆ちしき 95ページの、ヤマキサゴ科、タニシ科、カワニナ科は、陸や淡水で見られる貝です。

ヤマキサゴ
ヤマキサゴ科
- 殻高1cm ◆本州〜九州
★山地の小石の間などにすむ陸の貝です。雨のあとは、木に登っていることがあります。からは、厚くてつやがあります。

ナガタニシ
タニシ科
- 殻高5cm ◆琵琶湖
★琵琶湖だけにすみます。からは緑色の皮におおわれています。殻高1cmほどの大きな子貝を数個うみます。食用になります。

マルタニシ ● タニシ科
- 殻高6cm ◆日本各地 ★田や沼、小川などにすみ、かわいた田のくぼみで越冬します。からはやや緑がかった黒褐色です。30〜40個の子貝をうみます。食用になります。

オオタニシ
タニシ科
- 殻高6.5cm ◆本州〜九州 ★水のきれいな川、沼、湖、田などにすみます。30〜40個の子貝をうみます。食用になります。

アツブタガイ
ヤマタニシ科
- 殻径1.4cm ◆本州中部〜九州、屋久島 ★林の中の落ち葉の下にすみます。からは厚く、なめらかで、褐色の皮でおおわれています。

ヒメタニシ
タニシ科
- 殻高3.5cm ◆本州〜九州 ★沼、池などのよごれた水にすみ、石についた藻を食べます。30〜40個の子貝をうみます。食用や飼料、肥料となります。

ヤマタニシ
ヤマタニシ科
- 殻高2cm ◆本州〜九州 ★山地の落葉の間にすみます。殻口はまるく、中央に出っ張りのあるふたがあります。

ヤマグルマ
ヤマグルマ科
- 殻径1.2cm ◆近畿地方以西、屋久島 ★林の中の落ち葉の下や、砂丘の低木の下にすみます。

カワニナ
カワニナ科
- 殻高3cm ◆日本各地 ★川や池、沼、田などの底にすみます。からは、黒い皮でおおわれています。300〜400個の子貝をうみます。

生きているカワニナ。

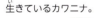

クロタマキビ タマキビガイ科
- 殻高1.5cm ◆東北地方以北、オホーツク海 ★潮間帯の岩の上にすみます。からはまるみを帯び、厚くてかたく、黒紫色です。

アラレタマキビ タマキビガイ科
- 殻高1.1cm ◆北海道以南 ★潮間帯上部の波しぶきがかかるところに群れですみます。

イボタマキビ タマキビガイ科
- 殻高1.3cm ◆房総半島以南 ★潮間帯上部にすんでいます。からの表面にはいぼ状の突起が並び、殻頂はとがっています。

スクミリンゴガイ（ジャンボタニシ）リンゴガイ科
- 殻高6cm ◆本州以南 ★南米原産の貝です。大型で、ジャンボタニシともいいます。濃いピンク色の卵をうみます。1981年に日本にもちこまれ、養殖池から逃げて水田で繁殖しました。イネの苗を食いあらして害をあたえます。陸上でも呼吸ができるため、冬は水田などの泥の中にもぐっています。

スクミリンゴガイの卵塊
春、320個ほどの卵のかたまりをコンクリートのかべや雑草などにうみつけます。卵は10〜20日でふ化し、約2か月でおとなになります。

 タニシのなかまは胎生なので、卵ではなく子貝をうみます。母貝の体内で卵からかえるのです。干上がりがちな水田では、そのほうが確実に育つからです。

🔷 大きさ ◆ 分布 ★ おもな特徴など ● 絶滅危惧種

巻貝のなかま❺

巻貝のなかま（軟体動物）

タマキビガイ
タマキビガイ科
🔷殻高1.5cm ◆日本各地 ★潮間帯上部の波のかからない岩のくぼみに群れですみます。3月から4月の産卵のときだけ海に入ります。

タマキビガイは乾燥に強く、ふだんは水にひたっていない岩かげに群れています。水をきらい、水に入れるとすぐにはい出てきます。

カタヤマガイ（ミヤイリガイ）●
イツマデガイ科
🔷殻高8mm ◆山梨県、広島県、福岡県の各一部 ★日本住血吸虫の中間宿主となる淡水の貝です。防除したため、今は一部の地方にしかいません。

エゾタマキビ
タマキビガイ科
🔷殻高3cm ◆東北地方以北、オホーツク海 ★潮間帯の岩礁にすみます。からは厚くてかたく、白地に褐色の線があります。

イボウミニナ ● ウミニナ科
🔷殻高3cm ◆北海道南部以南 ★内湾にある干潟の泥の中にすみます。からの表面のいぼが大きく、殻口はひし形です。

ウミニナ
ウミニナ科
🔷殻高3cm ◆本州～九州 ★潮間帯上部にすみ、干潮のときは、干潟に群れ、食べ物をさがして動きまわります。からは厚く、石だたみのように斑点が並んでいます。

ホソウミニナ
ウミニナ科
🔷殻高2.5cm ◆本州～九州 ★潮間帯上部にすみます。干潮のときは、岩の間や砂地に群れています。

トウガタカニモリ
オニノツノガイ科
🔷殻高5.5cm ◆房総半島以南 ★潮間帯の砂地にすみます。殻口は半月形です。別名シャチホコガイ。

コベルトカニモリ（コオロギ）
オニノツノガイ科
🔷殻高2.5cm ◆房総半島～九州 ★潮間帯の石の上などにすみ、干潮時は潮だまりで見られます。殻口の内側に白黒のしまがあります。

オニノツノガイ
オニノツノガイ科
🔷殻高7cm ◆大隅諸島以南 ★サンゴ礁の中の砂地にすみます。

タケノコカニモリ
オニノツノガイ科
🔷殻高6cm ◆紀伊半島、五島列島以南 ★潮間帯～水深10mの砂や泥の海底にすみます。

ゴマフニナ ゴマフニナ科
🔷殻高2cm ◆房総半島以南 ★潮間帯の岩礁のくぼみに群れています。卵は、母貝にある「保育のう」の中でふ化し、子貝となって母貝のからから出てきます。

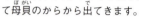

カワザンショウガイ
カワザンショウガイ科
🔷殻高8mm ◆日本各地 ★河口近くの泥の干潟やアシ原などにすみます。まるみを帯びた円すい形です。地色は黄色や褐色です。

ヘナタリ フトヘナタリ科
🔷殻高2.5cm ◆本州～九州 ★潮間帯の砂地や泥地、干潟にすみます。黄白色の地に黒褐色のすじがあります。殻口が広がっています。

カワアイ ●
フトヘナタリ科
🔷殻高3.5cm ◆本州～九州 ★内湾の砂地や泥地、アマモの生えているところにすみます。からには平たいつぶつぶが規則正しく並んでいます。ヘナタリのように、殻口は広がりません。

カヤノミカニモリ
オニノツノガイ科
🔷殻高2.5cm ◆房総半島～九州 ★潮間帯の岩のくぼみに群れています。黄色っぽい個体もあります。

豆ちしき カタヤマガイが中間宿主となる日本住血吸虫（183ページ）は、ヒトの皮ふから侵入し、心臓、肺を経て大腸に寄生する寄生虫です。

カニモリガイ
オニノツノガイ科
- 殻高4cm ◆本州以南 ★外洋に面した砂浜の潮間帯下部〜水深20mくらいにすみます。ふだんは砂にもぐっています。

スズメガイ
スズメガイ科
- 殻長2cm ◆房総半島〜九州 ★潮間帯の海藻の多い岩礁にくっついています。かさ型で、表面は、放射状に毛が生えています。

キンイロセトモノガイ
ハナゴウナ科
- 殻高8mm ◆房総半島〜九州 ★潮間帯の岩礁にすむムラサキウニのとげの間に寄生します。からは半透明な乳白色で曲がっています。殻口はまるくて小さいです。

アワブネガイ
カリバガサガイ科
- 殻長2.2cm ◆房総半島以南 ★潮間帯の岩礁や、アワビなどのからにくっついています。

ヒラフネガイ
カリバガサガイ科
- 殻長3cm ◆本州以南 ★潮間帯〜水深20mくらいにすみます。ヤドカリ類がせおっている巻貝のからの中にくっついています。

クマサカガイ
クマサカガイ科
- 殻径10cm ◆相模湾以南 ★水深50〜200mの泥地にすみます。からの上面に、貝がらや小石をつけています。

オオヘビガイが口から出した粘液の糸

オオヘビガイ
ムカデガイ科
- 殻径4cm ◆日本各地 ★潮間帯上部から中部の岩にはりついてすみ、動きません。口から糸のようなねばる液を出して、食べ物をつかまえます。卵はからの中にうみます。

アカヒトデヤドリニナ
ヤドリニナ科
- 殻高9mm ◆房総半島〜九州 ★潮間帯やその下の岩礁にすむアカヒトデのうにこぶをつくり、その中に寄生します。寄生されたヒトデのうでのこぶにはあながあき、そこから殻頂を出しています。

エゾフネガイ
カリバガサガイ科
- 殻高6.5cm ◆東北地方、北海道、オホーツク海 ★ホタテガイやエゾバイなどにくっついています。からはかたく、厚い皮でおおわれています。

ふちは波状で、殻底をこえてたれ下がる。

キヌガサガイ
クマサカガイ科
- 殻径10cm ◆房総半島以南 ★水深20〜200mの砂地や泥地にすみます。からはうすくて軽く、殻頂にだけ貝がらや砂をつけています。

豆ちしき クマサカガイは、昔の大どろぼう熊坂長範の名からついたもので、いろいろな道具をせおっているようすをたとえたものです。

♠大きさ ◆分布 ★おもな特徴など

巻貝のなかま❻

ラクダガイ
ソデボラ科
♠殻高20cm ◆九州南部以南 ★殻口の外側に7本の突起があります。年をとると紫色になっていきます。

クモガイ
ソデボラ科
♠殻高17cm ◆奄美群島以南、西太平洋、インド洋 ★サンゴ礁にすみます。殻口がはり出し、7本のとげがありますが、わかい貝にはとげがありません。

マガキガイ
ソデボラ科
♠殻高6cm ◆房総半島以南 ★潮間帯の石の間にすみます。

シドロガイ
ソデボラ科
♠殻高6cm ◆本州～九州 ★潮下帯～水深50mの砂地にすみます。移動するときは、ぎざぎざのついたふたで、海底をけって歩きます。

フシデサソリ
ソデボラ科
♠殻高15cm ◆奄美群島以南 ★殻口の外側に7本の指のようなとげがあります。サンゴ礁の砂の海底にすみます。

スイジガイ
ソデボラ科
♠殻高24cm ◆紀伊半島以南 ★潮間帯より深い岩や石、サンゴ礁の間にすみます。殻口が広がり、まわりに6本の管状のとげがあります。このことから「水」字貝の名がつきました。

ムカシタモト
ソデボラ科
♠殻高3.5cm ◆房総半島以南 ★潮間帯中部の岩や石の上にすみます。殻口の内側は紫色で、細いしわがあります。

豆ちしき クモガイやスイジガイは幼貝のうちは、まったくとげが出ていません。

スイショウガイ
ソデボラ科
殻高6.5cm ◆房総半島以南 ★潮間帯より少し深い砂地にすみます。からはくり色です。

テンロクケボリ
ウミウサギガイ科
殻高1.5cm ◆房総半島以南 ★潮間帯より少し深い岩礁にいるトゲトサカ類（ソフトコーラル）の上にすみます。6つの斑点があります。

ウミウサギガイ
ウミウサギガイ科
殻高10cm ◆紀伊半島以南 ★潮間帯～水深20mのサンゴ礁にすみます。

生きているときのウミウサギガイ。黒っぽい外套膜につつまれています。

フドロガイ
ソデボラ科
殻高6.5cm ◆房総半島以南 ★水深10～20mの砂地にすみます。からにまるみがあります。殻口の内側には、細かいひだがあります。

ツグチガイ
ウミウサギガイ科
殻高1.5cm ◆北海道南部～九州 ★潮間帯より少し深いところにいるイソバナ類（サンゴ）の上につき、黄、うす紅、赤など、イソバナに合わせた色になります。

ザクロガイ
シラタマガイ科
殻高9mm ◆房総半島以南 ★潮間帯～水深20mの岩礁にすみます。キクイタボヤを食べるため、そのそばでよく見られます。

シラタマガイ
シラタマガイ科
殻高1.2cm ◆房総半島以南 ★潮間帯より少し深い岩礁にすみます。からの表面には、横に細かいすじがあります。

チャイロキヌタ
タカラガイ科
殻高2cm ◆房総半島・男鹿半島～沖縄県・小笠原諸島 ★潮間帯～水深20mの岩や石の海底にすみます。

カバホシダカラ
タカラガイ科
殻高2cm ◆房総半島以南 ★潮間帯～水深20mの岩礁やサンゴ礁にすみます。

ウキダカラ
タカラガイ科
殻高2cm ◆房総半島以南 ★潮間帯の岩礁にすみます。

アジロダカラ
タカラガイ科
殻高2cm ◆房総半島以南 ★潮間帯～水深20mの岩礁やサンゴ礁にすみます。

カモンダカラ
タカラガイ科
殻高2.5cm ◆房総半島以南 ★潮間帯の岩礁にすみます。くり色の地に、多くの白い斑点があります。

サメダカラ
タカラガイ科
殻高2.5cm ◆房総半島・山口県以南 ★潮間帯～水深20mの岩礁にすみます。

カノコダカラ
タカラガイ科
殻高3cm ◆紀伊半島以南 ★潮間帯～水深20mの岩礁やサンゴ礁にすみます。

生きているカノコダカラ。赤い外套膜におおわれています。

コモンダカラ
タカラガイ科
殻高4.5cm ◆房総半島・山口県以南 ★潮間帯～水深25mの岩礁やサンゴ礁にすみます。

ハナビラダカラ
タカラガイ科
殻高3cm ◆房総半島以南 ★潮間帯のサンゴ礁や岩礁の岩のくぼみにすみます。潮だまりに群れることもあります。

ヤナギシボリダカラ
タカラガイ科
殻高3cm ◆紀伊半島以南 ★潮間帯の岩礁にすみます。黒いとぎれのある線（柳絞りもよう）があります。腹側は白色です。

キイロダカラ
タカラガイ科
殻高2.5cm ◆本州中部、山口県北部以南、太平洋、インド洋 ★潮間帯の岩礁やサンゴ礁にすみます。からは、ひし形です。

生きているキイロダカラ

タカラガイのタカラとは、宝のこと。タカラガイは200種類以上あり、昔から装飾品として使われていました。

99

♠ 大きさ ◆ 分布 ★ おもな特徴など ● 絶滅危惧種

巻貝のなかま❼

巻貝のなかま（軟体動物）

生きているオミナエシダカラ。

メダカラ
タカラガイ科
♠殻高2cm ◆陸奥湾以南 ★潮間帯〜水深10mの岩礁にすみます。

イボダカラ
タカラガイ科
♠殻高3cm ◆房総半島以南 ★潮間帯下部〜水深40mの岩礁やサンゴ礁にすみます。

オミナエシダカラ
タカラガイ科
♠殻高4cm ◆房総半島・山口県以南 ★潮間帯〜水深30mの岩礁やサンゴ礁にすみます。

クチムラサキダカラ
タカラガイ科
♠殻高3.5cm ◆房総半島以南 ★潮間帯付近の岩礁やサンゴ礁にすみます。殻口のふちは紫色です。

シボリダカラ
タカラガイ科
♠殻高3.5cm ◆房総半島以南 ★潮間帯〜水深30mの岩礁やサンゴ礁にすみます。白い斑点が突起になっているものもいます。

ハツユキダカラ
タカラガイ科
♠殻高4.5cm ◆房総半島以南 ★潮間帯〜水深150mの岩礁にすみます。からの白い斑点もようが初雪のように見えるため、この名前がつきました。

生きているハツユキダカラ。

ハナマルユキ
タカラガイ科
♠殻高3.5cm ◆房総半島以南 ★潮間帯の岩礁にすみます。背側は褐色の地に白色の大小の斑点があります。

生きているハナマルユキ。

エダカラ
タカラガイ科
♠殻高4cm ◆房総半島以南 ★潮間帯〜水深40mの岩礁やサンゴ礁にすみます。

クチグロキヌタ
タカラガイ科
♠殻高4.5cm ◆房総半島以南 ★潮間帯〜水深30mの岩礁にすみます。

ホシキヌタ
タカラガイ科
♠殻高4.5cm ◆房総半島以南 ★潮間帯〜水深150mの岩や石の海底やサンゴ礁にすみます。からの側面には、細い線のもようがあります。

見てみよう
ヤクシマダカラ

ヤクシマダカラ
タカラガイ科
♠殻高5cm ◆房総半島以南 ★潮間帯より少し深い岩礁やサンゴ礁にすみます。腹側の左右は厚く、灰褐色の地にくり色の斑点があります。

生きているホシキヌタ。

生きているヤクシマダカラ。

豆ちしき　ヤクシマダカラは屋久島の特産というわけではなく、インド洋から西太平洋のサンゴ礁に広く分布します。

アミメダカラ
タカラガイ科
♠殻高5cm ◆八丈島以南 ★水深6〜10mの岩礁やサンゴ礁にすみます。背側はあみ目もようで、前後の端には褐色の斑点があります。

クロユリダカラ
タカラガイ科
♠殻高6cm ◆紀伊半島以南、西太平洋 ★数の少ないタカラガイです。

ジャノメダカラ
タカラガイ科
♠殻高6cm ◆奄美群島以南、インド、西太平洋 ★細長い円筒形のからに、蛇の目状のもようがあります。

タルダカラ
タカラガイ科
♠殻高6cm ◆紀伊半島以南 ★あわい褐色の地に、4本の帯があります。

ホシダカラ
タカラガイ科
♠殻高9cm ◆紀伊半島以南 ★潮間帯より少し深い岩礁やサンゴ礁にすみます。まるみを帯びていて、灰白色の地に黒い斑点もようがあります。

ハラダカラ
タカラガイ科
♠殻高9cm ◆紀伊半島以南 ★潮間帯〜水深30mのサンゴ礁にすみます。背側に細いたて線がたくさんあります。

ホウシュノタマ
タマガイ科
♠殻高2cm ◆房総半島以南 ★潮間帯付近の砂地にすみます。黄褐色で不規則なもようがあります。二枚貝を食べます。

フロガイダマシ ● タマガイ科
♠殻高2cm ◆房総半島以南 ★潮間帯〜水深20mの砂地にすみます。表面にうすい皮をかぶっています。

ナンヨウダカラ タカラガイ科
♠殻高10cm ◆沖縄県以南 ★「コガネダカラ」ともよばれ、傷のついていないものは美しく、貴重です。

ハチジョウダカラ
タカラガイ科
♠殻高6.5cm ◆紀伊半島以南 ★潮間帯より少し深い岩礁にすみます。外套膜は黒色です。

ネコガイ タマガイ科
♠殻高2.8cm ◆房総半島以南 ★潮間帯〜水深10mの砂地にすみます。からの表面にたくさんの細いみぞがあります。うすい褐色の皮をかぶっています。

ウチヤマタマツバキ
タマガイ科
♠殻高3cm ◆房総半島〜九州 ★外洋に面した潮間帯〜水深50mの砂地にすみます。からはかたく、厚くて重いです。褐色の帯があります。

エゾタマガイ
タマガイ科
♠殻高4cm ◆本州〜北海道 ★潮間帯より少し深いところ〜水深50mの砂地や泥地にもぐっています。

豆ちしき 昔は、タカラガイはお金としても使われ、「貝」の字もタカラガイの形がもとになっています。

♠大きさ　◆分布　★おもな特徴など　●絶滅危惧種

巻貝のなかま❽

巻貝のなかま（軟体動物）

ツメタガイ
タマガイ科
- ♠殻高9cm　◆日本各地
- ★潮間帯の砂や泥の海底にもぐっています。生きているときは、右上の写真のように、外套膜でからをおおっています。二枚貝や巻貝などに、歯舌で穴をあけて、肉を食べます。

ほかの貝をおそうツメタガイ
ツメタガイは肉食です。ほかの貝を外套膜でとらえ、やすりのような歯舌でからに穴をあけて食べます。

アサリをおそうツメタガイ。

ツメタガイの歯舌。（20倍に拡大して着色したもの）

穴をあけられた貝がら。

ツメタガイの卵のう。砂茶わんとよばれる。

サキグロタマツメタ●
タマガイ科
- ♠殻高5cm　◆三河湾〜瀬戸内海、有明海
- ★からはうすく、殻頂が高いです。干潟から水深15mの泥の海底にすみます。

口を下にして、海底をはうトウカムリ。

おとなは、からの口のまわりが、大きく広がる。

わかい個体

トウカムリ
トウカムリガイ科
- ♠殻高32cm　◆紀伊半島以南　★潮間帯より少し深い岩礁にすみます。からはかたくて厚く、重いです。置物や貝細工の材料に使われます。

豆ちしき　タマガイ科の貝はすべて、ツメタガイと同様、砂茶わんをうみます。

マンボウガイ
トウカムリガイ科
♠殻高8cm ◆奄美群島以南 ★成長するとともに、殻口に濃いだいだい色の層が広がっていきます。イタリア彫りともよばれる装飾品、カメオの材料として用いられます。

ウラシマガイ トウカムリガイ科
♠殻高8cm ◆房総半島～九州 ★水深20～100mの砂地にすみます。からは、ややうすくて、まるくふくれた形。ウニのからの中に、長い吻をのばし入れて食べます。

オキニシ
オキニシ科
♠殻高7cm ◆房総半島以南 ★潮間帯の岩礁にすみます。からは、厚くてかたく、ごつごつしています。殻口には、前後に水管溝があります。

レンジャクガイ
トウカムリガイ科
♠殻高4cm ◆房総半島以南 ★水深10～50mの砂地にすみます。からはうすく、卵型。黄褐色の地に濃いしまが4本あります。殻口にはとげのような突起があります。

水管溝。

オオナルトボラ
オキニシ科
♠殻高14cm ◆房総半島以南 ★水深20～100mの岩礁にすみます。からは厚くてかたく、ごつごつしています。殻口は赤。イセエビをとるさし網によくかかります。

見てみよう オオナルトボラ

カズラガイ
トウカムリガイ科
♠殻高7.5cm ◆房総半島以南 ★水深5～100mの砂地にすみます。からは、厚くてかたく、青白地に褐色のたてじまがあります。ウニ類を食べます。

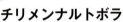
いぼ列。

チリメンナルトボラ
フジツガイ科
♠殻高6cm ◆紀伊半島以南 ★殻口の内側にいぼ列があります。

アヤボラ
フジツガイ科
♠殻高11cm ◆北海道～相模湾 ★水深10～500mの泥地にすみます。からは白色ですが、表面に毛が生えているため黄褐色に見えます。

マツカワガイ
フジツガイ科
♠殻高6.5cm ◆房総半島以南 ★水深50～200mの砂地にすみます。からは、おしつぶされたように平たく、左右につばさ状の張り出しがあります。

フジツガイ
フジツガイ科
♠殻高13cm ◆紀伊半島以南 ★潮間帯より少し深い岩礁やサンゴ礁にすみます。からは厚くて重く、表面はだいだい色の長い毛がある皮でおおわれています。

カコボラ
フジツガイ科
♠殻高16cm ◆房総半島以南 ★潮間帯～水深20mの岩礁にすみます。からは厚くてかたく、表面はだいだい色の長い毛の生えた殻皮でおおわれています。貝類や甲殻類をおそって食べます。

豆ちしき ウラシマガイのなかまは、卵のうをらせん形に並べながら上に積み上げていきます。産卵後、親はしばらく上にのっています。

巻貝のなかま ❾

▲ 大きさ　◆ 分布　★ おもな特徴など

シノマキ
フジツガイ科
▲殻高8cm　◆紀伊半島以南　★潮間帯の岩礁にすみます。からは厚く、表面は布目のようにでこぼこしています。殻口は赤くて白いひだがあります。

コシダカフジツガイ
フジツガイ科
▲殻高10cm　◆紀伊半島以南　★水深50mくらいのところにすみます。口内は白く、やや長い水管をもちます。

オオゾウガイ
フジツガイ科
▲殻高10cm　◆紀伊半島以南　★潮間帯の岩礁にすみます。からは厚くてかたく、長い毛のある皮におおわれています。

光沢があり、白、薄茶、茶色の斑紋がならんだ、ヤマドリの羽のようなもよう。

厚くかたいから

ボウシュウボラ
フジツガイ科
▲殻高22cm　◆房総半島以南　★潮間帯〜水深20mの岩礁やサンゴ礁にすみます。からは、表面に褐色の斑紋があります。頭頂部はとがっていて紅色がかっています。ヒトデやナマコを食べます。

ホラガイ
フジツガイ科
▲殻高40cm　◆紀伊半島以南　★潮間帯〜水深20mの岩礁やサンゴ礁にすみます。サンゴを食いあらすオニヒトデなど、ヒトデ類を食べます。身は食用となり、からは楽器や装飾品などになります。

からはうすくこわれやすい。

ビワガイ
ビワガイ科
▲殻高11cm　◆房総半島以南　★水深10〜50mの砂地や泥地にすみます。ビワの実のような形で、殻口は広く、ふたはありません。ウニなどを食べます。

ウズラの羽のようなもよう。

ウズラガイ
ヤツシロガイ科
▲殻高13cm　◆房総半島以南　★潮間帯〜水深50mの砂や小石の海底にすみます。ナマコやヒトデなどを食べます。

スジウズラガイ
ヤツシロガイ科
▲殻高15cm　◆房総半島以南　★うずの肋の間に、さらに細いすじがあります。水深10〜50mの細かい砂の海底にすんでいます。

豆ちしき　ボウシュウボラは、房州（房総半島）だけでなく、太平洋岸ではイセエビの網によくかかります。

からはうすい。

ヤツシロガイ
フジツガイ科
♠殻高15cm ◆日本各地 ★水深5～50mの砂地や泥地にすみます。表面には太くて平らなうねがあります。殻口は広く、ナマコなどを食べます。

ヤツシロガイの卵のかたまり

ミヤシロガイ
ヤツシロガイ科
♠殻高10cm ◆房総半島以南 ★水深10～50mの細かい砂の海底でくらします。

ネジガイ

イトカケガイ科
♠殻高2cm ◆本州以南 ★潮間帯の岩礁の中の砂地にすみます。イソギンチャク類に寄生し、その体液を吸います。からは白色で、細い褐色の帯があります。

セキモリ
イトカケガイ科
♠殻高2.5cm ◆房総半島以南 ★からの表面には、細いたてのすじが並んでいます。白色の地にうすい褐色の帯が1～2本あります。

キリオレ

アラレキリオレガイ科
♠殻高2.5cm ◆北海道南部以南 ★からは左巻きです。潮間帯の砂や石ころの海底にすみます。

オオイトカケ

イトカケガイ科
♠殻高5cm ◆房総半島以南 ★水深20～50mの細かい砂地にすみます。からはうすくて白色ですが、褐色を帯びたものもいます。イソギンチャク類に寄生し、体液を吸います。

ナガイトカケ
イトカケガイ科
♠殻高9cm ◆房総半島以南 ★水深50～200mの細かい砂地にすみます。からはうすくてもろいです。イソギンチャク類に寄生し、体液を吸います。

ルリガイ

アサガオガイ科
♠殻高4cm ◆世界中の暖流域 ★暖流の海面にうかんで生活しています。泡でつくった「いかだ」につり下がり、卵をいかだの下にうみます。

アサガオガイ

アサガオガイ科
♠殻高2cm ◆世界中の暖流域 ★暖流の海面にうかんで生活しています。

泡をいかだにしてうかぶアサガオガイ。あしのうらから紫色の粘液を出し、中に空気を取りこんで泡をつくります。

アッキガイ

アッキガイ科
♠殻高17cm ◆房総半島以南 ★水深10～50mの砂地にすみます。

水管
長いとげの間に短いとげがあり、120度ずつ間をあけて3列についています。

ホネガイ

アッキガイ科
♠殻高14cm ◆房総半島以南 ★水深10～50mの砂地にすみます。からの本体は卵型で、表面は長いとげがたくさんあります。夜、砂地をはいまわり、貝類などの食べ物をさがします。

豆ちしき アッキガイは漢字で「悪鬼貝」、ハッキガイ（106ページ）は「白鬼貝」と書きます。

♠ 大きさ ◆ 分布 ★ おもな特徴など

巻貝のなかま⑩

巻貝のなかま（軟体動物）

コアッキガイ アッキガイ科
♠ 殻高10cm ◆ 沖縄島以南 ★ 水深10〜30mの砂の海底にすみます。

サツマツブリ アッキガイ科
♠ 殻高12cm ◆ 紀伊半島以南 ★ 潮下帯〜水深100mまですみます。

ハッキガイ アッキガイ科
♠ 殻高12cm ◆ 房総半島〜九州 ★ 水深20〜100mの砂や泥の海底、岩礁にすみます。からはかたくて厚く、白色のとげがあります。

オニサザエ アッキガイ科
♠ 殻高9cm ◆ 房総半島以南 ★ 潮間帯〜水深20mの岩礁にすみます。からはこぶし形で、先が枝状の太いとげがあります。サザエのなかまではありません。

ヒレガイ アッキガイ科
♠ 殻高8cm ◆ オホーツク海、北海道〜東北地方 ★ 潮間帯の岩礁にすみます。からは厚くてかたく、ひれのように広がった突起があります。

クロトゲホネガイ アッキガイ科
♠ 殻高12cm ◆ 高知県以南 ★ 水深10〜30mの砂の海底でくらします。

テングガイ アッキガイ科
♠ 殻高20cm ◆ 奄美群島以南 ★ 潮間帯より少し深い岩礁にすむ大型の貝で、殻口のきばのようなとげで、貝類のふたをこじあけたり、二枚貝のからをこわしたりして食べます。

ガンゼキボラ アッキガイ科
♠ 殻高7cm ◆ 紀伊半島以南 ★ 潮間帯の岩礁やサンゴ礁にすみます。貝類を食べます。

アカニシ アッキガイ科
♠ 殻高15cm ◆ 日本各地 ★ 潮間帯〜水深30mの内海の砂地や泥地にすみます。からは厚くて重く、殻口とその内側が赤くなっています。アサリなどの二枚貝を食べます。食用になります。

イソバショウ アッキガイ科
♠ 殻口5cm ◆ 日本各地 ★ 潮間帯〜水深20mの岩礁にすみます。二枚貝を食べます。

イボニシ アッキガイ科
♠ 殻高3cm ◆ 日本各地 ★ 潮間帯の上部〜中部の岩礁にすみます。カキやフジツボ類を食べます。

まるみのあるこぶ

シラクモガイ アッキガイ科
♠ 殻高6cm ◆ 九州以南 ★ 潮間帯より少し深いサンゴ礁にすみます。からは、厚くて重いです。

イボニシは、何びきか集まって産卵します。（黄色のものが卵）

豆ちしき　アカニシの卵のうは「なぎなたほおずき」とよばれます。

チリメンボラ
アッキガイ科
- 殻高7.5cm ◆日本各地 ★水深5〜50mの砂や小石のある海底にすみます。左のページのアカニシとちがい、殻口の中が白色です。

いぼは、とがっていて、先が黒い。

ウニレイシ
アッキガイ科
- 殻高3.5cm ◆房総半島以南 ★潮間帯の岩礁にすみます。

クリフレイシ
アッキガイ科
- 殻高4cm ◆房総半島以南 ★潮間帯の岩にすみます。

チヂミボラ
アッキガイ科
- 殻高3cm ◆東北地方以北 ★潮間帯の岩礁にすみます。フジツボやイガイ類を食べます。

いぼの先はまるい。

レイシガイ
アッキガイ科
- 殻高5cm ◆本州以南 ★潮間帯〜水深10mの岩礁にすみます。表面には、先のまるいこぶが並びます。中はだいだい色。

アカイガレイシ
アッキガイ科
- 殻高4cm ◆紀伊半島以南 ★からの口は紫色がかっています。岩礁の浅いところにすんでいます。

キイロイガレイシ
アッキガイ科
- 殻高3cm ◆紀伊半島以南 ★潮間帯の岩礁にすみます。いちばん上の突起は長い管になっています。

イセヨウラク
アッキガイ科
- 殻高5cm ◆本州〜九州 ★潮間帯〜水深100mの砂や小石の海底にすみます。からは、茶色のものや白色の地に茶色の帯があるものなど、いろいろです。

ムラサキイガレイシ
アッキガイ科
- 殻高4.5cm ◆紀伊半島以南 ★潮間帯の岩礁やサンゴ礁にすみます。からは厚くて重く、殻口にいぼのような突起があり、中は紫色です。

シロイガレイシ
アッキガイ科
- 殻高3cm ◆伊豆諸島以南 ★潮間帯から潮下帯の岩礁にすみます。

オウウヨウラク
アッキガイ科
- 殻高5cm ◆日本各地 ★潮間帯〜水深20mの岩礁などにすみます。カキ類などに穴をあけて食べます。

レイシガイダマシモドキ
アッキガイ科
- 殻高2.5cm ◆房総半島以南 ★潮間帯の岩礁にすみます。殻口の内側だけ紫色がかった茶色です。

ヒメヨウラク
アッキガイ科
- 殻高2.5cm ◆房総半島以南 ★潮間帯〜水深20mの岩礁にすみます。からの色は白っぽいものや、褐色の帯のあるものがあります。とげはありません。

カセンガイ
アッキガイ科
- 殻高4cm ◆相模湾〜九州 ★水深50〜200mの岩礁にすみます。からは白く、肩に突起が並んでいます。美しい形をしているため、「華仙貝」、「花仙貝」とも書かれます。

レイシガイダマシ
アッキガイ科
- 殻高1.5cm ◆紀伊半島以南 ★潮間帯の岩礁やサンゴ礁にすみます。表面にはいぼの列があります。

シマレイシガイダマシ
アッキガイ科
- 殻高2.5cm ◆房総半島以南 ★潮間帯の岩礁にすみます。表面に、赤と黒のいぼが、かわるがわる並びます。

生物の死がいをしまつ

レイシガイやヒメヨウラクなどのなかまは、海の中の生物の死がいを食べます。魚類や、カニなどの甲殻類の死がいが出ると、においをかぎつけて集まります。食べることで、海のそうじをすることになります。

カニの死がいに群がるヒメヨウラクのなかま。

豆ちしき レイシガイの名は、植物の荔枝（ツルレイシといい、ニガウリのこと）から連想されて、つけられました。

♠大きさ ◆分布 ★おもな特徴など ●絶滅危惧種 ☀有毒

巻貝のなかま⑪

巻貝のなかま（軟体動物）

上から見たところ。

カゴメガイ
アッキガイ科
♠殻高2cm ◆本州〜九州 ★潮間帯〜水深20mくらいの岩礁にすみます。から全体が黒褐色です。

カブラガイ
アッキガイ科
♠殻高4.5cm ◆奄美群島以南 ★潮間帯下部の岩礁にすんでいます。からはカブのようにまるい形をしています。サンゴのなかまのウミトサカ類や大型のイソギンチャクに寄生しています。

イシカブラ
アッキガイ科
♠殻高2.5cm ◆沖縄島以南 ★サンゴ礁のサンゴの中にうまって生活しています。

サンゴの中に入りこんだイシカブラ。

クチムラサキサンゴヤドリ
アッキガイ科
♠殻高4cm ◆伊豆諸島以南 ★ハマサンゴ類にぴったりはりついています。

テンニョノカムリ
アッキガイ科
♠殻高5cm ◆房総半島〜九州 ★水深30〜150mの岩礁にすみます。からは白色です。肩に三角形の大小の突起が並びます。

ヒトハダサンゴヤドリ
アッキガイ科
♠殻高2cm ◆紀伊半島以南 ★潮間帯付近のイシサンゴ類に寄生します。

ムギガイ　タモトガイ科
♠殻高1.3cm ◆房総半島〜九州 ★潮間帯〜水深20mの海藻の上や砂地などにすみます。白や黄、だいだい色、黒褐色などのもようがあります。

ボサツガイ　タモトガイ科
♠殻高1.5cm ◆房総半島以南 ★潮間帯〜水深20mの海藻の上にすみます。肩は少し角ばり、表面は茶色の地に白色の斑点、または白色の地に褐色の斑点があります。

カムロガイ
タモトガイ科
♠殻高1.5cm ◆房総半島以南 ★潮間帯〜水深20mの岩礁にすみます。殻頂には刻み目があります。

フトコロガイ
タモトガイ科
♠殻高1.5cm ◆房総半島以南 ★潮間帯付近の岩礁にすみます。潮だまりの海藻の間で多く見られます。殻口はせまくなっています。

ムシエビガイ
タモトガイ科
♠殻高2cm ◆房総半島以南 ★潮間帯の石の下や水深20mくらいまでの海藻の上にすみます。からには、白色と褐色の帯があります。テングサの干場でよく見られます。

マツムシ
タモトガイ科
♠殻高2cm ◆本州以南 ★潮間帯付近〜水深20mの石の下や海藻の間にすみます。からは紡すい形で、白色に紫褐色のあみ目もようがあります。

マルテンスマツムシ ●
タモトガイ科
♠殻高2cm ◆北海道〜九州 ★内湾の潮間帯にすみ、アマモ帯に多く見られます。からは白色と褐色などの帯の下に、不規則なしまもようがあります。

ヨフバイ
ムシロガイ科
♠殻高2.5cm ◆房総半島以南 ★潮間帯〜水深30mの砂地にすみます。殻口には細かいぎざぎざがあります。魚の死がいなどを食べます。

サメムシロ
ムシロガイ科
♠殻高4cm ◆本州〜九州 ★浅い海の砂地にすみます。貝がらは、少しとがったつぶにおおわれています。

豆ちしき　ムシエビガイはピンク色がかっている色調から「蒸し海老」の名がつけられました。

キンシバイ
ムシロガイ科
- 殻高4.5cm ◆房総半島以南 ★水深10〜50mの砂地や泥地にすみます。からの表面はなめらかで、8〜10本の褐色の線があります。

キヌボラ
ムシロガイ科
- 殻高1.5cm ◆本州〜九州 ★内湾の水深5〜20mの砂や泥の海底やアマモ帯で見られます。たいてい表面は、ヒドロ虫類（刺胞動物）におおわれています。

イカの死がいを群れで食べるキヌボラ。

アラレガイ
ムシロガイ科
- 殻高3cm ◆房総半島以南 ★水深10〜100mの砂地や泥地にすみます。魚の死がいを食べます。

つぶつぶがある。

ムシロガイ
ムシロガイ科
- 殻高2.2cm ◆本州以南 ★潮間帯〜水深10mの砂地や泥地にすみます。白い帯があります。

アラムシロ
ムシロガイ科
- 殻高1.7cm ◆日本各地 ★内湾の潮間帯の砂地や泥地にすみます。魚の死がいを食べます。

からはかたくなめらか。

バイ
バイ科
- 殻高6cm ◆北海道〜九州 ★水深5〜20mの砂地や泥地にすみます。褐色の斑紋があり、生きているときは、厚い皮をかぶっています。死肉のにおいがすると、砂や泥の中から出てきます。

ツバイ
エゾバイ科
- 殻高6cm ◆オホーツク海、北海道〜本州北部、日本海など ★潮間帯〜水深30mの泥地にすみます。日本海のバイ類のうち、最も小さい種類です。

ハナムシロ
ムシロガイ科
- 殻高2.5cm ◆紀伊半島以南 ★水深5〜300mの泥の海底にすみます。

カニノテムシロ
ムシロガイ科
- 殻高2.4cm ◆紀伊半島以南 ★潮間帯の泥地にすみます。殻口のまわりがカニのはさみのような形です。

ナミヒメムシロ
ムシロガイ科
- 殻高1.2cm ◆本州以南 ★潮間帯〜水深10mの砂地の海底などにすみます。動物の死がいを食べます。

するどく角ばる。

シライトマキバイ
エゾバイ科
- 殻高7cm ◆鹿島灘〜北海道 ★水深100〜300mの冷たい海の泥地にすみます。からはうすくてこわれやすく、黄褐色のうすい皮におおわれています。

魚を食べるバイ。

エッチュウバイ（マバイ）
エゾバイ科
- 殻高10cm ◆日本海 ★水深200〜500mの海底にすみます。からはやや厚く、表面には細かい布目のようなでこぼこがあります。食用の「ばい」の一種です。

ネジボラ
エゾバイ科
- 殻高10cm ◆オホーツク海、北海道〜鹿島灘 ★水深100〜200mの泥地にすみます。表面はくり色の厚い殻皮でおおわれています。

エゾイソニナ
エゾバイ科
- 殻高3cm ◆東北地方〜北海道 ★潮間帯〜水深20m付近の砂や小石の海底にすみます。からは厚く、細長い紡錘形です。表面は茶色で、殻口の中には細いすじがたくさんあります。

イソニナ
エゾバイ科
- 殻高3.5cm ◆房総半島以南 ★潮間帯の石の下などにすみます。殻口の中は紫がかった色です。めすはおすより太いです。貝類などを食べます。

石の上をはうイソニナ。

豆ちしき バイは死肉食性なので、魚肉をかごに入れて海中にしずめると、かごの中のえさにおびきよせられるので、それをとります。

♠ 大きさ ◆ 分布 ★ おもな特徴など ✺ 有毒

巻貝のなかま⑫

トクサバイ
エゾバイ科
♠ 殻高3.5cm ◆ 房総半島以南 ★ 水深10～50mの砂の海底にすんでいます。からはかたく、とげとげがあります。

スジグロホラダマシ
エゾバイ科
♠ 殻高3cm ◆ 奄美群島以南 ★ 潮間帯の岩礁にすみます。からは厚く、よくふくれています。からは、ビロード状の殻皮におおわれています。

ワダチバイ
エゾバイ科
♠ 殻高11cm ◆ オホーツク海 ★ 水深400～800mにすみます。身はかたくて、食用に向いていません。

ミオツクシ
エゾバイ科
♠ 殻高4cm ◆ 遠州灘～九州 ★ 水深10～50mの砂の海底にすみます。殻口は、だいだい色から紫色になります。

シマアラレミクリ
エゾバイ科
♠ 殻高4cm ◆ 紀伊半島～九州 ★ 水深5～50mの砂の海底にすみます。

シワホラダマシ
エゾバイ科
♠ 殻高2cm ◆ 房総半島～九州 ★ 潮間帯の岩礁にすみます。生きているときは、表面にカイウミヒドラ（刺胞動物）が共生しているため、からは見えません。

セコボラ
エゾバイ科
♠ 殻高5cm ◆ 房総半島～九州 ★ 水深100mの泥地にすみます。からは厚く、褐色の細いすじがあります。

トウイト
エゾバイ科
♠ 殻高4.5cm ◆ 北海道南部以南 ★ 10～100mの砂の海底にすみます。

ミクリガイ
エゾバイ科
♠ 殻高4cm ◆ 本州～九州 ★ 潮間帯～水深300mの砂地にすみます。肩に小さいこぶが並んでいます。粘液が多いため、「ヨダレバイ」という名もあります。

ノシガイ
エゾバイ科
♠ 殻高1.7cm ◆ 紀伊半島以南 ★ 潮間帯の岩礁やサンゴ礁にすみます。殻口の中は、紫がかっています。

マユツクリガイ
エゾバイ科
♠ 殻高5cm ◆ 北海道南部～九州 ★ 水深50mの泥地にすみます。からはかたくて背が高く、肩に低いこぶがあります。食用になります。

ミガキボラ
エゾバイ科
♠ 殻高8cm ◆ 本州～九州 ★ 潮間帯～水深20mの岩礁にすみます。からに細かい布目状のもようがあります。卵のうはまるみがあるため、「まんじゅうほおずき」ともよばれます。

モスソガイ
エゾバイ科
♠ 殻高5cm ◆ 北海道～三河湾 ★ 水深10～60mの砂地や泥地にすみます。からはうすく、ビロード状の皮でおおわれています。殻口は大きいのに、ふたはとても小さいです。

エゾボラモドキ ✺
エゾバイ科
♠ 殻高13cm ◆ 東北地方～北海道、オホーツク海 ★ 水深50～200mの泥地にすみます。からの表面は褐色、殻口の中は黄褐色です。食用となりますが、だ液腺に毒があります。

卵をうむミガキボラ。

エゾバイ
エゾバイ科
♠ 殻高5.5cm ◆ 東北地方～北海道、サハリン ★ 水深5～30mの岩礁にすみます。からは厚くてかたく、合わせ目は深くくびれています。殻口は、紫がかった茶色で、おすよりめすのほうが広いです。ゴカイ類などを食べます。

豆ちしき エゾボラモドキは、頭部にあるだ液腺に毒があり、たくさん食べると酒によったような中毒をおこしますが、ほかの部分は無毒です。

ホタルガイ
ホタルガイ科
♠殻高2cm ◆本州〜九州 ★潮間帯の砂地にすみます。からの下の方に白色と褐色の帯があります。肉食性で、二枚貝の稚貝を食べます。

ムシボタル
ホタルガイ科
♠殻高1.5cm ◆本州〜九州 ★潮間帯の砂の海底にすみます。ホタルガイよりもからが細めです。

からはうすくてもろい。

エゾボラ
エゾバイ科
♠殻高15cm ◆東北地方〜北海道、オホーツク海 ★水深50〜200mの泥地にすみます。からは厚くてかたく、殻口は、うすいだいだい色です。

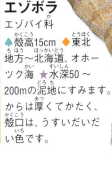

ふたをあけてからから出てきたエゾボラ。エゾボラは「つぶ貝」として食用になっています。

マクラガイ
マクラガイ科
♠殻高4cm ◆房総半島・新潟県以南 ★水深5〜30mの砂地にすみます。からは円筒形で、黒褐色のジグザグもようがたくさんあります。

オオエッチュウバイ（アオバイ）
エゾバイ科
♠殻高16cm ◆富山県、新潟県 ★水深600〜1000mの海底にすみます。食用の「ばい」のひとつです。

ジュドウマクラ
マクラガイ科
♠殻高5cm ◆紀伊半島以南 ★潮間帯より少し深い砂地にすみます。からは円筒形で、もようは褐色でジグザグやあみ目など、個体によっていろいろです。

ムラサキツノマタガイモドキ
イトマキボラ科
♠殻高3.5cm ◆紀伊半島以南 ★潮間帯の岩礁やサンゴ礁にすみます。からの表面はあらい布目状で、殻口の中は紫色です。

ヒメイトマキボラ
イトマキボラ科
♠殻高12cm ◆房総半島以南 ★潮間帯〜水深20mの岩礁の間や砂地にすみます。からは黄褐色で、うすい皮をかぶっています。体は濃い赤褐色です。

ナガニシ
イトマキボラ科
♠殻高14cm ◆北海道〜九州 ★潮間帯〜水深50mの砂地や泥地にすみます。からはあまり厚くなく、黄色のビロードのような皮におおわれています。体は紅色です。卵のうは「さかさほおずき」ともよばれます。

海底をはって移動するヒメイトマキボラ。

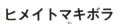
見てみよう ヒメイトマキボラ

産卵しているナガニシ。

豆ちしき マクラガイ科の貝は、生きているときは、大きなからだでからをほとんどくるんでいます。

♠ 大きさ　◆ 分布　★ おもな特徴など

巻貝のなかま⓭

イトマキボラ
イトマキボラ科
♠ 殻高12cm　◆ 紀伊半島以南　★ 潮間帯～水深20mの岩礁にすみます。肩にとがった角のようなこぶが並びます。からの表面に赤褐色の糸のような線があるようすから、「糸巻き」の名がついています。

チトセボラ
イトマキボラ科
♠ 殻高12cm　◆ 房総半島以南　★ 潮間帯～水深20mまでの岩礁にすみます。からは厚くてかたく、黄白色の地に黒褐色のもようがあります。

ツノキガイ
イトマキボラ科
♠ 殻高6.5cm　◆ 伊豆半島以南　★ 潮間帯～水深20mの岩礁にすみます。からはかたく、このため「角木」(ささえに使う木)の名があります。

ツノマタナガニシ
イトマキボラ科
♠ 殻高7cm　◆ 房総半島～九州　★ 潮間帯付近の岩礁にすみます。

テングニシ　テングニシ科
♠ 殻高15cm　◆ 房総半島以南　★ 水深10mの砂地にすみます。からは褐色のビロード状の皮におおわれています。夏が産卵期で、卵のうは大型で、「うみほおずき」とよばれています。

卵のうをうむテングニシ。　うみほおずき

フデガイ
フデガイ科
♠ 殻高4.2cm　◆ 房総半島以南　★ 水深10m～50mの砂地にすみます。からは、ふで先のような形です。

ニシキノキバフデ
フデガイ科
♠ 殻高5cm　◆ 紀伊半島以南　★ サンゴ礁の潮間帯で砂がたまっているところに多くすみます。

マルフデ
フデガイ科
♠ 殻高6cm　◆ 奄美群島以南　★ 浅い海の砂地にすみます。からはまるみを帯びていて、褐色の四角い斑点が並びます。

オニキバフデ　フデガイ科
♠ 殻高12cm　◆ 紀伊半島以南　★ 潮間帯～水深20mの砂の海底にすみます。

海底のオニキバフデ。

豆ちしき　チョウセンフデは朝鮮半島産ではありません。熱帯太平洋にすむ美しい貝で、江戸時代の人にとってはエキゾチックな感じで、チョウセンの名をつけたと考えられます。

ヤタテガイ
フデガイ科
♠殻高3cm ◆房総半島以南
★潮間帯の岩礁にすみます。からは厚くてかたく、黒地に黄白色の不規則なもようがあります。ふたはありません。

ヒメヤタテ
フデガイ科
♠殻高3cm ◆伊豆半島以南
★潮間帯の岩礁にすみます。

イモフデ
フデガイ科
♠殻高4.5cm ◆紀伊半島以南 ★サンゴ礁の潮間帯〜水深20mの、細かい砂や泥の海底でくらします。

ミダレシマヤタテ
フデガイ科
♠殻高1.5cm ◆紀伊半島以南 ★潮間帯〜水深20mくらいの岩礁にすみます。

オオシマヤタテ
フデガイ科
♠殻高2cm ◆紀伊半島以南 ★潮間帯〜水深20mの岩礁にすみます。からに黒色と黄色のたてじまがあります。

チョウセンフデ
フデガイ科
♠殻高11cm ◆九州以南 ★潮間帯より下の岩礁やサンゴ礁の間の砂地にうまっています。からは厚くてかたく、だいだい色の四角いもようが並びます。ゴカイ類などを食べます。

コンゴウボラ
コロモガイ科
♠殻高4cm ◆房総半島、山口県以南 ★水深5〜20mの細かい砂の海底にすみます。

トカシオリイレ
コロモガイ科
♠殻高6cm ◆房総半島以南 ★水深10〜50mの砂地や泥地にすみます。からにはこぶがたくさんあり、黄褐色のビロード状の皮におおわれています。ゴカイ類などを食べます。

オオミノムシ
ミノムシガイ科
♠殻高4.5cm ◆紀伊半島以南 ★潮間帯〜水深20mの砂の海底にすみます。

ショクコウラ
ショクコウラ科
♠殻高6cm ◆紀伊半島以南 ★水深10〜30mの砂地にすみます。からはうすく、はっきりとしたたてのうねりがあります。カラッパなどのカニ類を食べます。

コロモガイ
コロモガイ科
♠殻高5cm ◆房総半島以南 ★水深0〜30mの砂地や泥地にすみます。殻口は大きくて、内側にひだがあります。ふたはありません。貝類を食べます。

ホンヒタチオビ
ヒタチオビガイ科
♠殻高11cm ◆相模湾 ★水深100〜450mの泥地にすみます。からは細めで、いなずまもようがあります。殻口は広くて長く、ふたはありません。

モモエボラ
コロモガイ科
♠殻高4cm ◆房総半島・男鹿半島〜九州 ★水深5〜20mの砂の海底にすみます。

コオニコブシ
オニコブシガイ科
♠殻高5cm ◆奄美群島以南 ★潮間帯の岩礁やサンゴ礁にすみます。肩に大きな突起が並び、表面がごつごつしています。

オニコブシガイ
オニコブシガイ科
♠殻高10cm ◆奄美群島以南 ★潮間帯の岩礁やサンゴ礁にすみます。からは厚くて重く、肩には先のとがったこぶが並びます。黒地に白色の横すじがあります。

豆ちしき ヒタチオビは「常陸帯」と書きます。茨城県の鹿島神宮に伝わる縁結びの「帯占い」の行事からつけられました。

♠大きさ ◆分布 ★おもな特徴など ☀有毒

巻貝のなかま⑭

ニクイロヒタチオビ
ヒタチオビガイ科
- ♠殻高16cm ◆遠州灘～四国沖
- ★水深100～200mの砂地や泥地にすみます。からは細長く、表面は赤みがかっただいだい色で、細かい横みぞがあります。

ガクフイモ
イモガイ科
- ♠殻高2.2cm ◆房総半島以南 ★点線もようを、「楽譜」にたとえました。

コマダライモ
イモガイ科
- ♠殻高4cm ◆紀伊半島以南 ★潮間帯～水深20mの岩礁やサンゴ礁にすみます。表面はでこぼこしています。黒色のジグザグしたたてじまもようがあります。

ハナワイモ
イモガイ科
- ♠殻高2.5cm ◆奄美群島以南 ★潮間帯の岩礁やサンゴ礁にすみます。

マダライモ
イモガイ科
- ♠殻高4cm ◆紀伊半島以南 ★潮間帯～水深20mの岩礁やサンゴ礁の上にすみます。表面に黒色の斑点が並びます。

オオヒタチオビ
ヒタチオビガイ科
- ♠殻高20cm ◆房総半島以北 ★水深50～600mの海底にすみます。からはうすくて軽く、殻口は広くて、ふたはありません。

ダイミョウイモ
イモガイ科
- ♠殻高11cm ◆奄美群島以南 ★潮間帯～水深50mの砂の中にすみます。からは厚くて重いです。

黒色の斑点

アンボンクロザメ
イモガイ科
- ♠殻高11cm ◆奄美群島以南 ★潮間帯より少し深い岩礁やサンゴ礁にすみます。厚くて重いからです。生きているときは、灰褐色の皮でおおわれています。小型の魚類やゴカイなどを食べます。

黒色の規則正しい斑点

タガヤサンミナシ
イモガイ科
- ♠殻高12cm ◆紀伊半島以南 ★潮間帯より少し深いところ～水深10mの砂地にすみます。殻口は広く、下のほうが広がっています。

うろこもよう

豆ちしき　イモガイは里芋のすがたからの名ですが、英語ではコーン（円すい）とよばれています。

キヌカツギイモ
イモガイ科
- 殻高5.5cm ◆房総半島以南 ★潮間帯〜水深20mの岩の上にすみます。からの底と内側が青紫色です。

サヤガタイモ
イモガイ科
- 殻高4cm ◆福島県・山口県以北 ★潮間帯〜水深10mの砂地や岩礁の上にすみます。

ハルシャガイ
イモガイ科
- 殻高5cm ◆房総半島以南 ★潮間帯より少し深いところ〜水深50mの岩礁やサンゴ礁にすみます。赤茶色の斑点が並びます。

アケボノイモ
イモガイ科
- 殻高5cm ◆紀伊半島以南 ★潮間帯〜水深20mの岩礁やサンゴの間の砂の中にすみます。

イボシマイモ
イモガイ科
- 殻高6.6cm ◆房総半島以南 ★潮間帯〜水深20mの岩の上にすみます。肩に低い突起があり、下のほうにつぶつぶが並びます。

ヒラセイモ
イモガイ科
- 殻高6cm ◆伊豆諸島以南、フィリピン ★水深100〜240mの砂底にすみます。からに18〜30本の線がめぐっています。

シロマダライモ
イモガイ科
- 殻高6cm ◆八丈島・紀伊半島以南 ★潮間帯〜水深25mのサンゴ礁の砂地にすみます。細い筒形です。

サラサミナシ
イモガイ科
- 殻高8cm ◆三宅島・紀伊半島以南 ★潮間帯〜水深20mの岩礁やサンゴ礁の砂地にすみます。褐色で、肩と中央に茶色い斑点のある白色の帯があります。

ゴマフイモ
イモガイ科
- 殻高6.2cm ◆八丈島・紀伊半島以南 ★潮間帯〜水深75mの岩礁の間やサンゴの近くの砂にもぐっています。

スジヒラマキイモ
イモガイ科
- 殻高7cm ◆紀伊半島以南 ★潮間帯〜水深50mのサンゴの下の砂にもぐっています。殻口の内側が白色です。

ヤナギシボリイモ
イモガイ科
- 殻高7cm ◆八丈島・紀伊半島以南 ★潮間帯〜水深20mの岩の上にすみます。からは白色の地に褐色のたてじまと、幅の広い帯があり、ビロード状の殻皮におおわれています。

ベッコウイモ ✸
イモガイ科
- 殻高7cm ◆房総半島以南 ★潮間帯の岩礁の砂地にすみます。からは半分砂にうまっています。ハゼやギンポなどを歯舌歯でとらえて食べます。

毒の「もり」を使ってえものをとるイモガイ

イモガイのなかまは、口の中に「もり」の形をした「歯舌歯」をもっています。これをえものにすばやくうちこんで、とらえます。歯舌歯には毒があるため、さされたえものはひとたまりもありません。

ベッコウイモが、魚に歯舌歯を発射しました。

命中して動けなくなった魚を引き寄せます。

丸のみにして食べてしまいます。

豆ちしき タガヤサンミナシのように貝を食べる貝の毒は、軟体動物にはききますが、ヒトには毒性がありません。

♠ 大きさ　◆ 分布　★ おもな特徴など　☀ 有毒

巻貝のなかま⑮

巻貝のなかま（軟体動物）

ミカドミナシ
イモガイ科
♠ 殻高8cm　◆ 八丈島・土佐湾以南　★ 潮間帯〜水深75mの岩礁やサンゴの近くの砂の中にすみます。

クリイロイモ
イモガイ科
♠ 殻高8cm　◆ 奄美群島以南　★ 水深10〜30mの砂地や泥地にすみます。

ナガイモ
イモガイ科
♠ 殻高10cm　◆ 紀伊半島以南　★ 水深35〜240mの砂地にすみます。表面にたくさんのみぞがあり、ざらざらしています。

ニシキミナシ
イモガイ科
♠ 殻高9cm　◆ 八丈島・紀伊半島以南　★ 潮間帯〜水深20mの砂地やサンゴの下などにすみます。魚食性です。

オルビニイモ
イモガイ科
♠ 殻高7cm　◆ 房総半島、能登半島以南　★ 水深30〜100mの砂地にすみます。巻いている上の部分が長く、細長い形です。

ロウソクガイ
イモガイ科
♠ 殻高7.5cm　◆ 房総半島以南　★ 白から黄の表面に、細い線が、らせんのように入っています。

3Dで見てみよう　アンボイナ

アンボイナ
イモガイ科 ☀
♠ 殻高12cm　◆ 奄美群島以南　★ 潮間帯の岩礁にすみます。生きているときは、毛のある皮でおおわれています。もりのような形の歯舌歯を魚にさして毒を注入し、とらえて食べます。人間もさされると、数時間で死んでしまうため、沖縄県では「ハブガイ」とよばれています。

うす紫色

シロアンボイナ
イモガイ科
♠ 殻高8cm　◆ 八丈島・九州南部以南　★ 潮間帯〜水深20mの岩礁やサンゴ礁にすみます。

どうもうなアンボイナ

アンボイナは、もりのような歯舌歯を使わずに、えものを丸のみしてしまうこともあります。

もりのような歯舌歯

魚を見つけ、口を大きく開きます。

魚を丸のみしました。

豆ちしき　ミナシの名は、このなかまの殻口がせまく、身が無いように見えることから「身無し」とつけられました。

紫色

低いいぼ

オトメイモ
イモガイ科
♠殻高10cm ◆奄美群島以南 ★潮間帯よりやや深いところにすみます。からの下のほうが紫色です。生きているときは、厚い殻皮におおわれています。

カバミナシ
イモガイ科
♠殻高11cm ◆紀伊半島以南 ★潮間帯よりやや深いところの岩礁にすみます。

スジイモ
イモガイ科
♠殻高9.5cm ◆奄美群島以南 ★潮間帯～水深20mの砂の中にすみます。黒褐色のすじが、らせん状にあります。

クロミナシ
イモガイ科
♠殻高7cm ◆紀伊半島以南 ★潮間帯付近の岩礁やサンゴ礁にすみます。ゴカイなどを、毒のある歯舌歯でさし殺して食べます。

クダマキガイ
クダマキガイ科
♠殻高4.5cm ◆房総半島以南 ★水深10～50mの細かい砂地にすんでいます。からは整った円すい形です。

イグチガイ
モミジボラ科
♠殻高5cm ◆房総半島以南 ★水深30～200mの砂地にすみます。からは厚く、肩にはこぶのような突起が並びます。

ヒダリマキイグチ
モミジボラ科
♠殻高4cm ◆伊豆半島以北 ★水深50～200mにすみます。からは左巻きです。オリーブ色の皮におおわれていますが、たいていはげています。

モミジボラ
モミジボラ科
♠殻高5cm ◆日本各地 ★内海の水深10mの砂地や泥地にすみます。からは厚くてかたく、細長い円すい形です。

ホンカリガネガイ
クダマキガイ科
♠殻高8cm ◆房総半島以南 ★水深50～100mの砂地や泥地にすみます。肩は角ばっています。

ヤゲンイグチ
テンジククダマキ科
♠殻高8cm ◆伊豆半島以北 ★水深50～100mの泥地にすみます。からのまわりのふちは、するどい「刀のつば」のようになっています。

チマキボラ
フデシャジク科
♠殻高7.5cm ◆房総半島～九州 ★水深100～300mの泥地にすみます。からはうすくてもろく、らせん階段のような形です。

オハグロシャジク
ツノクダマキ科
♠殻高2.7cm ◆本州～九州 ★水深10～50mの砂地や泥地にすみます。からは厚くてかたく、黒色で白い帯があります。

マキモノシャジク
ワタゾコクダマキ科
♠殻高2.5cm ◆房総半島以南 ★水深10～50mの砂地にすみます。表面はうすい褐色の炎のようなもようがあります。

クダボラ
クダマキガイ科
♠殻高7cm ◆紀伊半島以南 ★水深10～50mの砂地にすみます。からは細長く、表面に小さい突起が並んでいます。白色の地に茶色の小さい斑点があります。

豆ちしき シチクガイ（118ページ）は漢字で「紫竹貝」と書きます。からは紫色、体は純白、ふたは赤で美しい貝です。

♠ 大きさ　◆ 分布　★ おもな特徴など

巻貝のなかま⑯

巻貝のなかま（軟体動物）

ヒメトクサ
タケノコガイ科
♠ 殻高3cm　◆ 本州〜九州　★ 水深10〜50mの砂地にすみます。浜によく打ち上げられています。

シチクガイ
タケノコガイ科
♠ 殻高3.5cm　◆ 房総半島以南　★ 水深10mの砂地にすみます。からにはつやがあります。ゴカイなどを食べます。

アワジタケ
タケノコガイ科
♠ 殻高4cm　◆ 本州〜九州　★ 水深10〜50mの砂地にすみます。褐色の淡い色と濃い色の帯があります。

コゲチャタケ
タケノコガイ科
♠ 殻高5cm　◆ 房総半島以南　★ 水深10〜50mの砂の海底にすみます。

タケノコガイ
タケノコガイ科
♠ 殻高10cm　◆ 紀伊半島以南　★ 水深10〜30mの砂地にうまっています。表面には褐色の四角い斑点が、いちばん下の層では3列、上の層では2列並んでいます。

リュウキュウタケ
タケノコガイ科
♠ 殻高9cm　◆ 紀伊半島以南　★ 潮間帯〜水深40mのサンゴ礁や砂地にすみます。からはかたくて重く、やや太い円すい形です。褐色の四角いもようが並びます。

キリガイ
タケノコガイ科
♠ 殻高9cm　◆ 紀伊半島以南　★ 水深40〜150mの細かい砂地にすみます。からは細長く、先端はきりの先のようにとがっています。

砂地に体を半分うずめるタケノコガイ

キバタケ
タケノコガイ科
♠ 殻高8cm　◆ 奄美群島以南　★ 浅い海のサンゴ礁にすみます。からはかたくて厚く、各層の上方にきばのような突起があります。

ウシノツノガイ
タケノコガイ科
♠ 殻高10cm　◆ 紀伊半島以南　★ 浅い海の砂地にすみます。タケノコガイよりやや太く、茶色の四角い斑点が、いちばん下の層には4列、上の層には3列並んでいます。

クルマガイ
クルマガイ科
♠ 殻径5cm　◆ 房総半島以南　★ 水深30〜60mの砂地にすみます。平巻きの巻貝です。2本の褐色斑点もようの帯とその間の白色帯が、貝の巻きに合わせてうずを巻いています。スナギンチャクに寄生し、体液を吸います。

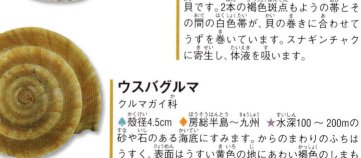

横から見たところ
下から見たところ

ウスバグルマ
クルマガイ科
♠ 殻径4.5cm　◆ 房総半島〜九州　★ 水深100〜200mの砂や石のある海底にすみます。からのまわりのふちはうすく、表面はうすい黄色の地にあわい褐色のしまもようがあります。

ナワメグルマ
クルマガイ科
♠ 殻径1.2cm　◆ 房総半島以南　★ 砂の海底でスナギンチャク類を食べます。

豆ちしき　クルマガイ科の貝は、幼貝のときはからが左巻きですが、大きくなると右巻きにかわります。

♠大きさ ◆分布 ★おもな特徴など ●絶滅危惧種

二枚貝のなかま❶　Bivalves

左右2枚のからをもちます。巻貝のような頭部はなく、食べ物をけずり取る歯舌もありません。入水管から水といっしょに吸いこんだ、小さな生物や栄養分を取り入れています。

アサリ

成長線
年輪のように、すじが成長に合わせてふえていきます。

殻頂

左のから
からには左右の区別があります。

出水管
水やふんや卵を、体の外へ出します。

あし
砂にもぐる二枚貝は、あしを使ってもぐります。岩などにつく二枚貝は、足糸という糸でくっつきます。

入水管
水とともに、栄養分や小さな生き物を、体の中へ吸いこみます。

肋
殻頂から放射状にのびるすじ（放射線）。貝によっては、高くなった「うね」になります。

右のから
貝のからは殻皮という皮でおおわれています。殻皮が厚く、毛やひだになっている貝もあります。

外套膜
左右のからの内側にぴったりついています。からをつくります。

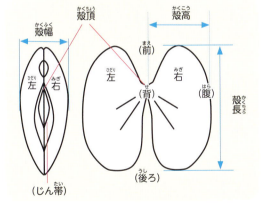

殻頂、殻高、殻幅、左、右、（前）、（背）、（腹）、（じん帯）、（後ろ）、殻長

コベルトフネガイ
フネガイ科
♠殻長4.5cm ◆北海道〜九州
★潮間帯から水深20mの間にすみます。からは厚くてかたく、まん中あたりにあるすきまから足糸を出して、岩についています。殻皮の一部は毛のようになっています。

アサヒキヌタレガイ
キヌタレガイ科
♠殻長2.5cm ◆本州〜九州 ★水深5〜20mの砂地や泥地にすみます。からは厚く、細い帯が放射状にのびます。

オオキララガイ
クルミガイ科
♠殻長2.5cm ◆本州〜九州 ★水深100mくらいの砂地や泥地にすみます。からは卵型で厚く、表面には枝分かれしたみぞがきざまれています。

ゲンロクソデガイ
シワロウバイ科
♠殻長1.8cm ◆房総半島以南 ★水深5〜30mの外洋に面した砂地にすみます。からの表面には成長線がはっきりきざまれています。

ワシノハガイ
フネガイ科
♠殻長6.5cm ◆本州以南 ★水深10mくらいにすみます。からは厚く横長です。へりの中央にすきまがあり、そこから足糸を出して岩についています。

豆ちしき　足糸というのは、貝のあしから分泌される糸で、これで岩にしっかりとついて、流されないようにしています。

♠ 大きさ　◆ 分布　★ おもな特徴など　● 絶滅危惧種

二枚貝のなかま❷

表面は布目状。

殻皮

表面は布目状。

ヌノノメアカガイ ヌノノメアカガイ科
♠殻長9cm ◆房総半島以南 ★水深10〜50mの砂地や泥地にすみます。からは厚く、箱型で大きくふくらんでいます。

タマキガイ タマキガイ科
♠殻長6cm ◆本州〜九州 ★浅い海の砂地にすみます。からは厚くてかたく、ふちには黒褐色の厚いビロード状の殻皮が残っています。

ベンケイガイ タマキガイ科
♠殻長8.5cm ◆房総半島〜九州 ★潮間帯下部〜水深10mの砂地にすみます。からの表面はうすい褐色で、黒褐色の殻皮でおおわれています。

フネガイ フネガイ科
♠殻長3cm ◆本州以南 ★潮間帯より少し深いところの岩や大型褐藻の根もとについています。からは船のような形です。

エガイ フネガイ科
♠殻長5cm ◆房総半島以南 ★潮間帯の岩礁やサンゴ礁などについています。殻皮は毛のようになっています。

カリガネエガイ フネガイ科
♠殻長5cm ◆本州〜九州 ★潮間帯上部にある岩のすき間などについています。からは長方形で、黒緑色のはがれにくい殻皮でおおわれています。

シコロエガイ シコロエガイ科
♠殻長6cm ◆北海道〜九州 ★水深10〜20mの岩や石についています。からはだ円形で、表面は布目状です。厚いビロード状の殻皮でおおわれています。

ハゴロモガイ フネガイ科
♠殻長8cm ◆房総半島以南 ★水深10〜50mの砂地や泥地にすみます。からは厚くてかたく、表面に26〜28本の肋があります。体は赤色です。

ハイガイ ● フネガイ科
♠殻長5cm ◆三河湾以西 ★内湾の潮間帯〜水深10mの泥地にすみます。からには18本ほどの太い肋があります。灰褐色の殻皮でおおわれています。食用。

サルボウガイ フネガイ科
♠殻長7.5cm ◆東京湾以南 ★内湾の潮間帯にすみ、淡水の影響のある干潟でとれます。からは厚く、32本ほどの深い肋があります。食用。

サトウガイ（マルサルボウ） フネガイ科
♠殻長8cm ◆東北地方〜九州 ★水深10〜30mの砂地や泥地にすみます。からは白色で、38本ほどの肋があります。黒褐色の殻皮で、毛が生えたようになっています。

リュウキュウサルボウ フネガイ科
♠殻長8.5cm ◆奄美群島以南 ★熱帯の浅い海にすみます。アカガイとにた形で、からは厚く、32本ほどの肋があります。

豆ちしき　サルボウガイの名は、褐色の毛の生えたからから赤い身が見えるのを「サルのほお」に見立てて、この名がつきました。

ヒバリガイモドキ
イガイ科
♠殻長2.5cm ◆伊豆半島、能登半島以南 ★潮間帯の岩礁に群がり、足糸でついています。からの内側も濃い紫色です。

クジャクガイ
イガイ科
♠殻長3cm ◆本州以南 ★潮間帯の岩に足糸でついています。からは厚くてかたく、放射状のみぞは密で、からの内側は空色です。

アカガイ
フネガイ科
♠殻長12cm ◆北海道南部〜九州 ★水深10mの内湾の泥地にうまり、細い足糸を出しています。からはうすく、まるくふくらみ、殻皮は黒褐色です。体は赤だいだい色です。食用。肋は42本ほどです。

クログチ イガイ科
♠殻長1.3cm ◆本州〜九州 ★潮間帯の岩礁に群がっています。黒色でつやのある殻皮でおおわれます。

ケガイ イガイ科
♠殻長2.5cm ◆本州以南 ★潮間帯の岩礁についています。表面は白色で、かたい毛の生えた殻皮でおおわれています。

ホトトギスガイ イガイ科
♠殻長2cm ◆日本各地 ★内湾の砂地や泥地にすみ、群れで足糸をからませてマットのようになっています。からに、ホトトギスの羽のようなもようがあります。

タマエガイ
イガイ科
♠殻長3cm ◆本州〜台湾 ★潮間帯付近のカラスボヤの中にうまっています。からは台形で中央はなめらかです。黄褐色の殻皮におおわれています。

ミドリイガイ
イガイ科
♠殻長3cm ◆東京湾以南 ★潮間帯〜水深10mにすみます。東南アジア原産で、1980年代に日本に入り、繁殖しています。

ヒバリガイ イガイ科
♠殻長3cm ◆本州以南 ★潮間帯〜水深10mの岩や石についています。からはうすく、後ろは黄色い毛が生えたようになっています。

イシマテ イガイ科
♠殻長5.5cm ◆本州以南 ★潮間帯の岩をとかして穴をあけてもぐっています。からの表面はなめらかです。

ヒメイガイ
イガイ科
♠殻長4cm ◆本州以南 ★潮間帯より少し深いところの岩や大型の海藻の根もとなどについています。からの表面は紫褐色、内側は白色です。

エゾヒバリガイ イガイ科
♠殻長10cm ◆東京湾以北、アリューシャン列島 ★水深10mくらいの岩や石に、足糸でついています。殻皮は厚くて光沢があり、後ろのほうは黒くてかたい毛が生えています。

ワシのくちばしのような形

イガイ イガイ科
♠殻長15cm ◆北海道南部以南 ★潮間帯〜水深10mの岩礁の岩についています。からの内側は真珠のような光沢があります。

ムラサキインコ
イガイ科
♠殻長3cm ◆北海道南部以南、西太平洋、インド洋 ★潮間帯の岩に群れをなしてついています。からはかたく、内側は紫がかった褐色です。

岩についたたくさんのムラサキインコ。

豆ちしき ヒバリガイのなかまは、殻皮の後ろ側が毛状になっています。強い足糸で、岩にくっついています。

♠ 大きさ　◆ 分布　★ おもな特徴など

二枚貝のなかま❸

二枚貝のなかま（軟体動物）

ムラサキイガイ（ムールガイ）
イガイ科
♠ 殻長7cm　◆ 日本各地　★ 潮間帯の岩礁、防波堤や岸壁、船底、漁網などについています。波のおだやかな内湾や港内でよく見られます。からの表面は青っぽい黒、内側はうすい青です。

エゾイガイ　イガイ科
♠ 殻長8cm　◆ 東北地方太平洋岸〜サハリン　★ 潮間帯より少し深い岩礁に、足糸でついています。からは厚くてかたく、オリーブ色の厚い殻皮におおわれています。

岩につくエゾイガイ。からの表面にフジツボなどがくっついています。

タイラギ
ハボウキガイ科
♠ 殻長22cm　◆ 房総半島以南　★ 内湾の水深5〜20mの泥地にすみます。石に足糸をからませ、とがった殻頂を泥にさして立っています。からはぴったり閉じません。

ブイに、群がってつくムラサキイガイ。

ハボウキガイ　ハボウキガイ科
♠ 殻長35cm　◆ 本州以南　★ 水深5〜10mのアマモの生えた砂地や泥地に、殻頂をつきさして生活することから、「立ち貝」の名前もあります。

からはうすくてこわれやすい。

海底に立つハボウキガイ。

ナデシコガイ
イタヤガイ科
♠ 殻高5.5cm　◆ 房総半島以南　★ 潮間帯より少し深いところの岩や石に、足糸でついています。からは黄色、赤色、褐色などの地に、黒褐色の点が放射状に並びます。

イタヤガイの目「眼点」
イタヤガイの外套膜のふちには、青い小さな点が並んでいます。これは「眼点」という、光を感じとる器官です。

イタヤガイ　イタヤガイ科
♠ 殻長12cm　◆ 北海道南部〜九州　★ 水深10〜100mの砂地や泥地にすみます。からを開いたりとじたりして泳ぐことができます。食用。

生きているイタヤガイ。大きくふくらんだ右のからを、よく砂の中に入れています。

豆ちしき　ムラサキイガイは1930年前後に、ヨーロッパから船底について、日本に入り、分布が広がりました。その後食用になりました。

キンチャクガイ
イタヤガイ科
♠殻高5cm ◆房総半島、能登半島〜九州 ★水深10mくらいの砂地や泥地にすみます。からには5本の太くて低い肋があります。

エゾキンチャク
イタヤガイ科
♠殻高8.5cm ◆東北地方以北 ★潮間帯〜水深10mの岩や石に足糸でついています。太くて高い肋があります。

アカザラガイ
イタヤガイ科
♠殻高8cm ◆北海道〜東北地方 ★水深20mより浅い岩やれきの海底にすみます。貝柱は大きくて味がよく、ホタテガイの代用品として養殖されたこともあります。

ヒオウギ
イタヤガイ科
♠殻高8cm ◆房総半島以南 ★潮間帯より少し深いところ〜水深50mの岩や石に足糸でついています。からには20〜23本の肋があります。貝柱は食用になります。

ホタテガイ
イタヤガイ科
♠殻長20cm ◆東北地方〜北海道、オホーツク海 ★水深10〜30mの石の多い海底にすみます。左のからは赤褐色で細かい布目状、右のからは白から黄色でややふくらみがあります。右のからを下にして海底に横たわっています。食用。

ホタテガイなどは、敵におそわれると、からをぱくぱく開閉しながら、高速度で泳いで逃げます。からを開けて海水を吸いこみ、とじたときに殻頂の両側にあるすき間から、それを一気に噴射して泳ぐのです。

アズマニシキ
イタヤガイ科
♠殻高8cm ◆北海道〜九州 ★潮間帯〜水深10mの岩や石に足糸でついています。

チサラガイ
イタヤガイ科
♠殻高7cm ◆紀伊半島以南 ★水深20mより浅い岩礁やサンゴ礁に足糸でついています。

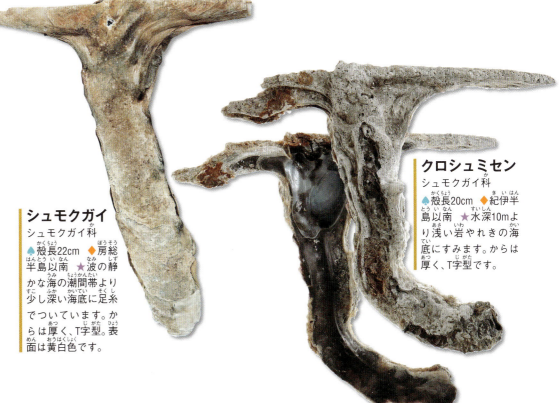

シュモクガイ
シュモクガイ科
♠殻長22cm ◆房総半島以南 ★波の静かな海の潮間帯より少し深い海底に足糸でついています。からは厚く、T字型。表面は黄白色です。

クロシュミセン
シュモクガイ科
♠殻長20cm ◆紀伊半島以南 ★水深10mより浅い岩やれきの海底にすみます。からは厚く、T字型です。

豆ちしき ホタテガイやイタヤガイは、水を噴射する方向を変えて、進路を変えたり、回転したりすることもできます。

🔷 大きさ　◆分布　★おもな特徴など

二枚貝のなかま❹

二枚貝のなかま（軟体動物）

アコヤガイ　ウグイスガイ科
🔷殻長7cm　◆房総半島、能登半島以南　★潮間帯～水深20m付近の岩礁に、足糸でついています。内側は真珠の光沢が強く美しい色です。真珠養殖の母貝に利用されます。

ウグイスガイ　ウグイスガイ科
🔷殻長10cm　◆房総半島以南　★水深5～30mの岩礁のヤギ類に、足糸でついています。からは、鳥が飛んでいるような形です。

クロチョウガイ　ウグイスガイ科
🔷殻長14cm　◆紀伊半島以南　★潮間帯～水深10mの岩礁やサンゴ礁についています。からの表面は、黒緑色の地に白い放射状の帯があります。黒真珠養殖の母貝に利用されます。

マベ　ウグイスガイ科
🔷殻長21cm　◆紀伊半島以南　★水深5～20mのサンゴや岩などについています。からの内側は真珠の光沢があります。半球形で大型の真珠をつくる母貝に利用されます。

右

ウミギク　ウミギク科
🔷殻長5cm　◆房総半島以南　★水深10mくらいの岩や石に、ふくらんだ右のからの殻頂でついています。からは厚くてかたく、ひれのような突起がたくさんあります。

チリボタン　ウミギク科
🔷殻長5cm　◆房総半島～沖縄　★潮間帯や少し深いところの岩に、右のからの殻頂でついています。

ショウジョウガイ　ウミギクガイ科
🔷殻長10cm　◆紀伊半島以南　★水深10～50mの岩に、右のからの殻頂でついています。からは厚くてかたく、太いとげの6～7本の列のほか、細いとげが十数本あります。色は朱色や桃色です。

見てみよう　ツキヒガイ

ツキヒガイ　ツキヒガイ科
🔷殻長10cm　◆房総半島以南　★水深10～100mの砂地や泥地にすみます。右のからは黄白色、左のからは深紅色です。刺激を受けるとすばやく泳ぎ、長い距離を泳ぐこともできます。

ユキミノガイ　ミノガイ科
🔷殻長1.6cm　◆北海道南部以南　★潮間帯より少し深い岩礁にすみます。からは白色でうすく、体は朱色です。外套膜のへりにある触手を出し、からを開閉して泳ぎます。

長い触手をのばすユキミノガイ。

ウスユキミノ　ミノガイ科
🔷殻長2.5cm　◆房総半島以南　★潮間帯の小石の間にすみます。からはうすく、半透明で、表面はざらざらしています。

ミノガイ　ミノガイ科
🔷殻長9.5cm　★潮間帯より少し深いところの岩や石に足糸でついていて、外套膜のふちにある青色の触手をのばしています。からは厚くて白く、うろこのような突起があります。

豆ちしき　ツキヒガイは、右のからの黄白色を「月」、左のからの深紅色を「太陽」に見立てた名です。

貝がつくる宝石「真珠」

真珠は、アコヤガイをはじめとするウグイスガイ科の貝などでつくられます。

真珠のとれるいろいろな貝

アコヤガイ

クロチョウガイ

クロアワビ

イケチョウガイ

マベ

静かな海が養殖にむいています。いかだにアコヤガイをつるして、1年半ほどかけて真珠を育てます。

真珠の養殖

貝は、貝がらを自分でつくっています。貝がら成分（炭酸カルシウム）は、「外套膜」から出てきます。この性質を利用すると、真珠を養殖することができます。十分成長した貝（母貝）の貝がらの中に、外套膜を切ったものと、しんになる「核」を入れると、核を中心に、真珠がつくられます。アコヤ真珠は、天然だと直径5mmくらいですが、養殖だとふつう7〜8mmくらいまで育てられます。

❶ 母貝と同じ種類の貝の外套膜を2mm四方の大きさに切ります。裏表をまちがえないように注意が必要です。これをピースとよびます。

❷ 「核」とピースを密着させて、母貝へ入れます。

❸

「核」には、母貝とは別の貝の貝がらを使います。厚みのある二枚貝をまるくけずります。

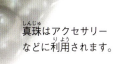
真珠はアクセサリーなどに利用されます。

♠大きさ ◆分布 ★おもな特徴など ●絶滅危惧種

二枚貝のなかま⑤

二枚貝のなかま（軟体動物）

ケガキ
イタボガキ科
♠殻長4cm ◆本州以南 ★潮間帯の岩礁の石に右のからでつき、群れます。からの表面にたくさんの管状のとげが生えています。

オハグロガキ
イタボガキ科
♠殻長7cm ◆紀伊半島以南 ★潮間帯の岩礁に群がり、左のからで岩につきます。右のからのへりはぎざぎざしています。

イタボガキ ●
イタボガキ科
♠殻長15cm ◆本州〜九州 ★内湾の潮間帯より少し深いところ〜水深20mの岩につきます。いくつもがかたまりになって生活します。食用。

トサカガキ
イタボガキ科
♠殻長7cm ◆紀伊半島以南 ★水深5〜20mの岩礁につきます。成長すると、からはジグザグのかみ合わせをつくります。

ベッコウガキ
イタボガキ科
♠殻長4cm ◆本州〜沖縄 ★水深50〜300mの岩や石に、左のからでつきます。左のからはふくらみがあり、右のからは平らで、ふたのようです。

群れて岩につくトサカガキ。

スミノエガキ ●
イタボガキ科
♠殻長14cm ◆九州（有明海）、中国北部 ★干潮線の下の、石のまじった砂にすみます。食用です。

イワガキ
イタボガキ科
♠殻長20cm ◆本州〜九州 ★潮間帯〜水深20mくらいの岩礁にすみます。左のからの殻頂で岩につきます。からは厚く、表面はうすい板が重なりあったようになり、黄褐色の殻皮におおわれています。食用です。

岩に群がってつくイワガキ。

マガキ
イタボガキ科
♠殻長9cm ◆日本各地 ★河口付近の内湾の岩礁や防波堤、岸壁に左の殻頂をつけ、群がっています。から表面はうす板を重ねたようで、紫色の帯があります。食用に養殖されています。

カワシンジュガイ ●
カワシンジュガイ科
♠殻長13cm ◆本州中部以北 ★山間のきれいな水の川底の、石の間にすみ、体内で淡水真珠をつくることがあります。成長がおそく、100年以上生きるといわれています。

豆ちしき 日本では、おもにマガキが養殖されています。かつては、大村湾や有明海ではスミノエガキが養殖されていました。

イシガイ
イシガイ科
- 殻長6cm ◆北海道〜九州 ★水のきれいな湖や沼、川にすみます。からは厚く、細長いだ円形です。殻頂は少し前のほうに出ています。

マツカサガイ
イシガイ科
- 殻長5.5cm ◆北海道〜九州 ★水のきれいな川や湖の砂地にすみます。からは厚く、松かさのようにでこぼこです。

川の泥にもぐろうとするイシガイ。

ドブガイ（ヌマガイ）
イシガイ科
- 殻長13cm ◆日本各地 ★池や沼、川の砂地や泥地にうもれています。幼生はタナゴなどの淡水魚に寄生しますが、成長すると成貝のえらにタナゴが産卵します。

イケチョウガイ ●
イシガイ科
- 殻長23cm ◆琵琶湖水系、霞ヶ浦（移植） ★淡水にすみ、琵琶湖特産です。内側は真珠光沢が強く青白色。淡水真珠の養殖に利用されます。

カラスガイ イシガイ科
- 殻長30cm ◆日本各地 ★池や沼で泥に深くうもれています。からはふくらみがあり、うすくてわれやすいです。わかい貝は黄緑色で、成長すると黒くなります。

セタシジミ ● シジミ科
- 殻長3cm ◆琵琶湖水系、河口湖（移植） ★琵琶湖特産です。水深10mくらいまでの砂地にすみます。幼貝はつやのある黄褐色です。

ヤマトシジミ シジミ科
- 殻長4cm ◆北海道〜九州 ★海水の影響のある河口や干潟にすみます。からは厚く、殻皮はつやのある黒色です。食用として一般に市販されているシジミです。

マシジミ ● シジミ科
- 殻長4cm ◆本州〜九州 ★水のきれいな川の砂地にすみます。わかい貝は黄緑色、成長すると黄みを帯びた黒色になります。

ツキガイ
ツキガイ科
- 殻長8.5cm ◆紀伊半島以南 ★サンゴ礁の間の砂地にすみます。からは厚く、ふくらみの少ない円板型。内側のへりは桃色です。

イセシラガイ ●
ツキガイ科
- 殻長8cm ◆本州以南 ★内湾の泥地にうもれています。からはうすく、球形でよくふくらんでいます。からは外側も内側も白色ですが、表面はうす茶色のうすい殻皮におおわれています。

砂にもぐるマシジミ。からの半分、または全部を砂の中にうずめて生活しています。

へりは赤い。

ウラキツキガイ
ツキガイ科
- 殻長3cm ◆奄美群島以南 ★サンゴ礁の間の砂地にすみます。からは厚く、よくふくらんだ円形です。表面は白色で布目状のすじがあり、内側は黄色です。

ウメノハナガイ ツキガイ科
- 殻長7mm ◆北海道南部以南 ★内湾の潮間帯のアマモの生えている砂地や泥地にすみます。からは厚くてかたく、まるみがあります。

豆ちしき　淡水産の貝には、マシジミやタニシのように、親の体内で大きくなるまで保育し、貝の形でうむ胎生のものがいます。

127

♠ 大きさ ◆ 分布 ★ おもな特徴など

二枚貝のなかま❻

シラナミガイ シャコガイ科
- ♠ 殻長17cm ◆ 紀伊半島以南、西太平洋、インド洋 ★ 岩礁やサンゴ礁の上にすんでいます。からは横長で、7〜9本の太い放射状のうね（放射肋）があります。からの表面には波のような形の突起があります。

シャゴウ シャコガイ科
- ♠ 殻長20cm ◆ 奄美群島以南、西太平洋、インド洋 ★ サンゴ礁にすみます。からの表面には、白地に紫や黄色の斑点もようと、かぎ状の突起があります。

腹面　　内側

サンゴに体をうずめているヒメジャコ。

ヒメジャコ シャコガイ科
- ♠ 殻長32cm ◆ 奄美群島以南、西太平洋、インド洋 ★ 潮間帯〜水深10mのサンゴ礁にすみます。イシサンゴ類に穴をあけ、上向きに体をうずめています。外套膜表面に水玉もようがあります。

ヒレナシジャコ シャコガイ科
- ♠ 殻長50cm ◆ 沖縄〜オーストラリア北部 ★ からが厚く、おうぎ型で、6〜7本の低い「肋」があります。

豆ちしき　シャコガイ科は、インド・西太平洋特産で9種類います。ワシントン条約により、国際間の商取引は禁止されています。

128

オオジャコ シャコガイ科
♠殻長100cm ◆西太平洋、インド洋 ★日本にはいませんが、サンゴ礁にすむ世界最大の二枚貝です。重さが300kgにもなります。外套膜に共生している植物(藻類)が、光合成によりつくりだした栄養を得て成長します。

ヒレジャコ シャコガイ科
♠殻長30cm ◆奄美群島以南、西太平洋、インド洋 ★サンゴ礁にすみます。から表面に肋があり、その上にひれのような突起が並んでいます。

腹面

サンゴ礁についたヒレジャコ。外套膜に青緑色のところがあるのは、共生している藻類(褐虫藻)のためです。

トマヤガイ トマヤガイ科
♠殻長3cm ◆東北地方以南 ★潮間帯の岩礁に足糸でついています。からは厚くてかたく、長方形です。黄色の殻皮におおわれています。

ウネナシトマヤガイ フナガタガイ科
♠殻長3.5cm ◆本州〜九州 ★川の水が流れこむ内湾の岩礁やくいに、足糸でついています。よごれた水でも生息できます。

フナガタガイ フナガタガイ科
♠殻長3.5cm ◆紀伊半島以南 ★潮間帯の岩礁に足糸でついています。からは白く、四角い舟型です。殻頂から後ろにかけて、角ばっています。

ヤエウメ フタバシラガイ科
♠殻長2cm ◆北海道南部〜九州 ★潮間帯〜水深10mで岩に穴をあけ、その中に入っています。カジメの根についていることもあります。からはふくらんで球状です。

豆まめちしき シャコガイ類は、いずれも外套膜の細胞に褐虫藻を共生させていて、それが光合成でつくる栄養分をもらってくらしています。

♠大きさ ◆分布 ★おもな特徴など ●絶滅危惧種

二枚貝のなかま❼

二枚貝のなかま（軟体動物）

ケイトウガイ キクザルガイ科
♠殻高7cm ◆房総半島以南 ★潮間帯の岩礁についています。表面にとげのような赤い突起があります。

サルノカシラ キクザルガイ科
♠殻高4.5cm ◆房総半島以南 ★潮間帯の岩礁に、右のからでついています。表面はうろこのようにでこぼこしています。

キクザル キクザルガイ科
♠殻長3cm ◆本州以南 ★潮間帯より少し深いところの岩や貝がらに、左のからでついています。表面にとげのような突起があります。

リュウキュウザル ザルガイ科
♠殻長4.5cm ◆奄美群島以南 ★潮間帯より少し深いところの砂地にすみます。約32本のみぞがあり、表面はざらざらしています。からの外側は黄褐色、内側は赤褐色です。

モクハチアオイ ザルガイ科
♠殻高2.5cm ◆紀伊半島以南 ★浅い海の砂地にすみます。からは厚くてかたく、象牙色です。前後におしつぶされたハート型です。

キヌザル ザルガイ科
♠殻長4.5cm ◆房総半島以南 ★浅い海の砂地にすみます。ややたて長の卵型で、へりはぎざぎざしています。からは表面に赤い斑点があり、黄色の殻皮でおおわれています。

ナガザル ザルガイ科
♠殻長10cm ◆本州以南 ★水深10～50mの砂地にすみます。キヌザルより大きく、ふくらみが強く、卵型です。

肋は37本。

ザルガイ ザルガイ科
♠殻長8cm ◆房総半島以南 ★潮間帯の少し深いところ～水深50mの砂地にからを半分うずめています。

右のから　左のから

リュウキュウアオイ ザルガイ科
♠殻長6.5cm ◆奄美群島以南 ★サンゴ礁の砂地に横たわっています。からはおしつぶされたようなハート型で、へりにとげが並んでいます。

キンギョガイ ザルガイ科
♠殻高6cm ◆相模湾以南 ★浅い海の砂地にすみます。からはふくらみがあり、後半部に放射状のすじがあります。あわい紅色で、黄金色の殻皮におおわれています。

ふちはぎざぎざ。

イシカゲガイ ザルガイ科
♠殻長4cm ◆本州～九州 ★内湾の水深10m付近の砂地や泥地にすみます。殻皮は黄色で赤い斑点があります。

肋は37本ほど。

カワラガイ ザルガイ科
♠殻長5.5cm ◆奄美群島以南 ★サンゴ礁の浅い砂地にすみます。からの表面は、黄白色で赤いつめのような突起があります。へりはぎざぎざです。

トリガイ ザルガイ科
♠殻長9cm ◆本州～九州 ★内湾の水深10mくらいの泥地にすみます。からはふくれて、表面に浅いみぞがあります。日中は泥にもぐり、敵におそわれると、あしでとびはねるようにして動きます。食用。

エゾイシカゲガイ ザルガイ科
♠殻長7cm ◆鹿島灘以北 ★浅い海の砂地や泥地にすみます。表面は暗黄緑色です。食用で、すし種になります。

豆ちしき　ザルガイは、からの表面の放射肋と、貝がらの深い形がざるににていることから、この名がつきました。

ケマンガイ
マルスダレガイ科
- 殻長4cm ◆房総半島以南
- ★潮間帯の砂地にすみます。からは厚くてふくらみは弱いです。内側は褐色です。

ワスレガイ
マルスダレガイ科
- 殻長8cm ◆東北地方以南 ★外洋の砂地にすみます。からは厚くてかたく、表面はなめらかです。紫がかった褐色の山型もようがあります。

マツヤマワスレ
マルスダレガイ科
- 殻長7cm ◆房総半島以南 ★浅い海の砂地にすみます。からの外側はなめらかでつやがあり、黄褐色の地に紫色の帯があります。内側は紫色です。食用。

エゾワスレ
マルスダレガイ科
- 殻長9cm ◆房総半島以南 ★浅い海の砂地にすみます。からは厚く黄色の殻皮でおおわれています。成貝には殻皮のはげているものが多く見られます。

ホソスジイナミガイ
マルスダレガイ科
- 殻長4cm ◆紀伊半島以南
- ★潮間帯より少し深い砂地にすみます。からは厚く、表面に太くてつぶつぶした放射状の肋があります。

成長線

シラオガイ
マルスダレガイ科
- 殻長4.5cm ◆房総半島以南
- ★浅い海の砂の中にすみます。からは厚くてかたく、表面に同心円状のうね（成長線）が規則正しく並んでいます。

アケガイ
マルスダレガイ科
- 殻長6.5cm ◆北海道南部～九州 ★潮間帯～浅い海の砂地にすみます。うす紅色のつやのある殻皮におおわれています。体は赤色です。食用。

アラスジケマンガイ
マルスダレガイ科
- 殻長4cm ◆紀伊半島以南 ★潮間帯より少し深いところの砂地にすみます。からの表面に太くて横にうねのある放射状のすじ（放射肋）があります。

ヌノメガイ
マルスダレガイ科
- 殻長6.5cm ◆紀伊半島以南 ★殻はふくらみをもっています。潮間帯下部～水深20mくらいの砂底でくらします。

カガミガイ
マルスダレガイ科
- 殻長7cm ◆北海道南部～九州 ★内湾の砂地や泥地にすみ、干潮時は干潟で見られます。からはまるく白色。水管が長く、海底にもぐっています。

オキシジミ
マルスダレガイ科
- 殻長5cm ◆本州～九州
- ★内湾の干潟にすみ、潮干狩りのときによくとれます。からは厚く、ふくらみがあり、黄褐色の殻皮におおわれています。

ホンビノスガイ
マルスダレガイ科
- 殻長10cm ◆東京湾～瀬戸内海 ★浅い海にすみます。からは厚くハマグリ型で、表面に同心円状のうね（成長線）が並んでいます。アメリカ原産で、現在では食用として広く市場に出ています。

ウチムラサキ
マルスダレガイ科
- 殻長8.5cm ◆本州～九州 ★水深10～40mの砂地にすみます。からは厚くて重く、だ円形でふくれています。内側は、わかいときは白っぽく、成貝は紫色です。肉は少し赤だいだい色で、食用になります。

うすい褐色の帯

ヒナガイ
マルスダレガイ科
- 殻長8cm ◆房総半島～九州 ★外洋に面した浅い海の砂地にすみます。からはまるみがあり、表面に光沢があります。

ほぼ三角形

ハマグリ ● マルスダレガイ科
- 殻長8.5cm ◆北海道南部～九州 ★内湾の淡水の影響のある干潟にすみます。からの色やもようはさまざまです。食用にされていますが、現在各地でへっています。

シナハマグリ マルスダレガイ科
- 殻長9.5cm ◆韓国、中国 ★内湾の砂や泥の干潟にすみます。からはハマグリ型で、厚みがあります。食用で、市場にたくさん出ています。

チョウセンハマグリ
マルスダレガイ科
- 殻長10cm ◆鹿児島～九州 ★外洋に面した浅い海の砂地にすみます。化石になりかけた貝がらをまるくくりぬいて、碁石（白）にします。

豆ちしき カガミガイは白いすがたから「もち貝」、また昔、和紙のけばをこの貝でこすってとったことから、古くは「紙すり貝」という別名もあります。

131

♠ 大きさ　◆ 分布　★ おもな特徴など　● 絶滅危惧種

二枚貝のなかま❽

二枚貝のなかま（軟体動物）

コタマガイ　マルスダレガイ科
♠ 殻長8cm　◆ 北海道南部～九州　★ 外洋に面した水深50mくらいまでの砂浜にすみます。からは厚くて重く、表面はジグザグもようがあります。食用。

アラヌノメガイ　マルスダレガイ科
♠ 殻長7cm　◆ 紀伊半島以南　★ 潮間帯の岩礁の間にある砂地にすみます。からは厚くて重く、表面はざらざらとしたあらい布目状です。

シオヤガイ　マルスダレガイ科
♠ 殻長3cm　◆ 相模湾以南　★ 潮間帯の砂地や泥地にすみます。からはまるみを帯びた三角形で、厚くてかたく、表面はあらい布目状です。

イナミガイ　マルスダレガイ科
♠ 殻長2.5cm　◆ 房総半島以南　★ 潮間帯の岩礁の間にある砂地にすみます。からは厚く、白色の地に茶色のジグザグもようがあります。

カノコアサリ　マルスダレガイ科
♠ 殻長2cm　◆ 房総半島、能登半島以南　★ 浅い海で潮間帯より低いところの砂地にすみます。表面はあらい布目状で、後部にとげがあります。

ヒメアサリ　マルスダレガイ科
♠ 殻長3cm　◆ 房総半島以南　★ 岩礁の砂地にすみます。アサリより小型でふくらみが弱く、表面のきざみめが細かいです。内側は赤みを帯びています。食用。

マツカゼガイ　マルスダレガイ科
♠ 殻長2.5cm　◆ 本州～九州　★ 潮間帯の岩の深い穴の中にすみます。表面は白色で、同心円状にうすい板が重なったような成長線があります。

サツマアサリ　マルスダレガイ科
♠ 殻長6cm　◆ 伊豆半島以南　★ 水深10～50mの砂地にすみます。表面に同心円状の深いひだのような成長線があります。

オニアサリ　マルスダレガイ科
♠ 殻長3.5cm　◆ 北海道南部～九州　★ 潮間帯の岩礁の砂地にすみます。からは厚くて重く、ふくらんでいます。表面はざらざらし、ふちは細かくきざまれています。

イヨスダレ　マルスダレガイ科
♠ 殻長6cm　◆ 東京湾以南　★ 内湾の水深10mくらいの泥地にすみます。からの表面はなめらかで光沢があります。黄白色の地に褐色のあみ目もようがあります。内側は白色です。

アサリ　マルスダレガイ科
♠ 殻長4cm　◆ 日本各地　★ 淡水が流れこむ内湾の砂地や泥地の干潟にすみます。から表面はあらい布目状で、もようはさまざまです。食用にされています。

オキアサリ　マルスダレガイ科
♠ 殻長5cm　◆ 本州以南　★ 浅い海の砂地にすみます。からは三角形で厚く、ふくらみは弱い。うすい褐色の地に、暗い色の放射状の帯もようがあります。食用。

砂にもぐるアサリ
二枚貝は筋肉質のあしを使って砂にもぐります。

① からのすきまから、あしを舌のように出します。

② あしを平たくのばして、砂にさし入れます。

③ 砂の中であしの先を広げて動かないようにして、からを引っぱりこみます。

④ さらにあしを奥へのばし、もぐっていきます。

リュウキュウアサリ　マルスダレガイ科
♠ 殻長8cm　◆ 奄美群島以南　★ 浅い海の砂地にすみます。からはうすく、ふくらみは弱いです。表面は同心円状の細かいうね（成長線）があり、褐色の斑点があります。

オオスダレ　マルスダレガイ科
♠ 殻長12cm　◆ 房総半島以南　★ 水深50～100mの砂地にすみます。からのふくらみは強く、表面に褐色の斑紋が放射状に並んでいます。

🫘 ちしき　マルスダレガイ科はアサリ・ハマグリのなかまで、いろいろな種類が各地で食用になっています。英語でクラムというのはこのなかまです。

成長線が規則正しく並ぶ。

スダレガイ
マルスダレガイ科
- 殻長9cm ◆本州〜九州 ★浅い海の砂浜にすみます。褐色の地に暗褐色の斑紋があります。食用。

サツマアカガイ
マルスダレガイ科
- 殻長10cm ◆房総半島〜九州 ★浅い海の砂地にすみます。から表面は赤褐色で、くっきりとしたうねがあります。体は赤色で、食用になります。

バカガイ バカガイ科
- 殻長8.5cm ◆北海道〜九州 ★内湾の潮間帯〜水深20mの砂地や泥地にすみます。からは黄色い殻皮でおおわれています。体やあしは黄だいだい色。食用で、むき身はアオヤギ、貝柱はあられ、小柱とよばれます。

ホクロガイ
バカガイ科
- 殻長8cm ◆房総半島〜九州 ★内湾で水深10〜50mの砂地にすみます。からは横長の三角形で、うす黄色の地に褐色の斑紋があります。

ミルクイ ● バカガイ科
- 殻長14cm ◆北海道〜九州 ★内湾の水深10mの泥地にすみます。厚いけれども、もろいからです。表面は白色です。市場名はミルガイです。

シオフキガイ
バカガイ科
- 殻長4.5cm ◆房総半島以南 ★内湾の砂地や干潟にすみます。殻頂と水管の先が紫色です。刺激すると、からをとじるとき水をふき出します。

ウバガイ（ホッキガイ）
バカガイ科
- 殻長9.5cm ◆鹿島灘以北 ★外洋に面した水深20mの砂地にすみます。からは厚くて重く、表面は灰黄色で、褐色の殻皮におおわれています。食用。

チヨノハナガイ
バカガイ科
- 殻長2cm ◆北海道以南 ★内湾で潮間帯より深いところ〜水深20mの泥地にすみます。乳白色で、うすくてもろいからです。

オオトリガイ
バカガイ科
- 殻長13cm ◆房総半島以南 ★浅い海の泥や砂にすみます。潮が引くと、もぐっているところが長円形にへこみます。白いからが褐色の殻皮におおわれています。

ナガウバガイ バカガイ科
- 殻長7cm ◆鹿島灘以北 ★浅い海の砂地にすみます。からはやや平たく、まるみのある三角形です。褐色の厚い殻皮におおわれています。

フジノハナガイ
フジノハナガイ科
- 殻長1.3cm ◆房総半島以南 ★外洋に面した波打ちぎわの砂地にすみます。潮の満ち引きに合わせ、波にのって潮間帯を上下移動します。表面は布目状です。

リュウキュウバカガイ バカガイ科
- 殻長6.5cm ◆紀伊半島以南 ★潮間帯の砂地にすみます。からはまるみを帯び、ふくらみが強く、殻頂がもりあがっています。

不規則なしわ

セミアサリ
イワホリガイ科
- 殻長3cm ◆本州以南 ★潮間帯のやわらかい岩に穴をあけてもぐっています。右のからは大きく、左のからをだきこんでいます。

ナミノコガイ フジノハナガイ科
- 殻長2.5cm ◆相模湾、富山湾以南 ★外洋に面した砂浜にすみます。潮の満ち引きのときに、砂の中から飛び出し、波に乗って潮間帯を上下移動します。

白色のうね

シオツガイ
イワホリガイ科
- 殻長3.5cm ◆北海道南部〜九州 ★潮間帯〜水深20mのやわらかい岩に穴をあけて、もぐっています。表面は細かい布目状です。

イワホリガイ イワホリガイ科
- 殻長3cm ◆北海道〜九州 ★潮間帯のやわらかい岩や小石に穴をあけ、その中にもぐっています。からの形はいろいろです。表面に細かいきざみめがあります。

イソハマグリ
チドリマスオガイ科
- 殻長3cm ◆北海道以南 ★潮間帯のあらい砂地にすみます。からは厚く、黄褐色の殻皮におおわれています。水管は桃色です。

クチバガイ チドリマスオガイ科
- 殻長2.5cm ◆日本各地 ★内湾の砂や小石の間にすみます。からはやや横長です。表面は白色で、わら色の殻皮におおわれています。

豆ちしき バカガイがアオヤギとよばれるのは、昔、千葉県青柳村（今の市原市）でバカガイが多くとれ、むき身にして出荷したことによります。

133

♠ 大きさ　◆ 分布　★ おもな特徴など　● 絶滅危惧種　☀ 有毒

二枚貝のなかま❾

二枚貝のなかま（軟体動物）

ヒメシラトリ
ニッコウガイ科
♠ 殻長3.5cm　◆ 北海道〜九州　★ 内湾の干潟にすみます。からはうすく、まるみを帯びた三角形です。表面は白色で、黒色のうすい殻皮におおわれています。

シラトリガイモドキ
ニッコウガイ科
♠ 殻長5cm　◆ 北海道〜九州　★ 潮間帯の岩に穴をあけ、その中にもぐります。小石の間に半分うもれて生活することもあります。

シオサザナミガイ
シオサザナミガイ科
♠ 殻長5cm　◆ 本州以南　★ 外洋の浅い潮間帯の砂地にすみます。からは、表面も内側もうす紫色です。

オチバガイ
シオサザナミガイ科
♠ 殻長3cm　◆ 本州〜九州　★ 内湾の潮間帯の砂地や泥地にすみます。からはうすく、濃い紫色で、光沢のある褐色の殻皮におおわれています。

ムラサキガイ
シオサザナミガイ科
♠ 殻長12cm　◆ 相模湾以南　★ 潮間帯〜水深50mの泥地に穴を掘り、もぐっています。からはうすく、光沢のある褐色の殻皮でおおわれています。からの内側は紫色です。

サビシラトリ
ニッコウガイ科
♠ 殻長4.5cm　◆ 日本各地　★ 内湾の潮間帯付近の砂地や泥地にすみます。からは光沢のない白色で、黒っぽい殻皮でおおわれています。

フジナミガイ ●
シオサザナミガイ科
♠ 殻長10cm　◆ 本州〜九州　★ 浅い海の砂や泥の中にもぐっています。からは表面も内側も紫色で、光沢のある厚い殻皮におおわれています。

ケショウシラトリ
ニッコウガイ科
♠ 殻長5cm　◆ 北海道〜四国沖　★ 潮間帯より少し深いところ〜浅い海の砂地や泥地にすみます。からは白く、厚いがもろいです。

ゴイサギ
ニッコウガイ科
♠ 殻長5cm　◆ 北海道〜九州　★ 内湾の水深10mの泥地にすみます。からはうすく、黄色がかった白色で、へりは黒い殻皮におおわれています。

ざらざらしたすじ

リュウキュウマスオ
シオサザナミガイ科
♠ 殻長7cm　◆ 紀伊半島以南　★ 潮間帯より少し深い砂地や小石のあるところにすみます。からは厚く、ふくらみが強い。

カバザクラ
ニッコウガイ科
♠ 殻長1cm　◆ 相模湾以南　★ 外洋に面した砂浜にすみます。半透明でうすく、こわれやすいからです。表面に2本の白い帯があります。

リュウキュウシラトリ
ニッコウガイ科
♠ 殻長5cm　◆ 紀伊半島以南　★ 潮間帯の砂地にすみます。からは厚くてかたく、表面は黄色がかっています。波のような形の成長線があります。

モモノハナガイ
ニッコウガイ科
♠ 殻長1.7cm　◆ 本州〜九州　★ 外洋の砂地にすみます。からはうすく、ふくらみが弱く、後ろはとがっています。表面は桃色の地に白い帯があります。

サギガイ
ニッコウガイ科
♠ 殻長5cm　◆ 日本各地　★ 外洋の砂浜にすみます。からはうすくてかたく、つやのある白色です。殻皮におおわれていますが、はげていることがよくあります。

ユウシオガイ
ニッコウガイ科
♠ 殻長2.3cm　◆ 本州〜九州　★ 内湾の砂地や泥地の干潟にすみます。ふくらみのあるからで、白やだいだい色など、色はさまざまです。

オオモモノハナ
ニッコウガイ科
♠ 殻長3cm　◆ 本州〜九州　★ 浅い海の砂地にすみます。からの表面の色は、ややくすんだ桃色や白。半透明の殻皮におおわれています。

サクラガイ
ニッコウガイ科
♠ 殻長3cm　◆ 北海道南部〜九州　★ 内湾の干潟〜水深10mの砂地や泥地にすみます。からはうすく半透明です。体は白色。左のからを下にして砂にもぐっています。

からの内側も桃色。

🫘 豆ちしき　一般の人が「さくらがい」とよぶのは、本物のサクラガイだけでなく、カバザクラやモモノハナガイ、オオモモノハナなどがふくまれています。

134

うろこのような突起。

ベニガイ ニッコウガイ科
♠殻長5.5cm ◆本州〜種子島 ★潮間帯より少し深い砂地にすみます。からはうすくてこわれやすく、表面は光沢のあるピンク色、内側は紅色です。後部はとがっています。

ナミガイ
キヌマトイガイ科
♠殻長10cm ◆北海道〜九州 ★水深10〜40mの砂地に深くもぐっています。からは厚くてもろく、表面はざらざらしています。うすい殻皮におおわれています。市場ではシロミルとよばれています。

サメザラガイ
ニッコウガイ科
♠殻長6.5cm ◆奄美群島以南 ★潮間帯付近の砂地や泥地にすみます。からは厚くてかたく、ほぼ円形です。表面にうすい黄色地にうすい褐色の斑点があります。内側は黄だいだい色です。

成長線

キヌタアゲマキ
キヌタアゲマキガイ科
♠殻長8cm ◆本州〜九州 ★潮間帯の砂地や泥地に深い穴をあけて中にすんでいます。からはうすい赤紫色で、褐色の殻皮におおわれています。

サラガイ
ニッコウガイ科
♠殻長10cm ◆犬吠埼、能登半島以北 ★潮間帯〜水深20mの暗い砂地にすみます。からは厚くてかたく、表面はなめらかで光沢があります。外側は白色で、内側は黄だいだい色です。市場では「ひらがい」などとよばれます。

アサジガイ アサジガイ科
♠殻長4cm ◆本州中部〜沖縄 ★潮間帯より少し深いところ〜水深50mの砂地や泥地にすみます。からの表面に成長線があり、内側は白色です。

水管をのばしているアゲマキガイ。

フルイガイ アサジガイ科
♠殻長4.5cm ◆本州以南 ★水深10〜30mの砂地にすみます。表面はざらざらした布目状で、黄色の殻皮におおわれています。

アゲマキガイ
ナタマメガイ科
♠殻長10cm ◆日本西部 ★奥深い内湾で塩分の低い潮間帯の泥地に、からの長さの5〜6倍の深さの穴をあけて、中にすんでいます。からはうすくてもろく、黄褐色の殻皮におおわれています。

ハナグモリガイ ハナグモリガイ科
♠殻長2cm ◆東京湾、瀬戸内海、有明海 ★奥深い内湾の泥地にすみます。からは、濃い緑褐色の殻皮でおおわれています。

サザナミガイ サザナミガイ科
♠殻長2cm ◆北海道〜九州 ★潮間帯の砂地にすみます。非常にうすく、こわれやすいからで、表面に砂つぶをつけています。表面は銀色で、布目状です。

キヌマトイガイ
キヌマトイガイ科
♠殻長3.5cm ◆北海道〜本州 ★潮間帯〜水深100mの岩や石に足糸でついています。大型の海藻や貝のからについていることもあります。

オオノガイ
エゾオオノガイ科
♠殻長10cm ◆北海道〜九州 ★内湾の泥地に深くもぐっています。からの表面は黄白色で、ふつう厚い皮をかぶっています。

豆ちしき 寿司店でシロミルとよばれているのは、ナミガイの水管です。

♠大きさ ◆分布 ★おもな特徴など

二枚貝のなかま⑩

ミゾガイ ユキノアシタガイ科
♠殻長3cm ◆本州〜九州 ★外洋に面した砂浜にすみます。からは半透明で非常にうすく、こわれやすいです。

タカノハガイ ユキノアシタガイ科
♠殻長6.5cm ◆房総半島〜九州 ★浅い海の砂地にすみます。からの表面は白色の地に紫紅色の斑紋があります。黄色の殻皮におおわれています。からの内側は白色で表面のもようがすけて見えます。

表面はざらざら

アカマテガイ
マテガイ科
♠殻長11cm ◆相模湾〜九州 ★内湾の水深5〜20mの海底にもぐっています。細長い長方形で、からを合わせると両はしの開いた筒型になります。褐色のなめらかな殻皮でおおわれています。

カモメガイ
ニオガイ科
♠殻長4cm ◆北海道〜九州 ★潮間帯の岩に穴をあけてすみます。からはうすく、前のほうはふくれていて、やすりのようになっています。

マテガイ
マテガイ科
♠殻長12cm ◆北海道南部〜九州 ★内湾の潮間帯の砂地や泥地に深くもぐっています。からは細長い円筒形で、白色や黄色の殻皮におおわれています。穴に塩を入れると、飛び出してきます。

ふちが紅色

クチベニガイ
クチベニガイ科
♠殻長2.7cm ◆本州〜九州 ★外洋に面した砂浜にすみます。からは厚く、右のからのほうが大きくて、左のからをだきこむ形です。

←泥に深い穴を掘り、垂直にもぐるマテガイ。

穴に塩を入れると、マテガイがおどろいて飛び出してくるので、つかまえることができます。

クチベニデ クチベニガイ科
♠殻長9mm ◆北海道〜本州 ★水深5〜10mの砂地や小石のあるところにすみます。厚くてかたいからで、右のからのほうが大きく、左のからをつつむようになっています。内側は白色でふちが紅色です。

エゾマテガイ マテガイ科
♠殻長11cm ◆本州中部〜北海道 ★浅い海の砂地にもぐっています。アカマテガイににていますが、後方にまるみがあるところがちがいます。

先が朱色

ソトオリガイ
ソトオリガイ科
♠殻長4.5cm ◆サハリン〜九州 ★潮間帯の干潟や泥の中にすみます。からは半透明でうすく、ふくれています。後ろがあいていて、頂部にすじが入っています。

オオシャクシガイ
シャクシガイ科
♠殻長4cm ◆本州〜九州 ★水深100mの砂地や泥地にすみます。からの後ろのほうがつき出ています。

フナクイムシ フナクイムシ科
♠殻長7mm ◆世界中 ★細長いいも虫の形です。体の前についているやすり状の小さなからで、海中の木材に穴を掘って、その中にすんでいます。水管の横に石灰質の栓があり、穴の入り口をふさぎます。

ニオガイ
ニオガイ科
♠殻長7cm ◆北海道以南 ★潮間帯〜水深10mにすみます。からにあるやすりのようなとげで、岩に穴をあけて、もぐっています。左右のからの間があいています。

オキナガイ
ソトオリガイ科
♠殻長5.5cm ◆本州〜九州 ★水深5〜20mの砂地や泥地にすみます。半透明で、うすくもろいからです。

豆ちしき フナクイムシは、名はムシでも二枚貝。小さなからの表面がやすり状になっていて、これで木材の中を掘り進みます。

ヒザラガイのなかま　Chitons

♠大きさ　◆分布　★おもな特徴など

見てみよう ヒザラガイ

体は平たく、背中に殻板があります。吸盤のようなあしで、岩などにはりついてくらします。

殻板（8枚）／肉帯（かたい筋肉）

腹面／肛門／あし／口

ヒザラガイ（ジイガセ）
クサズリガイ科
♠体長6cm　◆北海道南部以南　★潮間帯上部にすみます。干潮時は、くぼみや岩の割れ目で動かず、満潮時に食べ物をさがして歩きまわります。

ヒメケハダヒザラガイ　ケハダヒザラガイ科
♠体長3.5cm　◆北海道南部以南　★潮間帯以下の岩礁にすみます。体は長い楕円形で、両側にたばになったとげがついています。

ウスヒザラガイ
ウスヒザラガイ科
♠体長3cm　◆北海道南部以南　★潮間帯にすみます。色やもようはさまざまです。

ケムシヒザラガイ
ケムシヒザラガイ科
♠体長6cm　◆日本各地　★潮間帯下部以下の岩礁にすみます。殻板は小さく、小さなとげにおおわれています。

ケハダヒザラガイ
ケハダヒザラガイ科
♠体長5cm　◆三陸地方以南～九州　★殻板は小さく、肉帯には9対のとげのたばの列があります。

ニシキヒザラガイ
クサズリガイ科
♠体長5.5cm　◆相模湾以南　★潮間帯中部～下部にすみます。殻板はなめらかで、肉帯にいろいろな色のもようがあります。

ババガセ
ヒゲヒザラガイ科
♠体長5cm　◆東北地方以南　★潮間帯下部の石などで見られます。体の前のほうを少しもち上げて、えさを待っています。

オオバンヒザラガイ　ケハダヒザラガイ科
♠体長30cm　◆北海道東岸　★低潮線～水深40mの岩礁にすみます。最大のヒザラガイで、殻板は肉帯の中にうまっていて、外からは見えません。

ツノガイのなかま　Tusk Shells

細いつつのような両はしのあいた貝がらをもちます。

細かいたてのうねが40～50本ある。

ツノガイ
ゾウゲツノガイ科
♠殻長10cm　◆房総半島～九州　★水深30～150mの泥地や砂地に生息します。からは筒形で、後ろのほうにうねがあります。殻口のほうはなめらかで、まるくなります。

ヤカドツノガイ
ゾウゲツノガイ科
♠殻長6cm　◆北海道南部以南　★潮間帯～水深100mの砂の海底にすみます。殻口は、五～八角形です。
殻頂／殻口

マルツノガイ
ゾウゲツノガイ科
♠殻長14cm　◆日本南西部　★水深100mの砂地や泥地にすみます。

ニシキツノガイ
ゾウゲツノガイ科
♠殻長8cm　◆紀伊半島以南　★潮間帯より少し深いところ～水深10mの細かい砂地にすみます。成長とともに殻頂がなくなっていきます。成貝には、パイプ状の「栓」があります。
殻口

 豆ちしき ヒザラガイは、岩からはがすと丸まるので、「爺が背」（おじいさんの背中の意味）の名前があります。ツノガイは、触角、目、えらがありません。

♠大きさ ◆分布 ★おもな特徴など

カタツムリのなかま❶   Land Snails

カタツムリのなかまは、陸にすむ巻貝のなかまです。ナメクジもカタツムリのなかまですが、貝がらは退化しています。このなかまは、水中の巻貝がえらで呼吸するのとはちがって、肺で呼吸します。

ミスジマイマイ

殻径 / **大触角** 出したり引っこめたりできます。動かしてあたりをさぐります。 / **から** / **殻口** / **あし** / **目** よく見えませんが、明るさを感じることはできます。 / **小触角** 味やにおいを感じる短い触角です。食べ物をさがすときに使います。

口の中には細かいやすりのような「歯舌」があります。これで葉やコケ類をけずりとって食べます。

口 / 歯舌の顕微鏡写真。

肛門は殻口近くにあります。

肛門

ふんをするミスジマイマイ。

あし 波打たせながら動きます。ねばねばした液を出すので、つるつるしたところでもすべり落ちません。

ガラスをのぼるようす。

キセルガイモドキ
キセルガイモドキ科
♠殻高3cm ◆北海道南部〜九州 ★木の幹の上などで見られます。キセルガイ科はみな左巻きですが、キセルガイモドキ科は右巻きです。

オオケマイマイ
オナジマイマイ科
♠殻径2.6cm ◆本州、四国北部 ★山地の落ち葉の下などにすみます。からは平たく、周辺が角ばっていて毛が生えています。

ナミギセル キセルガイ科
♠殻高4cm ◆本州、四国北部、九州北東部 ★平地でよく見られます。落ち葉やくち木の中などにいます。からは細長い円すい形で、左巻きです。殻口は厚くなっています。

ニッポンマイマイ
ナンバンマイマイ科
♠殻径2cm ◆本州、四国北部 ★林の低い木ややぶに生息します。からは円すい形をしていて、体は細く、外套膜の黒い斑点がすけて見えます。

1〜3本の褐色の帯　　黒い線

ミスジマイマイ オナジマイマイ科
♠殻径3.5cm ◆関東地方〜中部地方東部 ★関東地方の平野でふつうに見られるカタツムリです。樹上性で、庭先や林でよく見られます。

ウスカワマイマイ オナジマイマイ科
♠殻径2cm ◆日本各地 ★人里の田畑や庭の花などにいて、植物の若芽を食べます。からはうすく、球形で、黄色からあわい赤褐色です。

ナミマイマイ オナジマイマイ科
♠殻径4.3cm ◆近畿地方 ★近畿地方では、よく見られるカタツムリです。

オナジマイマイ オナジマイマイ科
♠殻径2cm ◆北海道〜九州 ★畑や田、家の庭など人里にすみます。からはうすく、褐色の帯のあるものとないものがあります。

からは左巻き

クチベニマイマイ オナジマイマイ科
♠殻径3.2cm ◆中部地方西部〜近畿地方 ★近畿地方でよく見られる樹上性のカタツムリです。からはうすい黄白色で黒い帯があり、殻口のふちがうす紅色です。

ヒダリマキマイマイ オナジマイマイ科
♠殻径4.5cm ◆関東地方、中部地方 ★平地から山地で見られ、木の根もとのほうなどにいる地上性です。からは左巻きで、周辺に褐色のすじが1本あります。落ち葉やくち木の下で越冬します。

カタツムリの生活

交尾

ふ化

20〜30日でかえります。子どものからはうすく、巻き数も少しです。

産卵

真夏・冬
からにまくをはって、乾燥を防ぎ、じっとしています。

梅雨

春 カタツムリには、おすめすの区別がありません。2ひきが交尾すると、2ひきとも卵をうみます。

土に穴を掘り、卵を数十個うみます。

からの巻き数は、成長するにつれてふえていきます。

豆ちしき　カタツムリのなかまは、空気が乾燥すると、体の乾燥を防ぐため、粘液でからにまくをはって、ふたをします。

▲大きさ ◆分布 ★おもな特徴など

カタツムリのなかま❷

カタツムリのなかま（軟体動物）

アブリカマイマイ
アブリカマイマイ科
▲殻高15cm ◆奄美群島以南、小笠原、熱帯太平洋 ★東アフリカ原産で、最も大きい陸生巻貝です。夜行性で、沖縄島や奄美群島の都市の田畑や林などにすみ、植物の葉を食べるので害虫とされています。親貝は地中で越冬します。

ナメクジ
ナメクジ科
▲体長6cm ◆日本各地 ★畑や庭のじめじめしたところや、家のしめった台所などで見られます。からはありません。産卵期は梅雨ごろで、40個ほどの卵をうみます。

中に貝がらがある。

コウラナメクジ
コウラナメクジ科
▲体長12cm ◆日本各地 ★体の前のほうにかさをかぶったような外套膜の境い目があります。この中にうすい貝がらがあります。外国からの移入種です。

インドヒラマキガイ（レッドスネイル）
ヒラマキガイ科
▲殻長0.6〜1cm ◆インド、東南アジア ★淡水魚の水そうに、そうじ用に入れられています。

卵のう

キクノハナガイ
コウダカカラマツガイ科
▲殻長3cm ◆房総半島以南 ★潮間帯の岩礁にすみます。潮が引くと、はい回ります。ウノアシににていますが、肺呼吸をします。

カラマツガイ
コウダカカラマツガイ科
▲殻長2cm ◆日本各地 ★潮間帯上部の岩礁の岩の上にすみます。潮の満ち引きに合わせて移動します。春から夏にかけて、輪のような形の卵のうをうみます。

サカマキガイ
サカマキガイ科
▲殻高1cm ◆日本各地 ★池や沼、下水道などに生息します。からはうすくあめ色で、左巻きです。ヨーロッパ原産で、水そうのそうじ用に日本に来たものが、野外に逃げ、繁殖しています。

モノアラガイ
モノアラガイ科
▲殻高2cm ◆日本各地 ★田の水路や池、沼の水草の上にいます。サカマキガイが日本に入ったため、すみかがうばわれるだけでなく、卵や幼貝が食われ、各地でほろびかけています。

ヒメモノアラガイ
モノアラガイ科
▲殻高1.5cm ◆日本各地 ★沼や池、人家近くのよごれたみぞにすみます。寄生虫カンテツ（肝蛭）の中間宿主となります。

オカモノアラガイ
オカモノアラガイ科
▲殻高2.5cm ◆関東地方以北 ★陸上で生活しますが、植物の多い、湿地にすみます。触角の上に目があります。

豆ちしき ナメクジに塩をかけると小さくしなびてしまいます。「浸透圧」により、体液が塩に吸い出されてしまうためです。

140

ライブ LIVE 情報

海の中の美しい貝たち

海の中では、さまざまな貝が生活しています。地上の生物とはかけはなれた色彩に思える、美しい貝もたくさんいます。

トラフケボリ
ヤギ類についています。

ウミギクモドキ
イシサンゴにうもれて生活しています。外套膜と眼点が美しい貝です。

クリイロカメガイ
つばさのようになったあしを使い、チョウのように泳ぎます。

フレリトゲアメフラシ
体じゅうにいっぱい生えている枝のような突起のあいだに青い目のように光る斑紋があります。

タガヤサンミナシ
他の貝をおそって食べます。からの三角もようがとても美しい貝です。

ウコンハネガイ
赤い髪の毛のようなものは触手です。この貝の外套膜縁(ひも)は光を反射して強く光ります。

ライブ情報 深海にくらす生き物

深海とは、水深200mより深い海のことで、地球の海の容積では、97%以上が深海にあたります。真っ暗な深い海にすむ生き物の中には、浅い海にすむ生き物とはまったくちがうくらしをしているものがいます。

深海の環境

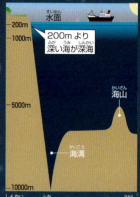

深海は、深くなればなるほど光がとどかなくなり、水圧が高くなります。水温も低く、食べる物も少ないといわれています。

♠大きさ ◆分布 ★おもな特徴など

見てみよう オウムガイ

ダイオウイカは世界最大級のイカで、世界各地の海の水深数百mに深くにすんでいます。2本の長い触腕には大きな吸盤があり、体にたくさんのアンモニアが入っていて、水中でしずみにくくなっています。
（→79ページ）

オウムガイは水深100～600mにすんでいます。目はありますが、レンズがなく視力はよくないといわれています。触手は60～90本で、からのふたとなる部分の上が黒くオウムのくちばしに似ていることからこの名がつきました。
（→75ページ）

ジュウモンジダコ
メンダコ科
♠全長8～10cm ◆東太平洋、小笠原諸島海域 水深500～1380m ★かさのようなまくをゆっくりのびちぢみさせ、目の横の大きなひれをふって泳ぎます。そのすがたから、「ダンボオクトパス」という愛称をもっています。

アカチョウチンクラゲ
エボシクラゲ科 ♠かさの高さ7cm ◆太平洋、大西洋、南大洋 水深450～1000m ★触手は24本程度。内臓をおおう赤いまくは、食べた生き物が発光するのをかくす効果があり、ちょうちんのように折りたたむこともできます。

アカカブトクラゲ
アカカブトクラゲ科
♠体長16cmまで ◆北太平洋 水深600～1100m ★頭にかぶるカブトのような形からカブトクラゲという名がつきました。クシクラゲのなかまで、体のまわりにある、くし板を動かして泳ぎます。

ユメナマコ
クラゲナマコ科
♠体長20cm ◆日本近海、太平洋 水深300～6000m ★ふだんは、海底で泥を食べてその中にふくまれる栄養を吸収します。びっくりすると体をのけぞらせて飛び上がり、頭部にある帆のようなまくで、海流にのって移動します。

ダイオウグソクムシは水深200～1000mにすんでいます。じょうぶなあごをもっていて、海底に落ちてくる魚など動物の死がいを食べるため、「海のそうじ屋」といわれています。
（→69ページ）

水中の白っぽい雪のようなものは生き物の死がいやふんなどが小さなかたまりになったもので、マリンスノー（海に降る雪）とよばれています。65年ほど前に、日本の研究者によって名づけられました。マリンスノーはさまざまな生き物のえさになります。

142

シロウリガイ
オトヒメハマグリ科
- 殻長11cm
- 相模湾 水深750〜1200m
- 二枚貝のなかまです。あしを泥の中にさしこんで、えらの中にすむ細菌の栄養となる硫化水素をとりこみます。血液にヘモグロビンがふくまれていて、人間の血と同じように赤い色をしています。

スケーリーフット
ペルトスピラ科
- 殻幅4cm
- インド洋 水深2500m
- 海底から熱水がふき出すチムニーの根もと近くにすむ、鉄をふくんだうろこをもつ巻貝。近年では、日本の潜水調査船「しんかい6500」が鉄をもたない白いスケーリーフットの採集に成功しました。

ゴエモンコシオリエビ
シンカイコシオリエビ科
- 甲長約5cm
- 沖縄トラフ、台湾沖 水深700〜1500m
- 300℃をこえる熱水がふき出す熱水噴出孔の近くや湧水域にすみ、その熱水でおなかの毛にすむ細菌をふやして食べています。目はほとんど退化しています。

ヘイトウシンカイヒバリガイ
イガイ科
- 殻長10cm
- 相模湾、沖縄トラフ 水深900〜1600m
- 二枚貝のなかまです。足糸とよばれる糸で岩などにくっつきます。えらの中にメタンからエネルギーをつくる細菌が共生していて、そのエネルギーを使って生きています。

特殊な環境と生き物のくらし①
熱水噴出孔

海底には300℃をこえる熱水がふき出す場所があります。ふき出し口を熱水噴出孔、熱水が海水で冷やされてできたえんとつをチムニーとよびます。熱水には地下の岩石などにふくまれていた鉄や銅、金などの金属や、硫化水素、メタンなど、さまざまな化学物質がとけこんでいます。熱水噴出孔の近くにすむ生き物たちは、その化学物質を生きるエネルギーとして上手に利用しています。

アルビンガイ
ハイカブリニナ科
- 殻高約5cm
- マリアナトラフ 水深1400〜3600m
- 大型の巻貝で、からの表面にたくさんの毛が生えています。熱水噴出孔の近くにすみ、体の中にすむ細菌から栄養をもらって生きています。

黒い熱水をふき出すチムニーを「ブラックスモーカー」、白いけむりをふき出すチムニーを「ホワイトスモーカー」とよびます。

熱水がふき出す場所のまわりにすむ生き物たちをまとめて、熱水噴出孔生物群集といいます。

カイレイツノナシオハラエビ
オハラエビ科
- 全長6cm
- インド洋 水深2400〜3300m
- 熱水噴出孔にびっしりと群れてくらすエビのなかまです。背中にある背上眼というセンサーで熱水から出るわずかな光を感知して熱水に近づきすぎないようにしています。

ユノハナガニ
ユノハナガニ科
- 甲幅6cm
- 伊豆・小笠原〜マリアナ諸島、沖縄諸島近海の熱水域 水深400〜1600m
- 熱水噴出孔の周辺にすみ、目は退化しています。温泉の湯にできる白い「湯の花」にちなんでこの名がつけられました。

143

写真：土田貢二（ユメナマコ、ゴエモンコシオリエビ、ユノハナガニ）

LIVE情報 深海にくらす生き物

♠大きさ ◆分布 ★おもな特徴など ☀有毒

深海にくらすナマコのなかま、イソギンチャクのなかまなどには、浅い海で見られるものとすがたかたちがずいぶんちがうものがいます。

マバラマキエダウミユリ
ゴカクウミユリ科
♠うでの長さ7〜10cm くきの長さ3.5〜5cm ◆西太平洋の暖かい海 水深773〜1756m ★ウミシダのなかまで、恐竜がいた時代よりも昔から栄えた生き物です。花のように見えるすでに、管足が並んでいて、海中を流れるプランクトンをとらえます。

センジュナマコ
クマナマコ科
♠体長約10cm ◆世界各地の海 水深500〜5900m ★海底を歩き、口のまわりの10本の触手で泥をつかんで口に運び、その中にふくまれる栄養を吸収します。そのまるいすがたから「シーピッグ（海のブタ）」ともよばれます。

クラゲイソギンチャク属の一種
クラゲイソギンチャク科
♠体長約20cm ◆日本近海 水深600〜2000m ★大きな口をあけ、口のまわりの触手にえさがふれると口をとじて食べます。ハエトリソウという植物ににているため、ハエジゴクイソギンチャクとよばれたことがあります。

オオグチボヤは水深300〜1000mにすんでいます。大きな口をあけて、えさであるプランクトンをとりこみ、いらない海水は体の上にあるあなからはき出します。オオグチボヤがたくさんいるところでは、みんな海水が流れてくる方を向いています。
（→199ページ）

フクロウニ目の一種 ☀
フクロウニ目
♠殻径5cm ◆南海トラフ 水深1768m ★ウニのなかまですが、からがやわらかいのが特徴です。体の下側に口があり、とげには毒があるものもいます。

キタクシノハクモヒトデ
クモヒトデ科
♠直径約4cm ◆北太平洋、北大西洋 水深3〜3000m ★中央のまるい部分の下側に口がありますが、あしを海底からあげて、プランクトンや小型の生物をとらえて食べます。1平方メートルあたり300匹以上の大群になることもあります。

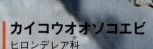

カイコウオオソコエビ
ヒロンデレア科
♠体長約4cm ◆フィリピン海溝、伊豆・小笠原海溝、マリアナ海溝 水深6000〜1万911m ★ヨコエビのなかまで、目は退化しています。海底で生き物の死がいや地上からしずんできた木くずなどを食べます。世界で最も深い場所にいる生き物のひとつです。

テヅルモヅル科の一種
テヅルモヅル科
♠直径50cm ◆相模湾 水深990m ★たくさんのうでをあみのように広げて、流れてくるプランクトンなどのえさをとらえて食べます。写真は、海底を歩いて移動しているようすです。

144

特殊な環境と生き物のくらし②
鯨骨生物群集

鯨骨とは、クジラの骨のことです。海底にしずんだクジラの骨がくさり、硫化水素という物質ができると、それを栄養にして生きる生物が集まってきます。その生き物たちをまとめて、鯨骨生物群集といいます。

ゲイコツナメクジウオ
ナメクジウオ科
◆体長約1.5cm ◆鹿児島湾野間岬沖、大島沖 水深200～230m ★頭の部分には光を感じる器官と口があります。初めて発見されたのはマッコウクジラの骨の下からでした。

ホネクイハナムシ
シボグリヌム科
◆体長0.9cm ◆鹿児島県野間岬沖の海底にしずむクジラの骨など 水深200～250m ★赤い花のような部分はえらで、体の根もと部分をクジラの骨にくいこませています。根もとのまわりにすむ細菌から栄養をもらって生きています。

海底にしずんでから2年8か月たったクジラの骨です。ここには、小さな生き物がたくさんすんでいます。えさの少ない深海では、死んだクジラはたくさんの生き物の命を支えています。クジラ1頭でマリンスノー2000年分の栄養になるといわれています。

サツマハオリムシは、鹿児島湾で発見されたハオリムシのなかまです。赤い部分はえらです。体は細長い管の中に入っていて、体の中にすむ細菌から栄養をもらって生きています。水深80～400mの熱水噴出孔や湧水域近くにすんでいます。
(→189ページ)

ヒラノマクラ
イガイ科
◆殻長約2cm ◆ハワイ、日本近海の鯨骨周辺 水深150～700m ★鯨骨の上にすみ、骨からしみ出す硫化水素などをとりこんでいます。イガイ科にはめずらしく長い管（水管）をもっています。

タカアシガニは、世界一あしの長いカニです。めすよりおすの方が大きくなり、とくに大きなおすは、はさみあしを広げると3mをこすこともあります。相模湾や駿河湾では食用としてとられています。
(→28ページ)

ウミシダ目の一種
ウミシダ目
◆不明 ◆沖縄トラフ伊是名海穴 水深1633m ★うでを花のように広げ、岩などにくっつくすがたは、植物のシダによくにています。写真は10本のうでを上下に動かして泳いでいるようすです。

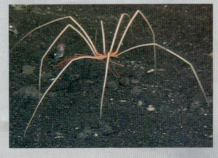

ナスタオオウミグモ
オオウミグモ科
◆体長約10cm 脚長約20cm ◆三陸沖、九州西方 水深519～910m ★細長くのびた口は体長の1.5倍くらいあり、下に向かって曲がっています。歩くためのあしのほかに、卵をかかえるための担卵肢というあしもあります。

写真：土田真二（オオグチボヤ、ゲイコツナメクジウオ）、藤原義弘（ホネクイハナムシ［上］海底の鯨骨）

145

刺胞動物　サンゴ・イソギンチャク・クラゲのなかまなど

刺胞動物は、体の表面に、毒針を飛び出させるしくみをもった刺胞という器官をそなえています。体はゼラチンでできたようにやわらかく、まわりに触手が並んだ口が1つあります。全体は、口が出入り口となったふくろのような形で、ポリプとよばれます。

サンゴのなかまやイソギンチャクのなかま、クラゲのなかまがいて、種類ごとに形はさまざまです。ポリプがたくさんくっついて一つのかたまり（群体）になっているものもいます。

ふくろのような体

触手の中央に口があり、その中にふくろのような形の胃があります。肛門はなく、えものを胃で消化したかすは、口から出します。

- サンゴのなかま 148ページ
- イソギンチャクとそのなかま 152ページ
- クラゲとそのなかま 156ページ
- クシクラゲのなかま 有櫛動物161ページ

本当の大きさです
センジュイソギンチャク

えものをとらえる触手
刺胞動物は、口のまわりを囲むように触手があります。触手にはたくさんの刺胞があり、えものがふれるとのびちぢみしてからみついてとらえ、口に運びます。

センジュイソギンチャクは岩や死んだ石サンゴなどについていて、口の周囲に細長い触手がたくさん生えています。クマノミのなかまのすみかに利用されているものも多く見られます。

いろいろな刺胞動物

八放サンゴのなかま
触手が8本あるポリプがくっつきあってくらしています。

トゲトサカ

六放サンゴのなかま
石サンゴなどのなかまは、かたい骨のような土台に触手が6本あるポリプがくっつきあってくらしています。イソギンチャクに近いなかまです。

ホソエダミドリイシ

クラゲのなかま
クラゲには、鉢虫類、ヒドロ虫類、箱虫類などの刺胞動物のクラゲのなかま、有櫛動物のクシクラゲのなかまがあります。刺胞に毒をもつものが多くいます。鉢虫類、箱虫類のクラゲは、ほとんどが水にただよったり、およいだりしてくらします。有櫛動物のクシクラゲのなかまは、くらし方は刺胞動物のクラゲとにていますが、別のグループの動物です。体に刺胞をもっていません。

ハネウミヒドラ（ヒドロ虫類）

タコクラゲ（鉢虫類）

ウリクラゲ（有櫛動物）

147

サンゴのなかま❶ Coral

♠大きさ ♦分布 ★おもな特徴など

サンゴのなかま（刺胞動物）

サンゴは、海の中でまるで植物のように見えますが、クラゲやイソギンチャクなどと同じ刺胞動物です。体は、触手をもつポリプとポリプどうしをつなぐ共肉でできています。ポリプが集まった群体になると、枝のような形や、丸いかたまりのようになります。

幼生を放出するアオサンゴ

アオサンゴの幼生

サンゴの刺胞

群体をつくるポリプ

骨格の断面には青みがあります。

アオサンゴ
アオサンゴ科 ◆小笠原諸島、南西諸島 ★板のようになった骨格がたくさん集まって、大きな群体を作り、個虫の出る小さなあながたくさんあいています。

ポリプが集まった群体
ポリプ（個虫）が共肉でつながって大きな群体になります。個虫のそれぞれのポリプが触手でえさをとり、幼生をうみます。触手には刺胞があります。

①八放サンゴ類
8本の触手をもつポリプが集まって群体をつくっています。アオサンゴのようにかたい骨格をもつものもいますが、ウミトサカのなかまのようなソフトコーラルとよばれるやわらかい体をもつものが多くいます。

いろいろなサンゴ
サンゴには、宝石サンゴ、ソフトコーラル、造礁サンゴなどがあります。宝石サンゴとソフトコーラルは「八放サンゴ類」、造礁サンゴの多くは「六放サンゴ類」です（ただしアオサンゴは八放サンゴ類）。宝石サンゴと造礁サンゴは大きな骨格をもちますが、ソフトコーラルは、体内にたくさんの小さな骨をもっていて、体を大きくのびちぢみさせることができます。

オオウミキノコ
ウミトサカ科 ♠直径数cm〜100cm ◆小笠原諸島、紀伊半島以南 ★周囲が波打った、きのこのような形をしていて、かさの部分は長さ1〜4cmのポリプでおおわれています。

ツツウミヅタ
ウミヅタ科 ♠ポリプの直径8〜10mm ◆奄美群島以南 ★リボン状に広がる幅2〜3mmの根（走根）から高さ2cmほどのポリプが立ち上がり、密生して大きな群体になります。初夏に幼生を出して繁殖します。

ウミイチゴ
ウミトサカ科 ♠高さ2〜8cm ◆本州中部以南 ★ポリプがたくさん集まって、つつ型の群体をつくります。根の部分で、水深20〜100mの海底についています。

オオミナベトサカ
ウミトサカ科 ♠高さ20cm以下 ◆本州中部以南 ★こん棒状の体から1cmくらいのポリプをたくさんのばしています。水深30m付近の海底について生息しています。

豆ちしき 「八放サンゴ類」は、サンゴ礁をつくる造礁サンゴよりも、海の深いところにも生息しています。

オオトゲトサカ
チヂミトサカ科 ♠高さ30cmほど ◆相模湾以南 ★水深20mより浅いところでふつうに見られます。体の表面でポリプはいくつものかたまりをつくっていて、白〜黄色の長いとげでおおわれています。群体の形は樹状です。

ベニウミトサカ
チヂミトサカ科 ♠高さ20cm ◆相模湾以南の南日本、韓国 ★せり出した岩の壁に多数の群体が群がって生息しています。黄色からオレンジ色の群体は、緑色の蛍光を発することがあります。

アカサンゴ
サンゴ科 ♠直径幅20〜50cm ◆相模湾以南の西太平洋 ★おうぎ形の群体形で赤い骨格は非常にかたく、みがいたものが宝石として珍重されます。

オオイソバナ
イソバナ科 ♠直径50〜100cm ◆紀伊半島以南 ★大きなおうぎ状の体です。おうぎの面が流れに直角にあたるように成長し、表面のポリプが流れてきたえさを効率よくとらえます。

ミナミウミサボテン
ウミサボテン科 ♠全長40cm ◆奄美群島以南 ★こん棒のような形の群体の上から、長いポリプがのびます。多くのウミサボテン類は昼ちぢんで砂の中にかくれ、夜のびて砂の上にあらわれますが、これは昼にのびて夜ちぢみます。内湾の砂や泥の海底にすみます。

ヤナギウミエラ
ヤナギウミエラ科 ♠全長40cm ◆相模湾以南 ★水深10〜150mの砂地の海底に、うす紫色の鳥の羽根がささっているような形で生息しています。鳥の羽根のように見えるところに、小さなポリプのたばがびっしり並んでいます。

エダムチヤギ
ムチヤギ科 ♠高さ最大100cm ◆相模湾以南 ★群体は2、3回枝分かれをし、枝はとてもかたくかんたんには折れません。潮通しのよい場所で見られます。

モツレフトヤギ
ホソヤギ科 ♠全長50cmほど ◆南日本の暖海域 ★オレンジ色の太い枝が数回枝分かれして、おうぎ状になります。ところどころで枝がおたがいくっつきます。ポリプはちぢむと枝の中にうもれます。

セキコクヤギ
セキコクヤギ科 ♠高さ30cmほど ★サンゴ礁の潮通しのよい水深2〜10mのところで多く見られます。群体は黄色っぽい褐色で、さわると折れやすいです。

 サンゴのふえ方には、ポリプ（個虫）がどんどん分裂して群体をつくる場合と、卵と精子が受精して幼生ができ、ポリプになって群体をつくる場合とがあります。

♠大きさ ◆分布 ★おもな特徴など

サンゴのなかま❷

サンゴのなかま（刺胞動物）

おもなからだの器官
ポリプ（サンゴ個体）／触手／口／胃腔／褐虫藻／骨格

クシハダミドリイシ
ミドリイシ科 ♠直径2000cm ◆和歌山以南 ★短い枝がたくさん集まったテーブル状の群体です。波あたりの強い場所では岩盤にはりつくように生息しています。よく成長する場所では、群体の周辺部が白っぽくなっています。

②六放サンゴ類
基本的に触手が6の倍数のポリプが群体をつくります。サンゴ礁をつくるサンゴのほとんどが六放サンゴです。

栄養をつくる褐虫藻
体の中に、褐虫藻という藻がいて、造礁サンゴに栄養をあたえています。造礁サンゴの色が褐色に見えるのは褐虫藻の色です。

チヂミウスコモンサンゴ
ミドリイシ科 ♠直径50～100cm ◆小笠原諸島、種子島以南 ★群体はうすく広い葉状で、大型のものではそれがいくつも重なっています。波の静かな場所に生息し、初夏に褐虫藻をふくんだ卵をうみます。

トゲサンゴ
ハナヤサイサンゴ科 ♠直径30cm ◆奄美群島以南 ★細く繊細な枝の先は鋭くとがっています。しばしばサンゴヤドリガニがかにこぶを作ってすみこんでおり、そのほかにも枝の間にはサンゴガニ類などがよくすんでいます。幼生を放出して繁殖します。

クサビライシ
クサビライシ科 ♠長径15cm（楕円の長いほう） ◆小笠原諸島、種子島以南 ★小さい時は岩盤にキノコのように柄でくっついていますが、成長すると離れて自由生活するようになります。単体性のサンゴです。

いろいろな生き物がくらすサンゴ礁
サンゴ礁の地形は、でこぼこが多く複雑で、さまざまな生き物が生活しやすい環境をつくっています。サンゴにすむ褐虫藻が酸素と栄養を作り出し、動物から植物まで多くの生き物のすみかとなります。

トゲスギミドリイシ
ミドリイシ科 ♠直径100cm ◆小笠原諸島、奄美群島以南 ★比較的波当たりの弱い場所に生息する枝状のサンゴです。夜には、チョウチョウウオ類やテングカワハギが枝のすきまで寝ていることがあります。

豆ちしき 「六放サンゴ類」には、イソギンチャクのなかまもふくまれます。

アザミハナガタサンゴ
オオトゲサンゴ科 ♠直径5〜10cm ◆小笠原諸島、沖縄以南 ★単体性で楕円形をしたサンゴです。とげがたくさんあります。夏に卵と精子の大きな（直径約1cm）かたまりを放出して繁殖します。

ウスチャキクメイシ
サザナミサンゴ科 ♠直径20〜30cm ◆和歌山県以南 ★半球形の塊状の群体で、個々にまるい壁に囲まれた直径1cmほどのサンゴ個体でできています。夜に触手をのばします。

ナガレサンゴ
サザナミサンゴ科 ♠直径30〜40cm ◆小笠原諸島、奄美群島以南 ★塊状の群体の表面は峰と谷でおおわれています。谷は長く、幅が一定で、迷路のように見えます。谷の中には複数のポリプが入っています。

ナガレハナサンゴ
ハナサンゴ科 ♠直径100cm ◆千葉県以南 ★昼間でも群体はのびた触手でおおわれています。触手の先端は三日月形だったりいかり形だったり変化に富みますが、特徴的でほかの種と区別できます。

ミズタマサンゴ
ハナサンゴ科 ♠直径25cm ◆奄美群島以南 ★昼間はふくろ状の「水玉」でおおわれています。これは触手ではなく、夜になると水玉はちぢみ、それにかわって触手がのびて別の種のようなすがたになります。

イボヤギ
キサンゴ科 ♠直径10cm ◆房総半島以南 ★背の低い塊状のサンゴで、表面から筒状のサンゴ個体が出ています。体はオレンジ色で、夜になると黄色やオレンジ色の触手をのばします。日光の直接当たらない場所に生息しています。

ウミカラマツ
ウミカラマツ科 ♠高さ300cmまで ◆本州中部以南 ★水深10〜20mの岩礁にすみます。骨格には、とげがたくさんあり、植物のカラマツの葉のようです。

サンゴをおびやかすもの

多くの生き物がくらすサンゴ礁ですが、いろいろな原因で面積がせまくなったり、サンゴが死んでしまったりすることが問題になっています。

温暖化によるサンゴの白化など

水温が高くなりすぎるなどの原因で、サンゴの中の褐虫藻がいなくなってしまうと、サンゴは「白化」します。褐虫藻のいない状態が長く続くと、栄養が得られず死んでしまいます。このほか、光が強すぎたり、弱すぎたりすることや、人間によって海水が汚れてしまうことなどもサンゴの生息に影響しています。

サンゴを食べるオニヒトデ
オニヒトデはサンゴをとかして食べてしまうサンゴの天敵です。

豆ちしき　サンゴは、昼間は体内の褐虫藻が光合成するのでそこから栄養をもらい、夜になると触手をのばしてプランクトンなどをつかまえて食べます。

◆ 大きさ　◆ 分布　★ おもな特徴など　● 絶滅危惧種　☀ 有毒　※152〜154ページは、六放サンゴ亜綱イソギンチャク目のなかまです。

イソギンチャクとそのなかま❶　Sea Anemone

サンゴのなかまと同じグループの刺胞動物です。体の中心に口があり、囲むようにえさをとるための触手が生えています。

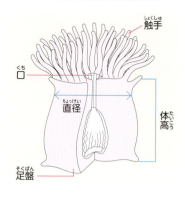
刺胞から針が出たところ

触手
体の中でも多くの刺胞があります。刺胞の毒の針は、えさをとったり、身を守ったりするのに役立ちます。

中心に口がある
触手で小魚や小さなエビのなかまなどをつかまえて口に運んで食べます。まる飲みにして消化されなかった部分は口からはき出します。肛門はありません。

上から見た
ウメボシイソギンチャク

触手・口・直径・体高・足盤

潮が引いているときは、体の中に海水をため、触手をとじてしぼみます。

ウメボシイソギンチャク
ウメボシイソギンチャク科　◆直径2〜3cm　◆本州中部以南　★口からクローンと考えられる小さなイソギンチャクをはき出すことがあります。潮間帯上部の岩についていて、潮が引くと触手をちぢめてまるくなります。

カザリイソギンチャクの一種
カザリイソギンチャク科　◆本州中部以南　★浅い海から少し深い岩礁で見られます。

オヨギイソギンチャク
オヨギイソギンチャク科　◆直径1〜3cm　◆本州中部以南　★触手の長さは3cmほどです。ふだんは海藻にくっついていますが、泳ぐこともあります。

オオイボイソギンチャク
ウメボシイソギンチャク科　◆体高5〜10cm　◆北海道　★体にいぼが多くあり、小石や貝がらのかけらをつけます。

クロガネイソギンチャク
ウメボシイソギンチャク科　◆直径2〜3cm　◆本州中部以北　★潮間帯の岩の割れ目に多くすみ、上のこぶに小石、貝がら、砂つぶをたくさんつけています。

コモチイソギンチャク
ウメボシイソギンチャク科　◆直径2〜3cm　◆本州中部以北　★幼体は親の体内でふ化し、春から夏のあいだ親の体についていて、成長するとはなれていきます。低潮線付近の石につきます。

ミナミウメボシイソギンチャク
ウメボシイソギンチャク科　◆直径2〜3cm　◆本州中部以南　★潮間帯から潮下帯にすんでいて、石の下などにくっついています。触手はとじません。

ヒメイソギンチャク
ウメボシイソギンチャク科　◆直径2cm　◆本州中部以南　★磯で岩の上にくっついていて体に砂つぶなどはつけていません。触手が短い小型のイソギンチャクです。

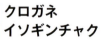 豆ちしき　イソギンチャクのなかまで泳ぐものは一部ですが、岩などにつくイソギンチャクも場所を移動することがあります。

タテジマイソギンチャク

タテジマイソギンチャク科 ♠体高2〜3cm ◆本州以南 ★体にはふつうしまもようがあります。潮間帯の岩のくぼみでよく見られます。

潮が引くと触手をしまいこみます。

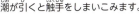

いろいろな色のものがいます。

スナイソギンチャク

ウメボシイソギンチャク科 ♠直径10cm ◆本州中部以南 ★砂から体を上に出しています。触手の刺胞にさされると強く痛みます。

ニンジンイソギンチャク

ウメボシイソギンチャク科 ♠直径5cm ◆本州中部以南 ★根もとのほうが細くなっています。砂や泥の中に深く入って触手だけを砂の上に出しています。

ヒオドシイソギンチャク

ウメボシイソギンチャク科 ♠直径1〜2cm ◆本州中部以北 ★干潮時に水の上に出る岩の上に群れています。触手は60〜80本あり、体には小さい突起がたくさんあります。

ミドリイソギンチャク

ウメボシイソギンチャク科 ♠直径5cm ◆北海道西部以南 ★触手は4cmほどで低潮線付近の岩の割れ目や、岩の間の砂地にすみます。体に小さな緑色のいぼがあります。

ヨロイイソギンチャク

ウメボシイソギンチャク科 ♠直径3cm ◆本州以南 ★磯の岩の上や割れ目にくっついています。体にたくさんいぼがあり、砂や小石や貝がらのかけらなどをつけています。

サンゴイソギンチャク

ウメボシイソギンチャク科 ♠直径15cm ◆本州中部以南 ★クマノミが共生したり、カクレエビなどがついたりすることが多くあります。触手の先がふくらんでまるくなることがあります。

ハタゴイソギンチャク

ハタゴイソギンチャク科 ♠直径30〜60cm ◆奄美群島以南 ★カクレクマノミなどと共生するやや大型のイソギンチャクです。口盤の上には短い触手がたくさん生えています。

グビジンイソギンチャク

ハタゴイソギンチャク科 ♠直径10cm ◆本州中部以南 ★水深10mくらいまでのサンゴ礁や、岩礁のくぼみやみぞについています。いぼのような触手がたくさん並んでいます。口盤のふちには、ふつうの形の触手があります。

サンゴイソギンチャクとクマノミ

153

♠大きさ ◆分布 ★おもな特徴など ●絶滅危惧種 ☀有毒

イソギンチャクとそのなかま❷

イワホリイソギンチャクの一種 ☀
マミレイソギンチャク科 ♠直径5cm ◆本州中部以南 ★潮間帯から潮下帯で岩のくぼみなどにかくれています。

砂の中にもぐっている。

ムシモドキギンチャクの一種 ●
ムシモドキギンチャク科 ♠体長8cm ★砂や泥の中にもぐってくらしています。ムシモドキギンチャクのなかまには、南極の氷の中から見つかった種もいます。

ウスアカイソギンチャク
ウスアカイソギンチャク科 ♠直径2cm ◆本州中部以南 ★体をちぢめても触手が口の部分から少し出ます。ヤギ類などにくっついたり、岩についたりするものがいます。

ベニヒモイソギンチャク
クビカザリイソギンチャク科 ♠体高3〜4cm ◆本州中部以南 ★ソメンヤドカリなどがせおう巻貝の上につきます。刺激をうけると「やり糸」を出します。

ニチリンイソギンチャク
ニチリンイソギンチャク科 ♠直径15cm ◆本州中部以南 ★潮間帯あたりの浅い海で、岩の割れ目などについています。口盤に放射状にならんだ96本の触手には、たくさんの突起があります。

イソギンチャクのなわばり争い

写真は、左のイソギンチャクが、アクロラジ（白く見える攻撃用の器官）をふくらませて右のイソギンチャクを攻撃しているところです。アクロラジをおしあてられたイソギンチャクは、触手をひっこめてちぢまってしまいました。

LIVE情報 イソギンチャクやサンゴとくらす生き物

イソギンチャクやサンゴに身を寄せたり、体にくっつけたり、いっしょに生活する生き物はたくさんいます。イソギンチャクやサンゴの刺胞で身を守っていると考えられています。

ヤドカリ　イソギンチャクをつけたヤドカリ
ヨコスジヤドカリなどはせおった貝がらにイソギンチャクをつけていて、貝がらを移るときにはイソギンチャクもつけかえます。

イソバナにすむイソバナガニ
イソバナによくにた色のイソバナガニがついています。色をにせて（擬態）、身をかくすのにも役立っています。

イソギンチャクににたなかま

この図鑑では、イソギンチャクは「六放サンゴ亜綱イソギンチャク目」のものをさしています。このほか、見た目がイソギンチャクによくにているため、イソギンチャク類としてあつかわれることもある、スナギンチャク目、ハナギンチャク目、ホネナシサンゴ目を紹介します。

ムラサキハナギンチャク ☀
ハナギンチャク目ハナギンチャク科 ◆触手を広げたときの直径約30cm ◆本州中部以南 ★触手は紫色から黒っぽい紫色です。砂や泥を粘液でかためて管をつくった中にうもれています。

ヒメハナギンチャク
ハナギンチャク目ハナギンチャク科 ◆触手を広げたときの直径20cm ◆本州中部以南 ★水深5～30mの砂や石ころのあるようなところにすみます。ムラサキハナギンチャクより小さく、触手に白いたての線があることで区別できます。

センナリスナギンチャク
スナギンチャク目センナリスナギンチャク科 ◆個虫の直径3mm、高さ5mm ◆本州中部以南 ★浅い海の底にふつうに見られます。スダレガヤについて群体がおおいつくすこともあります。

（個虫）

マメホネナシサンゴの一種
ホネナシサンゴ目ホネナシサンゴ科 ★見た目はイソギンチャクのようですが、体の中のつくりはかなりちがっています。

コイワイソギンチャクモドキの一種
ホネナシサンゴ目コイワイソギンチャクモドキ科 ★サンゴ礁をつくるイシサンゴに近いなかまですが、骨格をもたず、見た目はイソギンチャクのようです。

分類のしかた
この図鑑では「サンゴのなかま」、「イソギンチャクとそのなかま」を右のように分けて紹介しています。

- ●八放サンゴ亜綱
  - ・アオサンゴ目
  - ・ウミトサカ目
  - ・ウミエラ目 → 148～151ページ サンゴのなかま
- ●六放サンゴ亜綱
  - ・ツノサンゴ目
  - ・イシサンゴ目
  - ・スナギンチャク目
  - ・イソギンチャク目
  - ・ホネナシサンゴ目 → 152～155ページ イソギンチャクとそのなかま
- ●ハナギンチャク亜綱
  - ・ハナギンチャク目

イソギンチャクをもってくらす キンチャクガニ
イソギンチャクがキンチャクガニのはさみにはさまれています。何のためにイソギンチャクを持っているかは、よくわかっていません。

イソギンチャクにすむ バルスイバラモエビ
バルスイバラモエビのようなカクレエビのなかまにはイソギンチャクの中にかくれているものが多くいます。

155

▲大きさ ◆分布 ★おもな特徴など ☀有毒

クラゲとそのなかま❶

Jelly Fish（クラゲ）

刺胞動物の中で、水中で生活し、生殖巣が発達して子孫を残す役割をもつすがたを一般にクラゲと呼んでいます。クラゲは、鉢虫類、ヒドロ虫類、箱虫類に見られますが、それらのあいだで、すがた形や、そのつくられ方などが異なっています。

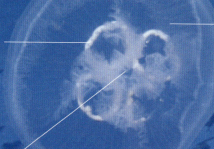

直径・胃・かさ・かさの高さ・触手・口・口腕

❶鉢虫類

ミズクラゲをはじめ、大きくて肉厚なかさをもつなかまです。かさを開いたりとじたりして泳ぎます。

ゼリーのように、やわらかく弾力のある体です。

生殖巣

触手
クラゲは、触手にある刺胞を使ってえさをつかまえます。

口
かさの下側のまん中に口が開いています。口は肛門でもあるため、食べかすは口からはき出されます。

ミズクラゲ
ミズクラゲ科 ▲直径15〜30cm ◆北海道南西部〜九州 ★日本ではいちばんよく見るクラゲで、ときどき大発生することがあります。口腕は4本で、短い触手がかさのふちにたくさんあります。かさの上に見える馬蹄型の部分は生殖巣です。

アマクサクラゲ ☀
オキクラゲ科 ▲直径6〜10cm ◆本州中部以南 ★平べったいかさのふちから16本の触手がのびています。かさや触手には毒の強い刺胞があるため、さされると危険です。

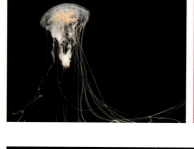

ユウレイクラゲ ☀
ユウレイクラゲ科 ▲直径15〜30cm ◆本州中部以南 ★透明か白のかさから複雑に折り重なったリボン状の口腕が4本のびています。

3Dで見てみよう ミズクラゲ

アカクラゲ ☀
オキクラゲ科 ▲直径15〜30cm ◆本州〜台湾 ★おわん型のかさの表面に褐色の太いすじが16本あります。春から夏に沿岸で見られますが、かさのふちからのびている触手にある刺胞の毒が強く、さされるととても痛みます。

クラゲのでき方（ミズクラゲのなかまの場合）

1個の卵からたくさんのクラゲができます。卵から育った「プラヌラ幼生」は、岩などにくっついて「ポリプ」になります。ポリプは、自分の分身をたくさんつくります。ポリプは時期がくるとたて長にのび、たくさんのくびれができた「ストロビラ」になった後、そのくびれがひとつずつ「エフィラ」となって泳ぎ出します。エフィラはえさを食べながら成長し、しだいにクラゲのすがたになります。一方、エフィラがすべて泳ぎ出した後に残った部分から触手がのびてきて、再びポリプとしての生活が始まります。

プラヌラ幼生 → ポリプ → ストロビラ → エフィラ → メタフィラ → クラゲ

🟢豆ちしき 体のつくりやクラゲのつくり方などのちがいで「鉢虫類（156〜157ページ）」「ヒドロ虫類（158〜159ページ）」「箱虫類（160ページ）」に分類されています。

エチゼンクラゲやタコクラゲ、ムラサキクラゲ、エビクラゲ、イボクラゲのなかまは、口腕のところに「吸口」とよばれる小さな口がたくさん開いていて、そこから小さな動物プランクトンなどを食べています。

食用になるクラゲ「エチゼンクラゲ」

みょうばんなどにつけて水分をぬき、加工します。こりこりした食感で、中華料理によく使われます。

エチゼンクラゲ

ビゼンクラゲ科 ♠直径100cm ◆北海道西岸〜中国 ★たいへん大型のクラゲで重さが150kgにもなります。かさが食用にされています。大発生して定置網などに引っかかり、漁業に影響をおよぼすことがあります。

エビクラゲ

イボクラゲ科 ♠直径10〜25cm ◆本州中部以南 ★かさの上に小さな突起がありでこぼこしています。口腕に小さなエビがついていることがあります。

見てみよう タコクラゲ

タコクラゲ

タコクラゲ科 ♠直径10〜20cm ◆本州中部以南 ★暖かな海で見られるクラゲで全体が茶色です。体が茶色なのは体内に褐色の藻類が共生しているからです。タコクラゲは共生藻がつくるエネルギーも使って成長します。

ムラサキクラゲ

タコクラゲ科 ♠直径9〜12cm ◆本州中部以南 ★夏に見られる紫色のクラゲです。口腕は8本あります。

イボクラゲ

イボクラゲ科 ♠直径30cm ◆本州中部以南 ★エチゼンクラゲににていますが、かさの上に大きな突起があります。

イラモ

エフィラクラゲ科 ♠高さ1cm ◆本州中部以南 ★エフィラクラゲ科のポリプをイラモといいます。大きな群体をつくり、岩などにつき、触手を出しています。触手には毒の強い刺胞があり、さわると危険です。

ポリプ

群体とは

刺胞動物のポリプには、自分の分身をつくるものが多くいます。その分身どうしがつながって、ひとつの生き物として生活している場合があります。このように分身どうしがつながって生きている状態を「群体」といいます。

豆ちしき 刺胞動物のクラゲは、ほとんどの場合、ポリプからつくられます。

凡例: ♠大きさ ♦分布 ★おもな特徴など ☀有毒

クラゲとそのなかま❷

ヒドラの一種
ヒドラ科 ♠体長1mm ★淡水にすみ、クラゲを出さないヒドロ虫です。ミジンコなどを食べます。

ヒドラの分身づくり
この突起は、ポリプに成長し、はなれていきます。このような分身づくりを無性生殖といいます。

❷ヒドロ虫類
ヒドロ虫の「ポリプ」は、無性生殖でできた分身どうしが、たがいにつながって群体をつくるものが多くいます。群体には植物のように見えるものもあります。ヒドロ虫には淡水にすむものもいます。

クラゲのでき方（ヒドロ虫のなかまの場合）
プラヌラ幼生からすがたを変えたポリプは、繁殖期になると種によって体に卵や精子の入ったふくろをつくるものと、クラゲをつくるものがあります。クラゲをつくる場合、ポリプの胴部にクラゲの芽ができ、やがて成長してクラゲとなってはなれていきます。

ポリプ／クラゲ芽／クラゲ

ベニクダウミヒドラ
クダウミヒドラ科 ♠高さ3cm ♦本州中部以南 ★浅い海で、アマモなどの海草のほかに漁網などにもつく場合があります。クラゲを出さないヒドロ虫です。

オオタマウミヒドラ
オオタマウミヒドラ科 ♠ポリプの長さ2cm、クラゲの直径1cm ♦日本各地 ★ポリプは浅い海の岩などについています。クラゲをつくるヒドロ虫で、クラゲはかさのふちに4本の触手があります。

ハネウミヒドラ ☀
ハネウミヒドラ科 ♠高さ10cm ♦本州中部以南 ★浅い海の岩場にすみ、樹状の群体をつくります。1本の幹から規則的に出た枝の上にうすい紅色のポリプが並んでいます。ふれるとさされ、赤くはれます。

センナリウミヒドラ
ヤギモドキウミヒドラ科 ♠高さ15cm ♦北海道以南 ★水深数m〜数十mの海底の岩の上についています。幹は太くしっかりとしているので、八放サンゴのヤギ類とまちがえられることがあります。

イガグリガイ
ウミヒドラ科 ♠高さ2mm ♦北海道南部〜本州中部 ★イガグリホンヤドカリのすむ巻貝の上につき、ヤドカリの成長にあわせて黒褐色の骨格をつくっていきます。

カイウミヒドラ
ウミヒドラ科 ♠高さ2mm ♦本州中部以南 ★巻貝のシワホラダマシのからの上をおおうようにつきます。小さなポリプがたくさん並びます。

エダアシクラゲ
エダアシクラゲ科 ♠直径3mm ♦北海道〜本州中部 ★つりがねのようなかさのふちから、枝分かれした触手がのびている小さなクラゲです。ホンダワラなどの海藻につきます。本州中部以南に形がよくにた別種がいます。

カミクラゲ
カミクラゲ科 ♠直径6cm ♦本州以南 ★ヒドロ虫としては大きなクラゲです。たくさんの触手が髪の毛のように見えることから名づけられたといわれています。日本からしか見つかっていないクラゲです。

ヒドラの名前の由来は？
ギリシア神話に、ヒュドラという海へびが出てきます。9の頭をもち、頭を1つ切ると、2つ生えてくる怪物です。たくさん枝分かれしているすがたから、ヒドラの名がつけられました。

豆ちしき　ヒドロ虫のクラゲには、小型でかさが透明なものが多いのが特徴です。

158

シロガヤ ☀
ハネガヤ科 ♠高さ15m ◆本州以南 ★岩の上でよく見られます。1本の幹から左右に枝を出して群体をつくります。このなかまに、色のちがうクロガヤやアカガヤがいます。いずれもさわるとさされて赤くはれます。

ギヤマンクラゲ
マツバクラゲ科 ♠直径3～4cm ★かさがガラスのように透明なのでこの名前がつけられました。かさのふちからは長い触手がたくさんのびています。

オワンクラゲ
オワンクラゲ科 ♠直径20cm ◆日本各地 ★クラゲはヒドロ虫類の中で最大です。浅いおわん型のかさのふちからたくさんの短い触手がのびています。緑色蛍光タンパク質をもち、刺激をうけるとかさのふちが緑色に光ります。

カギノテクラゲ ☀
ハナガサクラゲ科 ♠直径2cm ◆日本各地 ★海藻や海草の上にすむ小型のクラゲで、強い毒をもちます。

マミズクラゲ
ハナガサクラゲ科 ♠直径2cm ◆日本各地 ★あまり流れのない池や湖などの淡水で見られる小型のクラゲです。ミジンコなどのプランクトンを食べます。

ハナガサクラゲ ☀
ハナガサクラゲ科 ♠直径5～10cm ◆本州中部以南 ★4月ごろになると沿岸で見られるようになります。カラフルな触手が目立ちます。毒の強い刺胞で、小魚などをしとめます。

ツヅミクラゲ
ツヅミクラゲ科 ♠直径2～5cm ◆中部太平洋岸 ★触手は4～5本あります。冬から春に浮遊しています。

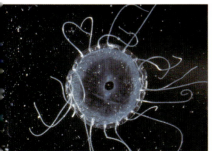

ニチリンクラゲ
ニチリンクラゲ科 ♠直径3～7cm ◆本州中部太平洋岸 ★日輪（太陽）のような形のクラゲです。かさの直径よりも長い触手が、20本以上あります。冬から春にたくさん集まっているようすが見られます。

カラカサクラゲ
オオカラカサクラゲ科 ♠直径3cm ◆日本各地 ★長い口柄が傘の柄のように見えることから名前がつきました。

豆ちしき　「緑色蛍光タンパク質」をオワンクラゲから発見した下村脩博士は、2008年にノーベル化学賞を受賞しました。

♠大きさ ◆分布 ★おもな特徴など ☀有毒

クラゲとそのなかま❸

クラゲとそのなかま(刺胞動物)

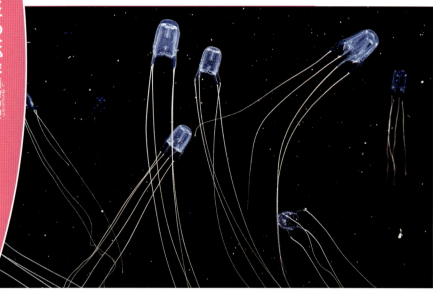

❸箱虫類
アンドンクラゲ、ハブクラゲなどは箱虫類のクラゲです。箱のような形のかさの4つのすみから触手がのびています。かさをのびちぢみさせて泳ぎます。

クラゲのでき方（アンドンクラゲの場合）
鉢虫類と同じように、プラヌラ幼生はポリプになります。しかし、箱虫類の場合、鉢虫類と異なり、1つのポリプがすっかり1つのクラゲに変わって（変態して）泳いでいきます。

幼クラゲ
クラゲに変態中
ポリプ

アンドンクラゲ ☀
アンドンクラゲ科 ♠かさの高さ3cm ◆北海道西部以南 ★とても長い触手を4本もち、毒の強い刺胞を使って小魚などをつかまえて食べます。お盆のころ、繁殖のためにたくさん沿岸に現れます。体が透明なため、泳いでいるときに知らずにさされて危険な目にあうこともあります。

ハブクラゲ ☀
ネッタイアンドンクラゲ科 ♠直径10cm ◆南西諸島 ★猛毒をもつヘビ「ハブ」にたとえられ、強い毒をもち、人がさされると死ぬこともあります。成長すると触手は1m以上になります。海の中で見つけにくい透明の体です。

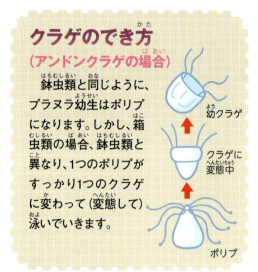

刺胞
刺胞は、毒液がつまったカプセルで、中にしまいこまれた針が外からの刺激で発射されると、毒液を注射するしくみです。えさをつかまえたり、身を守ったりするのに使われます。

えさの体　針

クラゲと名前がつくけれど…
名前に「クラゲ」とついているのに、実はそのすがたはポリプの群体である「ヒドロ虫」がいます。

ヨウラククラゲ
ヨウラククラゲ科 ♠体長15cm ◆黒潮海域 ★細長いつつのような形で、上半分にクラゲのかさのような泳ぐための器官があり、下半分にはえさを食べたり、繁殖するためのポリプが並んでいます。

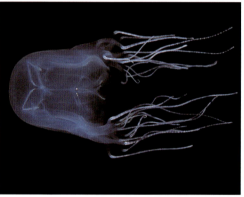

ギンカクラゲ
ギンカクラゲ科 ♠直径4cm ◆黒潮海域 ★外洋の水面をただよって生活していて、沿岸に近寄ってくるときもあります。銀貨のようなまるい気胞体からのびているのは防御用のポリプです。小さなクラゲを出して繁殖を行います。

カツオノエボシ（デンキクラゲ）☀
カツオノエボシ科 ♠直径13cm、触手の長さ数m ◆温帯・熱帯海域 ★気胞体が烏帽子の形なのでこの名がつきました。気胞体の下には、えさを食べたり、繁殖したり、防御したりするためのポリプがたくさんのびています。このヒドロ虫はクラゲを出しません。

カツオノカンムリ
カツオノカンムリ科 ♠直径5cm ◆本州中部以南 ★気胞体の上が三角の形をしています。ヨットのように、これに風を受けて水面を移動します。

豆ちしき　カツオノエボシは、海岸に打ち上げられていることもありますが、さわると危険です。デンキクラゲとよばれることもあります。

クシクラゲのなかま （有櫛動物）

🔹大きさ　◆分布　★おもな特徴など

クシクラゲのなかまは、有櫛動物とよばれ、刺胞がありません。体の表面に、細かい毛（せん毛）がくし（櫛）の歯のようにならんだ櫛板を8枚もち、それを動かして泳ぎます。

光を反射する「櫛板」
細かい毛が並んでいて、これを動かして泳ぎます。

フウセンクラゲ
テマリクラゲ科　🔹体長1.5～4.5cm　◆日本各地　★風船のような形をしています。2本の長い触手にあるねばねばした細胞でえさをつかまえて食べています。

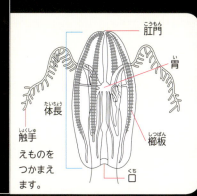

えものをつかまえます。

ウリクラゲ
ウリクラゲ科　🔹体長5～15cm　◆日本各地　★泳ぎながら大きな口を開けて、ほかのクラゲをまるのみして食べます。

アミガサクラゲ
ウリクラゲ科　🔹体長6cm　◆本州中部以南　★体の中にある枝分かれする管が、あみ目状になっているので、この名がつきました。

オビクラゲ
オビクラゲ科　🔹体長100cm　◆黒潮海域　★体は帯のように平たく長く、透明です。体をくねらせて泳ぎます。

カブトクラゲ
カブトクラゲ科　🔹体長10cm　◆黒潮海域　★体の下の両側に大きなつばさのようなでっぱりがあり、かぶとのような形をしています。

豆ちしき　クシクラゲは、発光するのではなく、櫛板に光が当たることで虹色に光って見えます。

LIVE情報 海の赤ちゃん大集合！

水の生き物の中には、こどもはまったくちがったすがたをしたものがいます。多くは小さくて、すき通った体で、海の中で浮いてくらしています。

海の小さなモンスターたち

ヘイケガニのなかま
4本のとげが目立つゾエア幼生です。同じヘイケガニのなかまでも、ゾエア幼生のすがたはいろいろです。

セミエビのなかま
平たくまるい体に長いあしをしています。フィロソーマ幼生とよばれます。

ヘイケガニのなかま
前後に長くのびたつのをもつヘイケガニのなかまのゾエア幼生です。

アサヒガニのなかま
ゾエア幼生（左）と稚ガニ（右）。同じなかまのこどもでも、すがたがちがいます。

シャコのなかま
幼生を上から見たところ。尾の形は、おとなににています。

ヤドカリのなかま
グラウコトエ幼生とよばれます。おとなに近いすがたですが、巻貝に入るのはもう少し大きくなってからです。

エボシガイのなかま
おとなになったら岩にくっついてくらしますが、こどものころはふわふわと海をただよいます。

カニダマシのなかま
おどろくほど長いいつのが特徴のゾエア幼生です。

イカのなかま
体に見える色のつぶは、色を変えるための細胞です。

ハナギンチャクのなかま
イソギンチャクのなかまも赤ちゃんはただよってくらします。そうしてくらす場所を広げています。

タコのなかま
イカやタコはおとなとにたすがたです。小さくても吸盤がはっきりわかります。

巻貝のなかま
貝も赤ちゃんのときは泳いでくらしています。4本の長い突起で海をただよい、移動します。

ウミウシのなかま
体のまわりの、うねうねとした部分に波を受けて海中をただよいます。

成長するとすがたが変わる

水の生き物たちの中には成長しながらすがたを変え、その段階ごとにそれぞれ名前がつけられていることがあります。

アカテガニの成長

稚ガニ 小さいですがおとなと同じすがたで、海底でくらします。脱皮をくり返して大きくなっていきます。

卵とゾエア幼生 卵が海中にたくさん放出されふ化します。ゾエア幼生は、長いとげが目立ちます。

メガロパ幼生 だいぶカニらしいすがたになり、海中をただよってくらします。

セミエビの成長

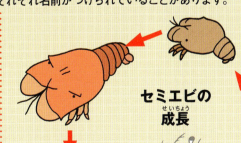

稚エビ おとなと同じようなくらしをして、脱皮をしながら大きくなります。

卵 海中にたくさん放出されふ化します。

フィロソーマ幼生 平たく、長いあしをしています。ただよってくらします。

プエルルス幼生 おとなにすがたがにてきます。海中をただよってくらします。

棘皮動物　ヒトデ・ウニ・ナマコのなかまなど

棘皮動物の体の形は種ごとにさまざまで、多くは体が革のようにじょうぶな皮ふでおおわれていたり、とげのあるからをもっていたりします。卵からふ化した幼生は、親とは異なるすがたで、プランクトンとして生活します。

幼生は成長すると海底におり、変態して親の形になります。体の中には水管という管がめぐっていて、中に取り入れた海水を、呼吸や体を動かすために使います。

かたいからととげ

ウニのなかまは、体がかたいからでおおわれ、たくさんのとげが生えています。皮ふからのびる管足という器官で、海底や海藻の上などをはいまわります。

- ヒトデのなかま　166ページ
- クモヒトデのなかま　168ページ
- ウニのなかま　170ページ
- ナマコのなかま　174ページ
- ウミユリのなかま　176ページ

ムラサキウニ

磯の潮間帯から浅い場所にすんでいて、海藻などを食べます。食用にされています。

本当の大きさです

放射相称の体
体の形は、体のじくから星形の先に向けてのばした線で切ると、同じ形が5つできるつくり（5放射相称）になっています。

腹側に口がある
ヒトデのなかまとクモヒトデのなかま、ウニのなかまでは、腹側の中心に口があります。ウニやクモヒトデは口に歯があり、一部のヒトデは口から胃を裏返しに出し、えものを包みこんで消化します。

吸盤のある管足
ヒトデのなかまとウニのなかまは、管足の先が吸盤になっていて、物に吸いついたり、物をつかんだりできます。管足は、帯のようにかたまって生えています。

イトマキヒトデ
磯などでもふつうに見られるヒトデです。ヒトデのなかまはふだんは腹側を下にしています。

体の前側にある口
ナマコのなかまは、口が体の前側にあり、肛門が体の後ろ側にあります。

マナマコ
潮間帯から沿岸の海底にすんでいて、砂や泥を食べて、中にふくまれる海藻のかけらや小さな生物を消化します。

吸盤のある管足
管足は水管の末端にあたり、中の水圧の変化によって、物に吸いついたり、はなれたりすることができます。

のびちぢみする体
ナマコのなかまは、かたいからはなく、とても小さな骨片という骨のかけらが体の中にうもれています。皮ふがやわらかく、体はかなりのびちぢみします。

165

ヒトデのなかま① Sea Star

♠大きさ（中心からうでの先までの長さ）　◆分布　★おもな特徴など　❋有毒

星やもみじのような形のヒトデは、日本近海に約300種いるといわれています。体は小さな骨がかごのように組み合わさってできています。ふだん下にしているほうが腹側で、真ん中に口があります。

イトマキヒトデ

うでに管足がある
うでの下側には管足という細い突起が並んでいます。先には吸盤があり、これを動かして岩の上を移動したり、貝のからを開いたりします。

口から胃を出して食べる
腹側の管足の集まる中央に口があります。貝や死んだ魚を管足でつかまえると、胃ぶくろを口から出してえものをおおって消化します。食べ終わると胃は腹の中にしまわれます。

見てみよう イトマキヒトデ

中心からうでの先　うで

スナヒトデ
スナヒトデ科 ♠20cm ◆北海道〜東シナ海 ★砂や泥の浅い海底にすみます。うでは細長く、太く黒いすじが入る場合もあります。

ヤツデスナヒトデ
スナヒトデ科 ♠25cm ◆本州中部以南、西太平洋、インド洋 ★砂や泥の浅い海底にすむ大型のヒトデです。うでの数は7〜10本になり、ほかのヒトデをおそって食べることもあります。

モミジガイ ❋
モミジガイ科 ♠6cm ◆北海道〜九州 ★砂や泥の浅いところによく見られます。体は青っぽい灰色、赤茶色などがあります。体内にフグ毒をふくむことがあります。

ハダカモミジ
モミジガイ科 ♠6cm ◆本州中部〜九州 ★水深10m〜数百mの海底の泥の上にすみます。上面は赤色で、うでにはとげがほとんどありません。

こどもを守るヒトデ

北日本にすむコモチモミジは、こどもが大きく成長するまで、体上面にこどもをつけて守ります。

こどもをつけています。

トゲモミジガイ ❋

モミジガイ科 ♠10cm ◆本州中部以南、西太平洋、インド洋 ★砂や泥の浅い海底にすみ、うでの側面にはするどく長いとげがあります。体内にフグ毒をふくむことがあります。

ジュズベリヒトデ
ゴカクヒトデ科 ♠4cm ◆相模湾以南、西太平洋、インド洋 ★サンゴ礁にすみます。体の上面中央と、うでの先があざやかな赤色で、ほかはあざやかな黄色です。

ヒトデのなかま（棘皮動物）

豆ちしき　ヒトデのなかまは、再生する力が強く、うでがちぎれてもまた生えてきます。

うでの先にある赤い眼点というかんたんな作りの目で、明るさやあらい像が分かります。

イトマキヒトデ
イトマキヒトデ科 ♠7cm ◆北海道～九州、朝鮮半島 ★磯で最もふつうに見られるヒトデです。全体が五角形の「糸まき」のような形で、青緑色の体に赤いもようがあります。

ヌノメイトマキヒトデ
イトマキヒトデ科 ♠1cm ◆本州中部～九州、朝鮮半島南部 ★磯の石の下にすんでいます。形はイトマキヒトデににていますが小型です。

オニヒトデ
オニヒトデ科 ♠30cm ◆紀伊半島以南、西太平洋、インド洋 ★サンゴ礁にすみ、サンゴを食べあらします。全身に生えた、長くするどいとげには強い毒があります。

コブヒトデ
コブヒトデ科 ♠20cm ◆奄美群島以南、西太平洋、インド洋 ★暖かい海のアマモが生える砂地によく見られます。体の上面に大きな円すい形の突起があります。

マンジュウヒトデ
コブヒトデ科 ♠15cm ◆紀伊半島以南、西太平洋、インド洋 ★サンゴ礁の砂地にすんでいます。全体がまるくふくらんだ五角形の箱のような形です。表面はざらざらしてかたく重みがあります。

カワテブクロ
コブヒトデ科 ♠15cm ◆紀伊半島以南、西太平洋、インド洋 ★サンゴ礁にいます。太く短いうでは先が白っぽく、まるいグローブのような形です。だいだい色のもようが一面にあります。

オニヒトデの天敵ホラガイ
巻貝のなかま、ホラガイはオニヒトデを食べます。

ルリイロモザイクヒトデ
コブヒトデ科 ♠12cm ◆沖縄諸島、西太平洋、インド洋 ★日本では、沖縄の水深100mの海底からはじめて発見されました。口のまわりが美しい青色の板でふちどられています。

腹側
上側
口

アカヒトデ
ホウキボシ科 ♠10cm ◆本州中部以南、東シナ海 ★磯の石の下や水深10mまでの岩場にすみます。体は朱色で目立ちます。うでの中に小さな巻貝がすんでいることがあります。

リュウグウサクラヒトデ
コブヒトデ科 ♠17cm ◆沖縄諸島、西太平洋 ★沖縄やパラオなどの水深60～210mの海底からわずかに採集されているめずらしい種です。体内にはほとんど骨がありません。

見てみよう アカヒトデ

日本最大のヒトデ

日本南岸の深いところにすむダイオウゴカクヒトデは、中心からうでの先までが40cm以上になる日本最大のヒトデです。

アオヒトデ
ホウキボシ科 ♠20cm ◆紀伊半島以南、西太平洋、インド洋 ★サンゴ礁の砂地にすむ美しい青色のヒトデです。体がだいだい色になる個体もあります。うでは細長く、先はまるみをおびています。

オオアカヒトデ
ホウキボシ科 ♠25cm ◆房総半島以南、西太平洋、インド洋 ★岩礁やサンゴ礁のやや深いところにすんでいます。うでは非常に細長く、黄色の地に、朱色や赤のもようがあります。

豆ちしき ヒトデは、えさのいる場所がにおいなどでわかります。えさのところに近づくと体をおおいかぶせてつかまえます。

ヒトデのなかま❷

♠大きさ（中心からうでの先までの長さ） ◆分布 ★おもな特徴など

ルソンヒトデ
ルソンヒトデ科 ♠9cm ◆四国以南、西太平洋、インド洋 ★サンゴ礁でふつうに見られます。うでの数は4～7本で、ほとんどの場合、長さがそろっていません。

フサトゲニチリンヒトデ
ニチリンヒトデ科 ♠6cm ◆日本海、本州中部以北の北太平洋、北大西洋 ★冷たい海にすんでいます。うでの数は8～16本で、上面にはふさ状のとげが生えています。

マヒトデ
マヒトデ科 ♠15cm ◆北海道～九州、朝鮮半島、オーストラリア ★砂や泥の浅い海底にすみ、大発生することがあります。体の色は黄色の場合と、赤紫色のもようが入る場合があります。

ヤツデヒトデ
マヒトデ科 ♠7cm ◆本州中部以南、東シナ海 ★磯の石の下でよく見られます。うでの数は7～10本で長いとげがあります。分れつして増えることができます。

ニッポンヒトデ
マヒトデ科 ♠25cm ◆北海道～本州中部、朝鮮半島 ★浅い海の岩場や砂地にすむ大型のヒトデです。黒みをおびた体には、うすい黄色のとげがたくさん生えています。

タコヒトデ
マヒトデ科 ♠25cm ◆北海道～本州北部、朝鮮半島 ★冷たく浅い海の岩場にすんでいます。体は赤紫色や赤茶色で、細長いうでは20～40本ほどになります。

エゾヒトデ
マヒトデ科 ♠10cm ◆北海道～本州中部、朝鮮半島 ★水深100mくらいまでの岩場で見られます。体は赤みをおびた茶色で、うでは根もとから切れやすくなっています。

クモヒトデのなかま　Brittle Star

♠大きさ（盤径） ◆分布 ★おもな特徴など

見てみよう チビクモヒトデ

クモヒトデのなかまは、基本はうでの数が5本で管足に吸盤がありません。うでをくねらせて移動します。体の下側の中央に口があり、肛門はありません。

細長いうで
うでをくねらせて動いたり、うでで細かいえさを集めて食べたりします。

ニホンクモヒトデ

うで / 盤径 / 盤

オキノテヅルモヅル
テヅルモヅル科 ♠10cm ◆日本海、北海道以北の冷水域 ★日本周辺では深海にすんでいます。たくさんに枝分かれしたうでをふって、動物プランクトンをとらえて食べます。

チビクモヒトデ
チビクモヒトデ科 ♠0.4cm ◆本州中部以南の温帯、熱帯海域 ★浅い海の岩やサンゴ、カイメンのすきま、海藻の根もとについています。うでが6本の小型のクモヒトデです。

ナガトゲクモヒトデ
トゲクモヒトデ科 ♠1cm ◆日本海、房総半島以南、西太平洋、インド洋 ★浅い海の石の下やサンゴのすきまにすんでいます。盤やうでが、とげでおおわれています。

ウデナガクモヒトデ
トゲクモヒトデ科 ♠1cm ◆房総半島以南、西太平洋、インド洋 ★暖かく浅い海の石の下にすんでいます。うでは非常に長く、盤径の20倍にもなります。

オオクモヒトデ
アワハダクモヒトデ科 ♠5cm ◆紀伊半島以南、西太平洋、インド洋 ★暖かい海にすむ大型の種です。体の色は赤や灰色など変化に富みます。

アカクモヒトデ
フサクモヒトデ科 ♠2cm ◆相模湾以南、西太平洋、インド洋 ★磯の岩の下などにひそんでいます。全身が赤色で目立ちます。

ウデフリクモヒトデ
フサクモヒトデ科 ♠2cm ◆奄美群島以南、西太平洋、インド洋 ★サンゴ礁の浅瀬でふつうに見られます。岩の割れ目にひそんでいて、3本のうでをふりまわしてえさを集めます。

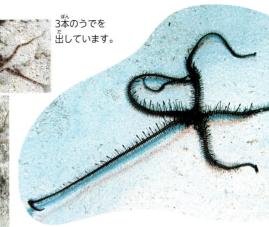

3本のうでを出しています。

オニクモヒトデ
フサクモヒトデ科 ♠2cm ◆奄美群島以南、西太平洋、インド洋 ★サンゴ礁にすんでいます。うでの中でいちばん長いとげは、先がふくらんで、こんぼうのようになります。

ワモンクモヒトデ
クモヒトデ科 ♠3cm ◆奄美群島以南、西太平洋、インド洋 ★サンゴ礁にすんでいます。盤には星形やリング状の黒いもようがあり、うでにも黒いしまもようがあります。

ニホンクモヒトデ
クモヒトデ科 ♠2cm ◆日本海、房総半島〜奄美群島 ★磯の石の下などに最もふつうに見られるクモヒトデです。うでにしまもようがあり、盤の表面は小さなうろこでおおわれています。

キタクシノハクモヒトデ
クモヒトデ科 ♠2cm ◆日本海、三陸以北の冷水域 ★冷たい水を好み、日本周辺では深さ200〜500mの砂や泥の海底に大量にいます。

豆ちしき　クモヒトデには卵を体の中でこどもになるまで育てる種類がいます。

ウニのなかま ① Sea Urchin

♠大きさ ◆分布 ★おもな特徴など ●絶滅危惧種 ☀有毒

ウニのなかまには、からのまわりにたくさんのとげと、あしの役目をする、先が吸盤の形をした管足があります。日本各地のいろいろな海で見られ、食用にもされています。

肛門 — 体の上側、中心にあります。
↑ガンガゼの肛門です。
とげと管足
口 — 体の下側、中心にあります。
アオスジガンガゼ

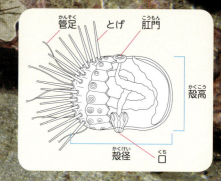
管足 とげ 肛門 殻高 殻径 口

バクダンウニ

オウサマウニ科 ♠殻径6cm、とげの長さ7cm ◆小笠原諸島、南西諸島以南、インド洋 ★サンゴ礁にすみます。太く長いとげの間に小さなとげがあり、からをおおっています。

マツカサウニ

オウサマウニ科 ♠殻径2cm、とげの長さ2cm ◆紀伊半島・伊豆諸島以南、西太平洋、インド洋 ★とげは棒状です。昼間は岩の下などにかくれていて、夜になるとはい出してきます。岩についた海藻やカイメンなどを食べます。

ノコギリウニ

オウサマウニ科 ♠殻径5cm、とげの長さ10cm ◆相模湾以南、西太平洋、インド洋 ★熱帯地方ではサンゴ礁にすみ、本州〜九州の沿岸では少し深いところにすみます。

根もとがのこぎり状。

フシザオウニ

オウサマウニ科 ♠殻径3cm、とげの長さ3cm ◆紀伊半島・八丈島以南、西太平洋、インド洋 ★とげの表面にこぶ状の節があります。夜行性です。

ガンガゼ ☀

ガンガゼ科 ♠殻径6〜7cm、とげの長さ20cm ◆相模湾以南、西太平洋、インド洋 ★サンゴ礁や少し深い海にもいる大型のウニで、細長いとげに毒があります。海藻や魚の死がいなどを食べる雑食性です。

ガンガゼモドキ ☀

ガンガゼ科 ♠殻径10cm、とげの長さ15cm ◆紀伊半島以南、西太平洋、インド洋 ★ガンガゼににていますが、とげが青みを帯びて黒く、波当たりの強い場所にすみます。

トックリガンガゼモドキ ☀

ガンガゼ科 ♠殻径10cm、とげの長さ15cm ◆紀伊半島以南、西太平洋、インド洋 ★ガンガゼににていますが、とげが少し太短くてとがっておらず、肛門がとっくりのようにふくれて白っぽくなっています。
とげはしましまや真っ黒のものまで

見てみよう ガンガゼ

イイジマフクロウニ ☀

フクロウニ科 ♠殻径13cm、とげの長さ1〜3cm ◆相模湾〜東南アジア ★水深20mくらいの岩場にすみます。大型で、からがやわらかくふくろのようになっています。とげには猛毒があり、ふれると危険です。

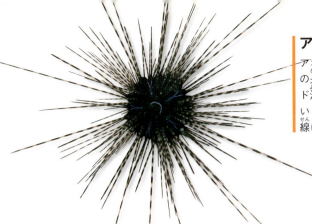

アオスジガンガゼ
アオスジガンガゼ科 ♠殻径5〜6cm、とげの長さ20cm ◆相模湾以南、西太平洋、インド洋 ★ガンガゼににていますが、肛門が黒いことで区別できます。からの表面の青い線ははっきりしないこともあります。

とてもかたいから

毒に注意！
ガンガゼ、ラッパウニなど、ウニのとげはするどいだけでなく、毒があるものが多くいます。さされると大変危険なので、海で遊ぶときなどは注意しましょう。

とげがない

コシダカウニ
サンショウウニ科 ♠殻径3cm、とげの長さ1cm未満 ◆房総半島、相模湾以南〜九州 ★浅瀬の小石の下にすみ、他のウニにくらべてからが高いのが特徴です。暗い緑色の帯が5本あります。

サンショウウニ
サンショウウニ科 ♠殻径4cm、とげの長さ1cm ◆東京湾以南、西太平洋、インド洋 ★沿岸の砂の中にすみます。とげには白っぽい部分と深緑色のしまもようがあります。

見てみよう バフンウニ

キタムラサキウニ
オオバフンウニ科 ♠殻径8cm、とげの長さ2〜3cm ◆北海道〜東北地方 ★沿岸にすむ紫色のウニです。ムラサキウニににていますが、より大型です。食用。

アカウニ
オオバフンウニ科 ♠殻径8cm、とげの長さ2cm ◆本州中部〜九州 ★本州の沿岸の少し深いところにすみます。からもとげも赤褐色でアカウニとよばれます。食用。

エゾバフンウニ
オオバフンウニ科 ♠殻径5〜6cm、とげの長さ6〜7cm ◆北海道〜東北地方 ★北海道沿岸でいちばんよく見られるウニです。バフンウニより大型で太いとげをもちます。食用。

バフンウニ
オオバフンウニ科 ♠殻径4cm、とげの長さ数mm ◆東北地方〜九州、朝鮮半島、中国 ★本州沿岸の浅瀬の小石や岩の下にすみます。日本の固有種と考えられていましたが、朝鮮半島などでも見られます。

マダラウニ
ラッパウニ科 ♠殻径7〜8cm、とげの長さ1cm ◆紀伊半島以南、西太平洋、インド洋 ★砂やれきがたまった場所で見られます。昼間はからの上に小石をのせて体をかくしています。

シラヒゲウニ
ラッパウニ科 ♠殻径7〜8cm、とげの長さ1cm ◆相模湾以南、西太平洋、インド洋 ★浅瀬の砂の上にすみ、沖縄では食用とされます。

体の上に海藻をくっつけているシラヒゲウニ。

食用になるウニ
オオバフンウニ科のウニは生殖巣が食用になります。なかでも多く食用にされているのは、エゾバフンウニ、キタムラサキウニなどです。

毒のあるとげ。

ラッパウニ
ラッパウニ科 ♠殻径10cm、とげの長さ1cm ◆相模湾以南、西太平洋、インド洋 ★浅瀬の砂の上にすみます。からの表面にさきょくとよばれるラッパ状のやわらかいとげがあり、さわると危険です。小石や海藻をくっつけて体をかくしています。

豆ちしき　ウニの口には5本の歯があり、体の中の「アリストテレスのちょうちん」という口器につながっています。

♠大きさ ◆分布 ★おもな特徴など

ウニのなかま❷

ウニのなかま（棘皮動物）

ツマジロナガウニ
ナガウニ科 ♠殻径3cm、とげの長さ3cm ◆房総半島以南、小笠原諸島、西太平洋 ★とげの先が白く、波あたりのおだやかな場所を好みます。ナガウニ類の中で最も北まで分布し、本州の海岸でよく見られるウニです。

ホンナガウニ
ナガウニ科 ♠殻径5cm、とげの長さ1cm ◆房総半島以南、西太平洋、インド洋 ★岩場に巣穴をつくり、波から身を守っています。とげは、ピンク、赤、緑、茶色などさまざまです。口のまわりは赤色です。

リュウキュウナガウニ
ナガウニ科 ♠殻径3cm、とげの長さ2cm ◆南西諸島以南、西太平洋、インド洋 ★すむ場所や見た目はホンナガウニににていますが、とげのつけ根にはっきりした白いリングがあり、口のまわりは灰色や茶褐色です。

ヒメクロナガウニ
ナガウニ科 ♠殻径2〜3cm、とげの長さ2cm ◆南西諸島、小笠原諸島、西太平洋、インド洋 ★波あたりの強い場所にすんでいます。とげは黒色で、からの小さいナガウニです。

ナガウニモドキ
ナガウニモドキ科 ♠殻径3cm、とげの長さ2cm ◆紀伊半島以南、西太平洋、インド洋 ★浅瀬の岩かげやサンゴのすきまに見られます。肛門のまわりが大きいことでナガウニとは区別できます。

ムラサキウニ
ナガウニ科 ♠殻径7cm、とげの長さ4cm ◆本州〜九州、台湾、中国南部 ★浅瀬の岩の下やくぼみの中にすむ紫色のウニです。本州沿岸でいちばんよく見られ、食用になります。

タワシウニ
ナガウニ科 ♠殻径6cm、とげの長さ7cm ◆房総半島、相模湾〜九州 ★浅瀬の岩に穴を掘ってすむため、からの形が上は平らで下はまるくなっています。とげはやや細長く、先が白いのが特徴です。

見てみよう ムラサキウニ

ジンガサウニ
ナガウニ科 ♠殻径6cm、殻高2cm ◆伊豆諸島〜沖縄、小笠原諸島 ★とても波あたりの強いところで岩にはりついています。とげは平たく短く板のようになり、体は陣笠のような形です。

パイプウニ
ナガウニ科 ♠殻径8cm、とげの長さ10cmくらい ◆紀伊半島以南、西太平洋、インド洋 ★サンゴ礁にすみ、昼間は岩のすきまなどでじっとして夜に活動します。太いとげが風鈴などの民芸品に利用されます。

クロウニ
クロウニ科 ♠殻径9cm、とげの長さ6cm ◆紀伊半島以南、西太平洋、インド洋 ★サンゴ礁の浅瀬でふつうに見られます。とげは太くて黒く、ざらざらしています。食用には向きません。

豆ちしき 上段の4種のナガウニは、長い間1つの種とされてきましたが、最近の研究により別べつの種だとわかりました。

キメンガニにせおわれたヨツアナカシパン。

星のようなもよう。

ヨツアナカシパン
カシパン科 ♠殻径5cm ◆東京湾〜九州 ★水深数mの砂や泥の海底に多く、泥の中に浅くもぐっています。赤から赤褐色、まるくて平たい体です。

タコノマクラ
タコノマクラ科 ♠殻径10cm ◆本州中部〜九州 ★水深数mの小石があるような海底にすみます。からは平たく厚く、短いとげが全面をおおっています。上に花のようなもようがあります。

見てみよう タコノマクラ

あなが5つ
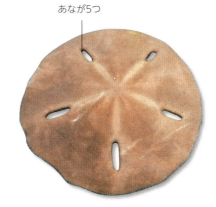

ハスノハカシパン
ハスノハカシパン科 ♠殻径8cm ◆北海道南部〜九州、朝鮮半島 ★水深数mの砂や泥の海底に多く、泥の中にもぐっています。体は濃い紫色で平たく、下面には蓮の葉の葉脈のようなもようがあります。

スカシカシパン
スカシカシパン科 ♠殻径12cm ◆房総半島、相模湾〜奄美群島、小笠原諸島 ★水深数mの海底の泥の中に浅くもぐっています。平たい下面の中央に口があります。

オオブンブク
オオブンブク科 ♠殻径10cm、殻高5cm ◆相模湾〜九州 ★磯の小石まじりの砂の中に、少し体をうずめています。とげの間に大の字形の花びらもようがあります。

オカメブンブク
ヒラタブンブク科 ♠殻径3〜4cm、殻高2cm ◆北海道〜九州 ★水深数mの海底の泥の中にもぐっています。白いとげが体の全体に生えています。

砂にもぐっているブンブクのなかま。

ウニのからを見てみよう
下の写真はウニのからです。死んでしまいとげがなくなったこのようなからは、砂浜などに打ち上げられていることがあります。

アカウニのから

スカシカシパンのから

豆ちしき カシパン類とブンブク類の体には前と後ろの区別があり、砂や泥にもぐって生活しています。

ナマコのなかま Sea Cucumber

◆大きさ（体長）　◆分布　★おもな特徴など　●絶滅危惧種　☀有毒

ナマコのなかま（棘皮動物）

日本には200種くらいがいます。多くの種が丸い筒のような形で、やわらかい皮ふの中に骨片とよばれる骨をもちます。浅い海から深海まで広く分布しています。

腹側に管足
下側（腹側）に生えているたくさんの管足を使って海底をはいます。

いぼあし
背中から側面に「いぼあし」とよばれる突起が6列並んでいます。

見てみよう　ナマコのなかま

砂の中の食べ物を触手で探すマナマコ。

アカナマコ

口から触手を出す
口から触手を出して砂や泥をとりこみ、その中の有機物を食べます。口の反対側には肛門があります。

肛門　触手　口　体長

キンコ キンコ科
♠20cm　◆茨城県以北　★白色から紫色のものがいます。浅い海の岩礁や岩の間にすみます。生で食べられるほか、煮て「いりこ」にされます。

グミ ☀ キンコ科
♠8cm　◆相模湾、伊勢湾、瀬戸内海、有明海　★水深0〜5mの砂泥底や貝がらや石の転がっているところにすみます。大量に漁網に入って被害をもたらすことがあります。

イソナマコ クロナマコ科
♠15cm　◆房総半島以南　★褐色の体にまだらもようがあります。潮間帯の砂礫底や転石の下にすみます。別名ミノナマコ。

シロヒゲナマコ ☀
スクレロダクティラ科
♠4cm　◆相模湾　★白色で、長い管足をもちます。潮間帯でれきの下にすみます。

クロナマコ クロナマコ科
♠20cm　◆奄美群島以南　★体はやわらかく黒色です。体に砂をつけることが多く、キュビエ器官はありません。潮間帯の岩礁や転石帯にすみます。

クロナマコ
ニセクロナマコ

ニセクロナマコ ☀ クロナマコ科
♠30cm　◆房総半島以南　★体はやわらかく黒色です。発達したキュビエ器官をもっていて、おどろくとはき出します。潮間帯の岩礁や転石帯にすみます。

キュビエ器官を出す！

一部のナマコは、刺激をうけると肛門からキュビエ器官とよばれるねばねばした白い糸をはき出し、相手をからめて動きをにぶらせます。

ジャノメナマコ

トラフナマコ ☀
クロナマコ科
♠30cm　◆相模湾以南　★背に褐色と白色の「虎斑」のもようがあります。浅い海の岩礁や転石帯にすみます。

豆ちしき　ナマコは砂や泥ごと口に入れて、その中の有機物を栄養とします。砂が固まったひも状のふんを出します。

テツイロナマコ クロナマコ科
♠20cm ◆房総半島以南 ★体はやわらかく紫色がかった灰色から黒みのある褐色です。潮間帯の転石帯にすみます。

フジナマコ クロナマコ科
♠40cm ◆相模湾以南 ★体はかたく、うすい褐色に濃い褐色や赤のもようがあります。潮間帯から水深200mの転石帯にすみます。

バイカナマコ シカクナマコ科
♠80cm ◆沖縄以南 ★体は褐色で、背面にあるいぼあしが梅の花（梅花）のような形になることからこの名がつきました。浅い海の砂底から砂礫底にすみます。

アカミシキリ クロナマコ科
♠40cm ◆奄美大島以南 ★体はやわらかく背は青みのかかった黒色、腹面は赤紫色です。浅い海の砂底から転石帯にすみます。

リュウキュウフジナマコ クロナマコ科
♠20cm ◆沖縄以南 ★体はやわらかく褐色地に白色の斑紋があります。潮間帯の岩礁から砂底にすみます。別名カノコナマコ。

ジャノメナマコ クロナマコ科
♠40cm ◆奄美大島以南 ★白にだいだい色の斑紋があります。浅い海の砂底から岩礁にすみます。

ハネジナマコ クロナマコ科
♠40cm ◆奄美大島以南 ★体はかたく、灰色に黒い小さな点があります。浅い海の砂底にすみます。

マナマコ シカクナマコ科
♠30cm ◆北海道〜九州 ★黒色や緑色などのものがいます。腹側は黒色や緑色です。今までマナマコの色彩変異「クロコ」「アオコ」とされていました。浅い海の岩礁にすみます。

ムラサキクルマナマコ クルマナマコ科
♠15cm ◆相模湾以南 ★紫色で体はやわらかく、車輪のような円形の骨片をもちます。潮間帯の転石の下にすみます。

オキナマコ シカクナマコ科
♠40cm ◆北海道〜九州 ★緑がかった白色で黒色のいぼあしがあります。水深20〜200mの砂や砂泥底にすみます。

オオイカリナマコ イカリナマコ科
♠300cm ◆与論島以南 ★とても大きくなるナマコで白色に灰色の横しまもようがあります。3mmほどのいかり形の骨片をもちます。浅い海の岩礁から転石帯にすみます。

アカナマコ シカクナマコ科
♠30cm ◆北海道〜九州 ★赤色や赤色地に濃い赤色のもようがあります。腹側は赤色です。今までマナマコの色彩変異「アカコ」とされていましたが別の種類となりました。食用。

アカナマコの肛門

シカクナマコ シカクナマコ科
♠30cm ◆奄美大島以南 ★緑がかった黒色です。強くつかまれると溶けますが、再生することができます。浅い海の岩礁にすみます。

皮ふの中に骨片をもつ （写真は拡大したもの）

ナマコのなかまは、皮ふの中に骨片とよばれる骨をもちます。骨片の形は種によってちがいます。この形でナマコは分類されます。

マナマコの骨片

グミの骨片

豆ちしき キュビエ器官（内臓）は一度体から出てしまっても、数か月後には体の中で再生されます。

♠大きさ(うでの長さ) ◆分布 ★おもな特徴など

ウミユリのなかま　Crinoids

ウミユリのなかま(棘皮動物)

まるで植物のシダに見えますが、ヒトデやウニと同じ棘皮動物です。棘皮動物の中でも、いちばん原始的なグループといわれています。羽根のようなうでがあります。体の下側の巻き枝で岩などにつかまって生活し、小さなプランクトンを食べています。

うで
ここでプランクトンなどをかき集めます。ちぎれても数か月で再生します。

口と肛門
からだの中央、上に口と肛門が開いています。

ウミユリのなかまには、よくエビやカニがかくれるようにすんでいます。

巻き枝
岩などに巻きつきます。

リュウキュウウミシダ

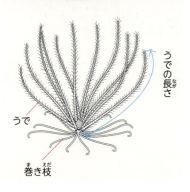

うで
うでの長さ
巻き枝

オオウミシダ
オオウミシダ科　♠15〜30cm　◆相模湾以南、小笠原、香港、南シナ海　★水深数mの岩場で見られます。うでは10本で、じょうぶで手でさわってもちぎれません。

ハナウミシダ
クシウミシダ科　♠約10cm　◆紀伊半島以南、インド洋、西太平洋、オーストラリア北岸　★サンゴ礁や、水深数十mまでの岩場にすみます。うでは100本以上あります。

ニッポンウミシダ
クシウミシダ科　♠10〜15cm　◆相模湾〜九州、日本海側では青森県以南　★日本で最もふつうに見られるウミシダで、水深数mまでの岩場でも見つかります。うでは30〜50本でさわるとよく指にからみつきます。

ウミユリの化石

大昔の古生代の地層からたくさんウミユリの化石が発見されています。いちばん古いもので約5億年前ともいわれています。(写真は4億年前のウミユリといわれている化石)

豆ちしき　ウミユリのなかまのうでの中には、よくエビやカニなどの甲殻類がかくれています。

いろいろな水の生き物たち

水にすむ生き物は、ほかにもまだまだいろいろななかまがいます。なかまによって、形や大きさ、くらし方もさまざまです。いろいろな水の生き物たちを見ていきましょう。

- 海綿動物　178ページ
- 平板動物、二胚動物、腹毛動物　180ページ
- 輪形動物、鉤頭動物　181ページ
- 扁形動物　182ページ
- 内肛動物　184ページ
- 外肛動物　185ページ
- 箒虫動物、腕足動物　186ページ
- 紐形動物　187ページ
- 環形動物　188ページ
- 毛顎動物、線形動物　193ページ
- 類線形動物、有爪動物　194ページ
- 鰓曳動物、動吻動物、胴甲動物　195ページ
- 緩歩動物　196ページ
- 珍無腸動物、半索動物　197ページ
- 脊索動物　198ページ

本当の大きさです　イバラカンザシ

環形動物のゴカイのなかまです。棲管をつくり、岩やサンゴ、カイメンなどに埋もれてくらしています。クリスマスツリーのような形の鰓冠を外に出してプランクトンなどを集めます。

♠大きさ ◆分布 ★おもな特徴など

カイメンなどのなかま sponge

海綿動物

岩や海底にくっつき、水中の栄養分（有機物）をこしとって食べています。口や肛門はなく、最も単純な体のつくりをした多細胞生物です。一部のカイメンは風呂や台所で使うスポンジに加工されてきたので、英語で「スポンジ」と名づけられました。

岩などにくっついています。

このあなから、いらない水を海中に出します。

ツチイロカイメン属の一種

おもな体の器官
- 出水孔（水を出すあな）
- 入水孔（水を取り入れるあな。体中にたくさんある）
- 海綿腔（体の中の空間）
- 水中の養分をこしとる場所

クロイソカイメン
イソカイメン科 ♠高さ1～3cm ◆相模湾以南 ★黒色で決まった形はなく、うすく広がります。日当たりのよいタイドプールなどにすみます。

ダイダイイソカイメン
イソカイメン科 ♠高さ1～3cm ◆日本各地 ★だいだい色で決まった形はなく、うすく広がります。潮間帯の岩の上や岩などの下に多く見られます。

ナミイソカイメン
イソカイメン科 ♠高さ約1cm ◆日本各地 ★藻が共生していて、黄色～黄緑色に見えます。もろく、くずれやすいため「パンくずカイメン」ともよばれます。

オオパンカイメン
パンカイメン科 ♠高さ約30cm ◆日本各地 ★灰色で大型のカイメンです。かたい表面には、いぼのような突起がたくさんあります。

ミズガメカイメン
イワカイメン科 ♠高さ約60cm ◆本州中部以南 ★上部が大きく開いた、水がめのような形をしています。高さ1mを超えることもあります。大きな個体では1日に何十トンもの海水を体の中にとりこみ、栄養分を吸収して、また外に出しています。

豆ちしき カイメンのほとんどは海にすみますが、カワカイメンやヌマカイメンなど、淡水にすむカイメンもいます。

ムラサキカイメン
ウスカワカイメン科 ♠高さ1〜2cm ◆紫色の体をしたカイメンで、細長く枝分かれして、岩の上にのびていきます。潮間帯の岩かげなどについています。

天然スポンジに利用されるモクヨクカイメン
地中海と北西大西洋に分布するモクヨクカイメンは、体の中にかたい骨片がないので、加工して、天然のスポンジとして利用されてきました。生きているモクヨクカイメンの体は黒褐色で、直径15〜20cmのかたまりになります。

天然のスポンジ

ザラカイメン
ザラカイメン科 ♠高さ20〜30cm ◆本州以南 ★浅い海の岩礁につきます。上に大きな口が開き、コップのような形をしています。体の表面に小さな突起がたくさんあり、ざらざらしています。体内にカクレエビ類が共生していることがあります。

ユズダマカイメン
タマカイメン科 ♠直径約5cm ◆本州中部以南 ★浅い海の岩礁に着生します。オレンジ色の球状で、表面にいぼのような突起があります。夏になると体の表面から多数の突起をのばし、その先に小さな球状のクローン（自分と同じ遺伝子をもつ、分身）をつくります。

ツノマタカイメン
ヤスリカイメン科 ♠高さ約13cm ◆相模湾以南 ★木のような形になります。体の表面から骨片のたばがつき出ています。

ツボシメジカイメン
タテジマカイメン科 ♠幅約8cm ◆本州中部以南 ★白〜灰褐色の管状のカイメンが放射状にならび、まるできのこのシメジのようです。

カイロウドウケツ
カイロウドウケツ科 ♠高さ約30cm・幅約5cm ◆紀伊半島以南 ★水深100〜200mの海底の砂に、長い毛のような根をうめて立っています。体にはガラス質の骨片が集まった網目状の骨格があります。体の中にドウケツエビが共生していることがあります。

カイメンの体をつくる骨
カイメンの体には、石灰質かガラス質の小さな骨片がたくさんあります。石灰質かガラス質か、それぞれどのような形の骨片かは、種によって異なります。

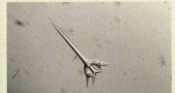

細長い針のような形や、こんぺいとうのように球のまわりにとげのある形など、種によってさまざまな形をしています。

豆ちしき 日本のカイメンの分類は見直されつつあります。現在の学名なども変わる可能性のある種がたくさんいます。

♠大きさ　◆分布　★おもな特徴など

センモウヒラムシのなかま（平板動物）trichoplax

平らな形なので、平板動物ともよばれます。アメーバのように見えますが、数千個の細胞からできています。近年、複数の種がいる可能性があることがわかってきました。

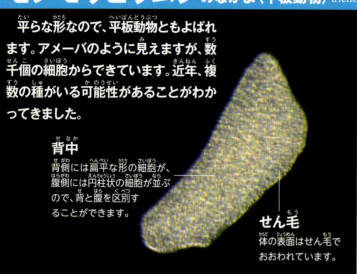

背中
背側には扁平な形の細胞が、腹側には円柱状の細胞が並ぶので、背と腹を区別することができます。

せん毛
体の表面はせん毛でおおわれています。

おもな体の器官

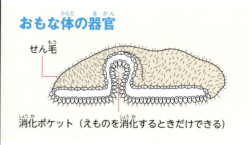

せん毛
消化ポケット（えものを消化するときだけできる）

平板動物の一種
♠長さ約1mm　◆日本各地　★世界のあたたかい海にすみます。水槽の内側などにはりついていることがあります。消化器や神経はなく、腹側を折り曲げてできたすきま（消化ポケット）に、水中の微生物などをとじこめて、消化します。

ニハイチュウのなかま（二胚動物）dicyemid

タコやイカの腎臓に寄生して、体の表面から栄養を吸収します。筋肉や消化器、神経はありません。親の体の中で子ども（幼生）が育ちます。

体のつくりが単純で、内臓や口などもありません。

おもな体の器官

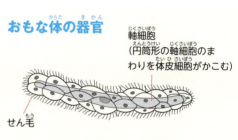

軸細胞（円筒形の軸細胞のまわりを体皮細胞がかこむ）
せん毛

ベニニハイチュウ
ニハイチュウ科　♠長さ約1mm　◆日本近海　★ニハイチュウのなかまは細胞の数が少なく、多い種でも40個ほどです。種によって寄生するタコやイカの種が決まっていて、ベニニハイチュウはイイダコに寄生します。

イタチムシのなかま（腹毛動物）hairy-bellied worm

水中の微生物の死がいなどを食べます。腹側に毛が生えているので腹毛動物ともよばれます。体の表面にうろこが生えている種もあります。2つに分かれた尾の先に粘着管があり、片方からは砂つぶなどにくっつくための粘着物質を、もう片方からはそれをはがすための物質を出します。

2つに分かれた尾の先に粘着管があります。
口

おもな体の器官

うろこ
口
粘着管
感覚毛

イタチムシ属の一種
イタチムシ科　♠長さ0.1～0.2mm　◆日本各地　★体の表面がうろこでおおわれています。イタチムシのなかまのほとんどは淡水にくらします。

豆ちしき　二胚動物は、細長い形をしたものと、しずく形をしたものの、2種類の幼生（胚）が親から生まれるため、この名前がつきました。

ワムシのなかま（輪形動物）rotifer

沼や池などにすみます。先端の口部のせん毛を動かして泳ぐほか、水流をつくって水中の小さな生き物を集めてとらえ、強いあご（そしゃく器）を使ってすりつぶして食べます。

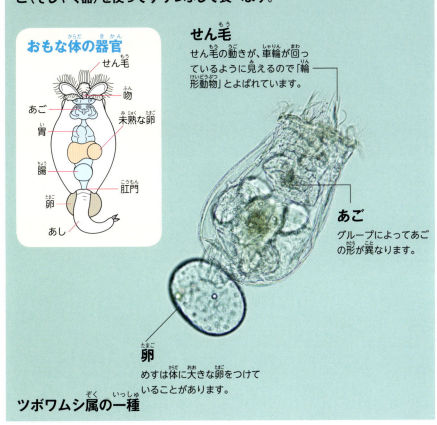

おもな体の器官
せん毛／吻／あご／胃／未熟な卵／腸／肛門／卵／あし

せん毛
せん毛の動きが、車輪が回っているように見えるので「輪形動物」とよばれています。

あご
グループによってあごの形が異なります。

卵
めすは体に大きな卵をつけていることがあります。

ツボワムシ属の一種

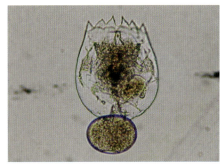

シオミズツボワムシ
ツボワムシ科 ♠体長0.1～0.3mm ◆日本各地 ★魚介類の養殖で、最初のえさとして使われています。寿命は1～2週間です。

ヒルガタワムシ科の一種
ヒルガタワムシ科 ♠体長0.3～0.5mm ◆日本各地 ★せん毛を使って泳ぎ、ヒルのように体をのびちぢみさせます。

コウトウチュウのなかま（鉤頭動物）thorny headed worm

ラジノリンクス属の一種
ラジノリンクス科 ♠長さ1～3cm ◆日本各地 ★おもにサンマなどの魚類の腸に寄生して成虫になるコウトウチュウで、ヒトには寄生しません。写真のように濃いオレンジ色をしています。吻にたくさんの鉤があり、胴体にもとげがあります。

吻
胃や腸、呼吸器などはありません。
↑めす
↓おす

おもな体の器官
吻鉤／吻／卵／子宮

写真上の体の長い2個体がめす、下の2個体がおすです。
写真のたて、横の線は、1cmを示す目盛りです。

頭の先端に、鉤の生えた吻があり、これで哺乳類や鳥類、魚類の腸や胃のかべにくっついて寄生します。寄生した動物の栄養を、体の表面から吸収します。

コウトウチュウの生活史の例

コウトウチュウは、甲殻類のなかまの体内で幼虫になったあと、背骨のある動物（脊椎動物）の体内で成虫になります。

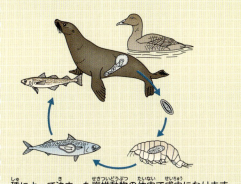

種によって決まった脊椎動物の体内で成虫になります。

豆ちしき ワムシのなかまには、まわりが乾燥すると体の活動を止めて「乾眠」し、水を吸うと再び活動を始める種や、海にすむ種もいます。

ウズムシのなかま（扁形動物）

🍀大きさ　◆分布　★おもな特徴など
☀有毒

川や海にすむ体の平たいウズムシのなかま、ほかの動物に寄生する吸虫のなかま、背骨のある動物（脊椎動物）の体内に寄生する条虫のなかまがふくまれます。多くは、ひとつの体でおす、めすの両方の性質をもちます。

眼点
光を感じます。

肛門は
ありません。

再生するナミウズムシ

ナミウズムシは再生力が強く、体を小さく切ると、その1つ1つが再生して、独立した個体になります。

切った直後 → 10日後

ナミウズムシ

サンカクアタマウズムシ科　🍀体長2〜3.5cm　◆日本各地　★水質のきれいな川や沼の小石の下で見られます。頭部は三角形で、光を感じる2個の眼点があります。光を感じると光をさける方向に進みます。

オオツノヒラムシ ☀

ツノヒラムシ科　🍀体長4〜5cm　◆日本各地　★潮間帯の石の下にすみます。黒い触角が2対（4本）以上あるので、「触角の数が多い」という意味で名前がつきました。フグと同じテトロドトキシンという毒があります。

おもな体の器官

眼点
腸
口
体後方の腹側にあります。食べかすもここから体の外に出します。

ウスヒラムシ

ヤワヒラムシ科　🍀体長約2.5cm　◆日本各地　★潮間帯の石の下にすみます。背中に小さな触角があります。体が透明で、食べた物の色がすけて見えることがあります。

カリオヒラムシ

カリオヒラムシ科　🍀体長約5cm　◆房総半島以南　★潮間帯の石の下などにすみます。黒褐色で、体のへりが波打っています。1対（2本）の触角があります。

豆ちしき　ヒラムシのなかまは英語でFree-living flatwormとよばれます。ウミウシとにた色をもつ種もいますが、ウミウシにくらべて体がとても平たいことと、えらがないことで区別することができます。

クロスジニセツノヒラムシ
ニセツノヒラムシ科 ◆体長約5cm ◆本州中部以南 ★体に3本の幅広い黒い帯があります。体をくねらせて水中を泳ぎます。

アデヤカニセツノヒラムシ
ニセツノヒラムシ科 ◆体長約2cm ◆伊豆諸島以南 ★紫色に黄色のふちどりがある、あざやかな体の色が特徴です。

ひらひらと、体をくねらせて海中を泳ぐヒラムシのなかま。肉食で、貝やホヤをおそって食べます。

オオミスジコウガイビル
コウガイビル科 ◆体長10〜50cm ◆中国南部原産 ★陸にすみます。もともと日本にはいなかった種で、皇居（東京都千代田区）で初めて発見されました。現在は各地で見られます。イチョウの葉のような形の頭をしていて、背中には3本の茶色いすじがあります。

クロイロコウガイビル
コウガイビル科 ◆体長約10cm ◆日本各地 ★陸にすみます。体が褐色から黒い色をしています。ナメクジやミミズなどを食べます。

おす
めす
おすがめすをかかえこむようにしています。

日本住血吸虫
住血吸虫科 ◆体長0.7〜2cm ◆日本のごく一部 ★カタヤマガイ（ミヤイリガイ、→96ページ）という貝の中で育った幼生が水中に出て、ヒトなどの体内に入ります。血管の中を移動し、腸で卵をうんで、腸や肝臓の病気を引き起こします。

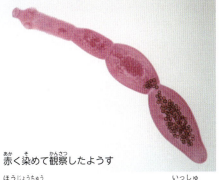

赤く染めて観察したようす

包条虫（エキノコックス）の一種
テニア科 ◆体長1.2〜4.5mm ◆北海道 ★幼虫が寄生したネズミを食べたキツネやイヌの体内で卵をうみます。キツネやイヌのふんといっしょに外に出た卵がヒトの口から体に入ると、体内で卵がかえり、肝臓などに寄生します。

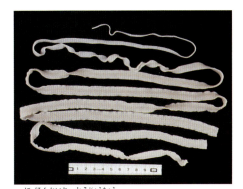

日本海裂頭条虫
裂頭条虫科 ◆体長約10m ◆日本各地 ★平らで、節が連なった細長い体をしています。幼虫がサケやマスに寄生しています。これをヒトなどのほ乳類が食べると、腸の中で成虫になり、げりなどを引き起こします。「サナダムシ」ともよばれます。口や消化管はなく、体の表面から栄養を吸収します。

豆ちしき　日本住血吸虫は、最初に日本で発見されたのでこの名前がつきましたが、日本以外の東南アジアにも生息しています。日本はぼくめつに成功しましたが、世界では今も多くの人が感染しています。

♠大きさ ◆分布 ★おもな特徴など

スズコケムシのなかま（内肛動物）goblet worm

岩やほかの生き物の体の表面にくっついています。触手に生えたせん毛を動かして水の流れをつくり、水中の小さな食べ物を集めて食べます。円のようにならんだ触手の内側に口と肛門があります。群体をつくる種がいます。

柄
細長くのび、体を支えます。

触手の内側に口と肛門があります。

触手
柄の先端に、20～24本の触手があります。

スズコケムシ

おもな体の器官

触手 / 肛門 / 口 / 柄 / 走根

スズコケムシ
バレンチア科 ♠全長4.5～9.5mm ◆本州～北海道 ★岩、貝がら、海藻などの表面に群体をつくります。柄は動きませんが、柄の根もとの部分を曲げて体をパタパタと倒すことができます。

海藻の根など目立たないところに集団でくっついています。

シヅガワロクソソメラ
ロクソソマ科 ♠全長1.5mm ◆本州～北海道 ★宮城県志津川湾で発見されました。アラメなどの海藻の根、岩などにつきます。群体はつくりませんが、よく個虫がたくさん集まっています。

群体をつくる生き物たち

クラゲやサンゴのなかま、スズコケムシのなかま、コケムシのなかま、ホヤのなかまなどには、個虫が集まって群体をつくる種が知られています。

このうち、スズコケムシやホヤの群体は、形も大きさも、機能もまったく同じ個虫が集まってできます。

一方、クラゲのなかまやコケムシのなかまでは、形や機能が異なる数種類の個虫が集まって群体をつくる種がいます。

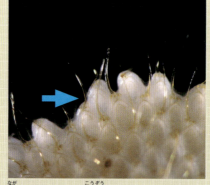

長いむちのような構造をもったコツブコケムシのなかまの個虫（左）と、鳥の頭のような形をしたヒロフサコケムシの個虫（右）
どちらも外敵から身を守ったり、群体表面をそうじしたりする働きがあると考えられています。

豆ちしき スズコケムシのなかまには、柄を曲げることができる種が多くいます。そのため曲形動物とよばれることがあります。

コケムシのなかま（外肛動物）moss animal

個虫が集まって群体をつくり、岩やほかの生き物の体の表面にくっついてくらしています。コケのように見えることからこの名前がつきました。コケムシのなかまは肛門が触手の外側にあります。

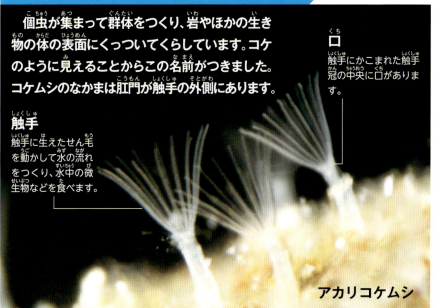

触手
触手に生えたせん毛を動かして水の流れをつくり、水中の微生物などを食べます。

口
触手にかこまれた触手冠の中央に口があります。

アカリコケムシ

ホタテガイの表面につくコケムシの群体

サメハダコケムシ

虫室
それぞれの個虫は、虫体とそれが入る虫室からなっています。

おもな体の器官

触手・口・胃・肛門・腸

チゴケムシの一種
チゴケムシ科 ♠直径約6cm（群体）◆日本各地 ★岩や漁の道具などに付着しています。血のような赤い色をしています。

ツブナリコケムシの一種
フクロコケムシ科 ♠高さ約7cm（群体）◆北海道〜本州 ★枝分かれした海藻のようなすがたの群体をつくります。よく見ると、個虫はらせん状にならんでいます。

ヤジリアミコケムシの一種
アミコケムシ科 ♠高さ約6cm（群体）◆日本各地 ★アミコケムシは、あみのようなレース状の群体をつくります。群体は石灰質でかたく、サンゴとまちがえられることもあります。

フサコケムシ
フサコケムシ科 ♠高さ約15cm（群体）◆日本各地 ★群体が枝分かれした海藻のようなすがたになります。漁の道具やブイなどに大量にくっつきます。

ヤワハネコケムシ
ハネコケムシ科 ♠長さ約4cm（群体）◆北海道〜本州 ★池や沼などに沈んだ木の上や、ハスの葉の裏側などに、枝分かれした透明な群体をつくります。

オオマリコケムシ
オオマリコケムシ科 ♠群体の直径約1cm、群体塊は数十cm〜数m ◆北アメリカ原産の外来種 ★池や沼などの淡水にすみます。ゼリーのような物質で群体どうしがくっついて水中に巨大なかたまりをつくります。

豆ちしき フサコケムシは、体の中に微生物を共生させています。この微生物がつくるブリオスタチンという物質が、アルツハイマーやがんに効くとして研究されています。

▲大きさ ◆分布 ★おもな特徴など ☀有毒

ホウキムシのなかま（箒虫動物）horseshoe worm

ホウキムシは、キチン質という物質でできた、筒状の棲管の中にすんでいます。触手をもった細長いすがたが、ほうきのようになっていることから、この名前がつきました。

ヒメホウキムシ

触手
触手の内側に口が、外側に肛門があります。

おもな体の器官

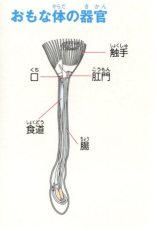

触手／口／肛門／食道／腸

ホウキムシ

▲長さ5～8cm ◆相模湾～沖縄 ★ハナギンチャク類の棲管に共生していることが多くあります。

イサゴホウキムシ

ホウキムシ科 ▲体長約8mm ◆北海道～本州 ★日本では2012年に浜名湖（静岡県）で初めて発見されました。棲管には、よく砂粒などがついています。

シャミセンガイのなかま（腕足動物）lamp shell

二枚貝ににていますが、2枚のからが独立して動きます。からの中に触手があります。

ごう毛
まわりのようすを感じる感覚器です。

くき

シャミセンガイ科の一種

おもな体の器官

口／心臓／肛門／胃／触手／くき（肉茎）

触手

ミドリシャミセンガイ

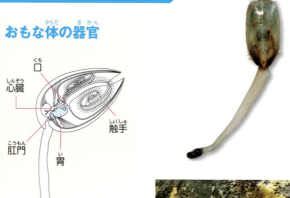

シャミセンガイ科 ▲殻長約4cm ◆北海道～九州、中国沿岸、フィリピン ★からは緑色で、やや褐色を帯びている上の方を、泥の上につき出して生活します。2枚のからをつなぐちょうつがい（靭帯）がありません。地域によって絶滅が危惧されています。

スゲガサチョウチンの一種

スズメガイダマシ科 ▲殻長約1cm ◆日本各地 ★貝のなかまのカサガイににています。岩や貝がらの表面にくっついています。

ホオズキチョウチンの一種

カンセロチリス科 ▲殻長約4cm ◆北海道～九州 ★からは背側と腹側にふくらみ、肉茎で岩肌などに付着しています。

豆ちしき シャミセンガイのなかまは、約5億年以上前の地層からも化石として発見されています。これまでに1万3000種以上が発見されていますが、そのほとんどは絶滅していて、現在見られるのは400種ほどです。

ヒモムシのなかま（紐形動物） ribbon worm

海中の岩の割れ目や砂、泥の中にすむ細長い体をした生き物です。多くの種は筋肉とせん毛を使って海底をはいます。裏返ったくつ下を元にもどすように体の先から吻を出し、エビやゴカイ、貝などをとらえて食べます。吻の先に針がついている種と、ついていない種があります。

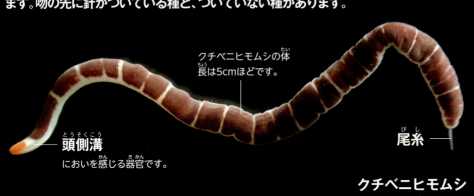

クチベニヒモムシの体長は5cmほどです。
頭側溝 — においを感じる器官です。
尾糸
クチベニヒモムシ

おもな体の器官

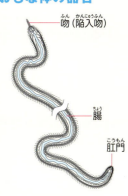

吻（陥入吻）
腸
肛門

ミドリヒモムシ
リネウス科 ♠体長最大80cm ◆房総半島以南 ★緑色の体に赤い色の吻をもちます。磯の岩の間などにすみます。

アカハナヒモムシ
ホソヒモムシ科 ♠体長約20cm ◆日本各地 ★フグと同じテトロドトキシンという強い毒をもちます。

野外で採集されたアカハナヒモムシのようす。とても細長い体をしていることがわかります。

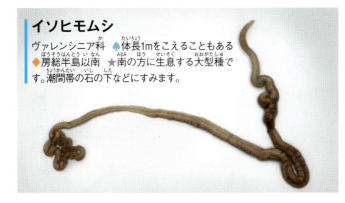

イソヒモムシ
ヴァレンシニア科 ♠体長1mをこえることもある ◆房総半島以南 ★南の方に生息する大型種です。潮間帯の石の下などにすみます。

クリゲヒモムシ
ツプラヌス科 ♠体長約30cm ◆紀伊半島以北 ★体に白い点の列と横線のもようがあります。岩礁地帯の石の下につくった、白い管の中にすんでいます。

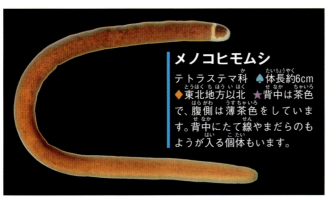

メノコヒモムシ
テトラステマ科 ♠体長約6cm ◆東北地方以北 ★背中は茶色で、腹側は薄茶色をしています。背中にたて線やまだらのもようが入る個体もいます。

マダラヒモムシ
マダラヒモムシ科 ♠体長約10cm ◆北海道〜九州 ★日本に広く分布しています。

豆ちしき ヒモムシのなかまは、長いものでは50m以上になることが知られています。

ゴカイ、ミミズ、ヒルなどのなかま（環形動物）

ゴカイ、ミミズのように、「体節」とよばれる輪状（環状）の構造が見られる生き物のなかまを「環形動物」といいます。おとなになると体節が見られなくなるユムシや、一生を通して体節が見られないホシムシのなかまも、遺伝子の研究から環形動物のなかまに分類されています。

▲大きさ ◆分布 ★おもな特徴など ☀有毒

ゴカイのなかま

各体節には1対のひれのような「いぼあし」と「ごう毛」の束を備えています。これを使って活発に動き回る種類や、「いぼあし」があまり発達せず「棲管」とよばれる巣をつくってその中にかくれ、触手で水の中の食べ物を集める種類などがいます。

ゴカイの一種

体節 — 成長するにつれて体節の数がふえ、細長い体になります。
いぼあし — いぼあしの先にごう毛が生えています。
口

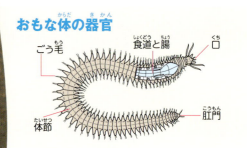

おもな体の器官

ごう毛／食道と腸／口／体節／肛門

チロリ
チロリ科 ▲体長約10cm ◆日本各地
★体内の血液の色がすけた、赤い色をしています。干潟にすみ、吻をのびちぢみさせて砂の中の動物をつかまえます。

イシイソゴカイ
ゴカイ科 ▲体長7〜11cm ◆日本各地
★岩場の石の下の砂の中にすみます。つりのえさに用いられます。干潟にはそっくりな種の、スナイソゴカイがいます。

群れで泳ぐヤマトカワゴカイ

ヤマトカワゴカイ
ゴカイ科 ▲体長5〜15cm ◆琉球列島をのぞく日本各地 ★内湾や河口の干潟の砂の中にすみます。冬から春にかけて、群れで海まで泳ぎ出て、卵をうみます。

オニイソメ
イソメ科 ▲体長約130cm ◆本州中部以南
★いぼあしに、くしのようなえらがあります。するどいあごで小さな動物をとらえて食べます。浅い海の岩礁にすみます。

スゴカイイソメの巣（棲管）

スゴカイイソメ
ナナテイソメ科 ▲体長約40cm ◆東北地方以南 ★名前のように貝がらや海藻などを集めた巣（棲管）をつくり、その先を砂の上に出しています。頭部に7本の触手があります。つりのえさに用いられます。

サンハチウロコムシ
ウロコムシ科 ▲体長約6cm ◆日本各地 ★磯の石の裏にすみます。ウロコムシのなかまには背中の触糸が変形してできたうろこ（背鱗）があります。本種には24枚の黒色または栗色のうろこがあります。

豆ちしき　ゴカイやイソメのなかまは、見た目だけでは種がわからないものがほとんどです。顕微鏡を使って、触手やいぼあし、ごう毛を調べて種を確認する（同定する）必要があります。

カサネシリス
シリス科 ♠体長約1cm ◆日本各地 ★磯の岩場から海中の砂の中にくらしています。16の体節があり、各体節に長い背触糸があります。

ウミケムシ
ウミケムシ科 ♠体長8〜14cm ◆本州中部以南 ★石や砂の下にすみます。ごう毛には毒があり、危険がせまると毛を逆立てます。

ケヤリムシ
ケヤリムシ科 ♠体長約10cm ◆三陸海岸以南 ★潮間帯下部の潮だまりや岩かげで、粘膜でつくった棲管の中にかくれてすみます。管の口から頭部の鰓冠を水中花のように広げて食べ物を集め、体の中にとりこみます。

鰓冠

イバラカンザシ
カンザシゴカイ科 ♠体長5〜7cm ◆本州中部以南 ★頭の先に、らせん形に巻いて円すい形になった鰓冠があります。鰓冠にはさまざまな色があります。白い石灰質の棲管をつくり、その中にすみます。

ツバサゴカイ
ツバサゴカイ科 ♠体長5〜25cm ◆日本各地 ★干潟にU字型の棲管をつくってすみます。外に出ることがないために体はとてもやわらかくなっています。水中の有機粒子を集めて食べています。青く光ります。

ヒトエカンザシ
カンザシゴカイ科 ♠体長5〜7cm ◆日本各地 ★170〜250の体節があります。岩にくっついた白い石灰質の棲管の中にすみます。赤い体に、かんむりのような白い鰓冠があります。

サツマハオリムシ
シボグリヌム科 ♠長さ約1m ◆鹿児島湾、伊豆諸島海域 ★水深80〜400mの、熱水噴出孔（→145ページ）のそばにすみます。体に共生する細菌から栄養をもらいます。

ふん

卵のう

チンチロフサゴカイ
フサゴカイ科 ♠体長10〜20cm ◆本州中部以南 ★頭部の先に糸のような触手が多数あります。海岸の岩の裏側に小石や貝がらのかけらなどをつけた棲管を固着させ、その中にすみます。

カスリオフェリア
オフェリアゴカイ科 ♠体長約1cm ◆日本各地 ★体には斑紋があり、両端が細く、腹側にみぞが走ります。いぼあしは目立ちません。海藻のすきまなどにすみます。

タマシキゴカイ
タマシキゴカイ科 ♠体長約30cm ◆日本各地 ★干潟の中で水流を起こし、砂をやわらかくしてそのまま食べます。巣穴のまわりにはとぐろを巻いたふんを積み上げます。風船のような卵のうも近くにうみつけます。

豆ちしき 近年は、つりのえさに用いられるゴカイやイソメのなかまが大量に海外から輸入されています。中には「アオゴカイ」のように、もともと日本には分布しないものもふくまれています。

環形動物

♠大きさ ♦分布 ★おもな特徴など

ミミズ、ヒルのなかま　earth worm / leech

ひとつの体で、おすとめすの両方の性質をもっています。水生のほか、陸にすむものがいます。ミミズはそれぞれの体節にごう毛という毛が生えています。ヒルには34節の体節があり、多くの種は頭とおしりに発達した吸盤があります。

フツウミミズ
フトミミズ科 ♠体長15〜25cm ♦日本各地 ★植え込みから森林まで、さまざまな環境の落葉層にすみます。

体節
わっか状の体節が連なった体をしています。

環帯

口

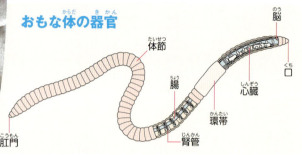

おもな体の器官

脳・体節・腸・環帯・心臓・口・肛門・腎管

フトスジミミズ
フトミミズ科 ♠体長8〜22cm ♦日本各地 ★褐色の地に、こげ茶色と白色のしまもようが美しいミミズです。夏に成熟し、冬までに死んでしまいます。落葉層にすみ、落葉と土をまぜて食べます。

ヒトツモンミミズ
フトミミズ科 ♠体長9〜21cm ♦日本各地 ★最もふつうに見られるミミズ。植えこみから森林までいろいろな環境の落葉層にすみます。夏に成熟し、冬までに死んでしまいます。

シーボルトミミズ
フトミミズ科 ♠体長22〜30cm ♦中部地方以南の山地 ★金属光沢のある青色の大きなミミズ。山林の落葉層にすみ、森の中をすべるように移動します。夏までにふ化して、越冬して翌年の冬には死にます。オランダの学者、シーボルトにちなんで名前がつけられました。

ホタルミミズ
ムカシフトミミズ科 ♠体長2〜7cm ♦日本各地 ★体は白っぽくて半透明。発光する液を出して、黄緑色に光ります。冬の雨の夜に多く見つかります。土の中の有機物を食べます。

ノラクラミミズ
フトミミズ科 ♠体長25cm ♦日本各地 ★大型で太いミミズ。皮ふが半透明で体内がすけています。地中にすみ、土の中の有機物を食べます。数年以上生きます。

ハッタミミズ
ジュズイミミズ科 ♠体長25cm ♦北陸から琵琶湖周辺 ★ぶら下げると、最大92cmまで長くのびる、日本最長のミミズです。水田のあぜにすみ、土の中の有機物を食べます。

豆ちしき　フツウミミズは、名前とは異なり、あまり見られません。日本で最もよく見られるのはヒトツモンミミズです。

サクラミミズ
ツリミミズ科 ♠体長4〜17cm ◆日本各地
★体色は、淡いピンクから赤褐色までさまざまです。植えこみや畑から森まで、いろいろな環境にすみます。土の中の有機物を食べます。

シマミミズ
ツリミミズ科 ♠体長10cm ◆日本各地 ★それぞれの体節の中央に太い紫褐色の線があるため、全体がしまもように見えます。牛ふんや野菜くずの中にすみます。つりのえさに使われます。

イトミミズ
イトミミズ科 ♠体長1〜4cm ◆日本各地 ★糸のように細長い体をしています。下水などよごれた水中にすみ、体の大部分を泥の中に入れ、尾を水中に出して動かしています。金魚などのえさにします。

エラミミズ
イトミミズ科 ♠体長15cm ◆日本各地 ★体の後ろにくしのようなえらがあります。池や沼の泥の中に頭を入れ、えらで呼吸します。金魚などのえさにします。

ヨツワクガビル
クガビル科 ♠体長約10cm ◆本州 ★陸にすむヒルです。血は吸わず、ミミズなどを丸のみします。クガビルのなかまは日本各地に広く分布しています。

ヤマビル
ヤマビル科 ♠体長2cm ◆本州〜九州 ★背に3本のくり色の線があります。山地にすむ陸生のヒルで、ヒトやけものの血を吸います。

セスジビル
チスイビル科 ♠体長5〜10cm ◆日本各地 ★水田や池、沼にすみます。チスイビルにくらべ前の吸盤が小さく、そのおくに口があります。貝などを食べます。

ウマビル
チスイビル科 ♠体長10〜15cm ◆日本各地 ★水田や池、沼にすみます。セスジビルにくらべ、背中の点線のようなもようの間隔が広いのが特徴です。

チスイビル
チスイビル科 ♠体長3〜4cm ◆日本各地 ★水田や池、沼にすみます。背に2〜3本の灰緑色のしまがあります。半円形のあごでほかの動物の体にきずをつけて血を吸います。

シマイシビル
イシビル科 ♠体長4cm ◆日本各地 ★池や川、みぞなどにすみます。肉食で、昆虫の幼虫などを食べます。

まめちしき ヤマビルやチスイビルにかまれると血が止まりにくくなります。これは血液がかたまるのを防ぐ「ヒルジン」という物質をヒルが出しているからです。

♠大きさ ◆分布 ★おもな特徴など

環形動物

ユムシのなかま　spoon worm

海にすんでいて、まるい筒のような胴体の先に吻がついています。ゴカイなどと同じ環形動物ですが、ユムシのなかまはこどものときのある時期にしか環状の体節が見られません。消化管はとても長く、曲がりくねっています。

ミドリユムシ科の一種
吻　体内に引っこめることはできません。

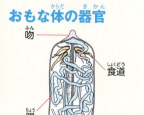
おもな体の器官
吻／食道／腸

ユムシ
ユムシ科　♠体長10～30cm　◆日本各地　★潮間帯や浅い海の砂や泥の中にU字形の穴を掘ってすみます。とても短い吻があります。口の後ろに1対の毛、さらに肛門のまわりに約10本の毛があります。

ボネリムシ
ボネリムシ科　♠体長約2cm　◆本州中部以南　★ボネリムシのなかまは、先が2つに分かれた長い吻があります。おすはとても小さく、めすの体内に寄生します。

ホシムシのなかま　peanut worm

海にくらす生き物で、口のまわりを触手が星の形のようにとりかこむ種がいることから、この名前がつきました。肛門が体の前の方にあります。吻を出し入れすることができます。

吻　裏返ったくつ下を元にもどすように、体の中から出てきます。

イケダホシムシ
フクロホシムシ科　♠体長5cm　◆本州中部以北　★潮間帯では石の下の砂の中に見つかりますが、ずっと深いところにもすみます。体はあわい茶色で、皮ふはうすいです。吻は、のびると胴体に近い長さになることもあります。

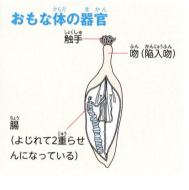
おもな体の器官
触手／吻（陥入吻）／腸（よじれて2重らせんになっている）

エダホシムシ
フクロホシムシ科　♠体長1～1.5cm　◆本州中部以北　★潮間帯や浅い海の海藻の根もとや岩のすきまなどにすむ小型のホシムシです。触手が木の枝のように細かく分かれます。

サメハダホシムシ
サメハダホシムシ科　♠体長2～5cm　◆日本各地　★潮間帯から浅い海の石の下、岩のすきま、海藻の根もとなどにすみます。吻は黒くて太いすじがあります。胴体は黄色や茶色で、表面はざらざらしています。

スジホシムシモドキ
スジホシムシモドキ科　♠体長15～40cm　◆本州以南　★潮間帯から浅い海の砂泥底に穴を掘ってすみます。つりのえさとして使われます。

豆ちしき　ユムシやホシムシのなかまには、海底の砂や泥の中にすむもののほか、かたいサンゴや岩に穴をあけて、巣穴をつくるものがいます。

ヤムシのなかま（毛顎動物） arrow worm

ほとんどの種が海で浮遊生活をしています。細長く矢（英語でarrow）のような形の体です。頭部に顎毛というひげと、口に歯があり、これらを使ってカイアシ類などのえものをとらえて食べます。ひとつの体で、おすとめすの両方の性質をもっています。

フクラヤムシ
細長い体 — フクラヤムシの体長は3cmほどです。
頭部 — ひげ（顎毛）があります。

イソヤムシ属の一種
イソヤムシ科 ♠体長約5mm ◆日本近海
★浮遊せず、海の底にすみます。浮遊性のフクラヤムシにくらべ太くて短い体をしています。

おもな体の器官

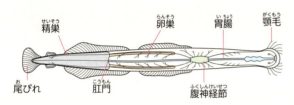

精巣／卵巣／胃腸／顎毛／尾びれ／肛門／腹神経節

センチュウのなかま（線形動物） round worm

細長い円筒形の生き物で、陸や海などのさまざまな環境から、たくさん発見されています。種数も多く、動物や植物に寄生する種もいます。

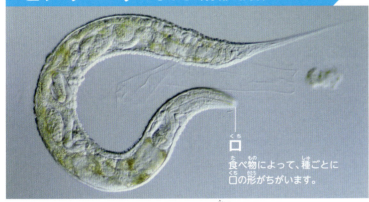

セノラブディティス・エレガンス（C.エレガンス）
多細胞動物ではじめてすべての遺伝子情報（DNAの塩基配列）が解読された生き物です。
口 — 食べ物によって、種ごとに口の形がちがいます。

おもな体の器官

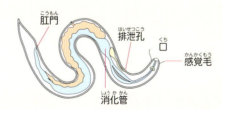

肛門／排泄孔／口／感覚毛／消化管

カイチュウ
回虫科 ♠体長20〜30cm ◆日本各地
★ヒトに寄生します。卵が口から入ると、小腸で成虫になり、卵をうみます。卵はヒトの便といっしょに体の外に出ます。

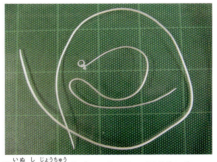

犬糸状虫（イヌのフィラリア）
オンコセルカ科 ♠体長約30cm ◆日本各地 ★おもにイヌの心臓に寄生します。幼虫を体内にもつカがイヌをさすときに感染します。

アニサキスの幼虫
アニサキス科の一種
アニサキス科 ♠体長6〜14cm ◆日本近海 ★サバやアジ、イカなどの魚介類に幼虫が寄生していて、それを食べたクジラなどの哺乳類の胃や腸で成虫になります。

 豆ちしき 熱帯地方で多い、オンコセルカというセンチュウが原因で目が見えなくなるオンコセルカ症という病気の予防薬を開発した業績で、大村智先生が2015年ノーベル生理学・医学賞を受賞しました。この薬はイヌのフィラリア予防にも使われています。

♠大きさ ◆分布 ★おもな特徴など

ハリガネムシのなかま（類線形動物）horsehair worm

体をくねらせて水中を泳ぎます。体の表面がかたく、針金のようです。

カマキリの腹から出てきたハリガネムシ

体の表面をクチクラという膜がおおっていて、針金のようなすがたをしています。幼虫のときは寄生する昆虫などの体内で育ち、成虫になると水中で生活します。

ハリガネムシの生活史の例

寄生された昆虫は、ハリガネムシのつくる化学物質の影響で水辺に引き寄せられ、水中に飛びこみます。

- 陸の肉食昆虫に寄生する
- 昆虫を水に飛びこませ、水中に出て卵をうむ
- 水生昆虫に食べられ、その体内で育つ
- 水生昆虫が成虫になり、陸で肉食昆虫に食べられる

おもな体の器官

排泄孔　精巣
おすの成虫　成虫には口がない

ハリガネムシの一種

♠体長数cm〜30cm　◆日本各地　★化学物質を出して寄生した昆虫の神経系に影響をあたえ、水に飛びこませます。ハリガネムシのなかまは日本では14種報告されています。

カギムシのなかま（有爪動物）velvet worm

体は1対のあしを中心にした節に分かれます。脱皮をして大きくなります。

触角
あし
カギムシの一種

オーストラリアや南アメリカの陸上でくらします。あしの先に「鉤」の形のつめがあるので、この名前がつきました。口の横にある粘液腺からねばねばする粘液を出し、えものをからめて食べます。200種以上知られています。

おもな体の器官

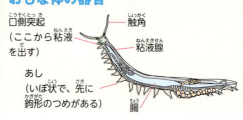

口側突起（ここから粘液を出す）
触角
粘液腺
あし（いぼ状で、先に鉤形のつめがある）
腸

粘液を出すカギムシ。粘液でえものをぐるぐる巻きにしてから、じょうぶな大あごでかみつきます。

カギムシのなかま

♠種によって体長1〜15cm　◆オーストラリア、南アメリカ、南アフリカ　★体の表面が短い毛でおおわれ、ビロード（ベルベット）のような手触りです。写真はミナミカギムシ科の一種です。

豆ちしき　ハリガネムシに寄生され、水中に飛びこむ昆虫は、川などにすむ魚などの貴重な食べ物となって、生態系を支えていると考えられています。

エラヒキムシのなかま（鰓曳動物）penis worm

- 吻
- 口　吻の先にあります。歯があります。
- 尾状附属器　どのような働きをしているのかは、はっきり分かっていません。

浅い海から水深5000mの深海までの砂や泥の中にすみます。円筒形をしていて、吻と胴の部分にはっきり分かれます。

おもな体の器官

吻・腸・尾状附属器（ない種もいる）

エラヒキムシの一種
- 体長0.5〜20cm ◆日本各地 ★おしりの突起が、魚の「えら」のような働きをすると考えられていたのでこの名前がつきました。ヨコエビやカイメンを食べる種がいます。

トゲカワムシのなかま（動吻動物）mud dragon

- 吻
- 胴は、11の体節からなります。
- とげ　体の後部に長いとげをもつ種もいます。

ヒゲトゲカワ
トゲカワムシ科 ▲体長約0.3mm ◆沖縄本島から北海道南部までの海 ★2002年に和歌山県で新種として発表されました。その後、日本の浅い海に広く分布することが明らかになりました。

体長1mm以下の小さな生き物です。海底の泥や砂の中にすみ、輪状にとげがならんだ口で、泥の中の小さな食べ物を食べます。世界に約230種、日本には15種知られています。

おもな体の器官

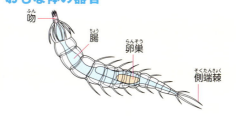

吻・腸・卵巣・側端棘

コウラムシのなかま（胴甲動物）loriciferan

コウラムシの一種
▲体長1mm以下 ◆日本各地 ★小さい体をしていますが、とても複雑なつくりで、1万個以上の細胞からできています。科名の和名はまだ決まっていません。

体長が最大でも1mmの小さな生き物です。浅い海から深海までの砂や泥の中にすみます。胴の部分に甲羅のような板状の構造をもつので、「胴甲動物」といいます。日本の小笠原海溝の水深8260mという深い場所から発見された記録もあります。

おもな体の器官

口・棒状のとげ・腸・肛門

豆ちしき エラヒキムシ、トゲカワムシ、コウラムシの3つのなかまをまとめて「有棘動物」とよぶことがあります。頭にとげがあるほか、193ページのセンチュウから196ページのクマムシまでと同じように、脱皮をして大きくなります。

◆大きさ ◆分布 ★おもな特徴など

クマムシのなかま（緩歩動物） water bear

世界中の陸地や深海から約1200種以上見つかっています。クマのようなすがたからクマムシと名づけられました。また、ゆっくり歩くので「緩歩動物」というグループに分けられています。乾燥すると体をちぢめて「たる形」になります。

見てみよう
ヨコヅナクマムシ

おもな体の器官

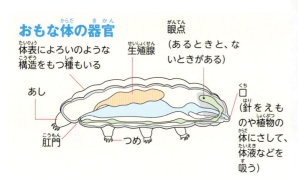

- 体表によろいのような構造をもつ種もいる
- 眼点（あるときと、ないときがある）
- 生殖腺
- あし
- 肛門
- つめ
- 口（針をえものや植物の体にさして、体液などを吸う）

ヨコヅナクマムシ

ヤマクマムシ科 ◆体長約0.3mm ◆北海道 ★緑藻類のクロレラをえさとした人工飼育に成功しています。

あし 4対（8本）のあしには、指やつめがあります。つめの数や形は種によってちがいます。

口 管状で、内側に針があります。

食べたものや、ふんがすけて見えることがあります。

オニクマムシ

オニクマムシ科 ◆体長0.1〜0.7mm ◆日本各地 ★日当たりのよい場所に生えるコケなどにすみます。大型で、茶色っぽい色をしています。ワムシなどをおそって食べます。ほとんどめすで、ごくまれにおすが生まれます。

ギンゴケの中などにすんでいます。

チョウメイムシ科の一種
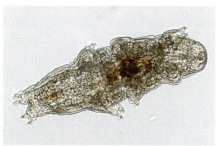
チョウメイムシ科 ◆体長約0.3mm ◆日本各地 ★泥や砂、コケなどのしめった場所をこのみます。オニクマムシより小さく、まるい頭をもちます。

チカクマムシ科の一種

チカクマムシ科 ◆体長最大約0.2mm ◆日本近海 ★このなかまは砂浜から浅い海底の砂のすきまにすんでいます。頭は感覚器官が発達し、背中はかたい板でおおわれています。

ハナクマムシ属の一種

ウミクマムシ科 ◆体長最大約0.3mm ◆日本近海 ★海にすむクマムシのなかまです。このなかまは砂浜から水深数百mの海底の砂の中にもすんでいます。体のまわりに、うすい膜があり、あしの先にはやわらかいあしゆびとつめがあります。

ニホントゲクマムシ

トゲクマムシ科 ◆体長約0.2mm ◆日本各地 ★しめったコケの中などにすみます。長いとげがあり、背中はよろいのようになっています。

たる形のクマムシは最強!?

クマムシの多くは、まわりが乾燥すると、あしを体内に引っこめてちぢみ「たる形」になります（乾眠）。この状態では、100℃の気温や、マイナス270℃の寒さ、高い圧力、酸素のない真空などにも耐えることができます。水をかけると、もとにもどります。

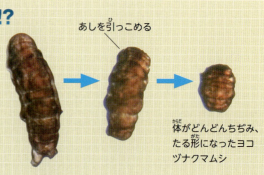
あしを引っこめる → → 体がどんどんちぢみ、たる形になったヨコヅナクマムシ

豆ちしき クマムシの多くは、たる形になっているときに風で飛ばされて、分布を広げます。たる形のときの体の中の水分は3％ほどしかありません。

チンウズムシのなかま（珍無腸動物）xenoturbella

海にすむ生き物で、2011年に「珍無腸動物」という新しいグループに分類されました。脳や肛門がない単純なつくりで、腹側に口があります。卵をうむことが分かっていますが、くわしい生態は分かっていません。

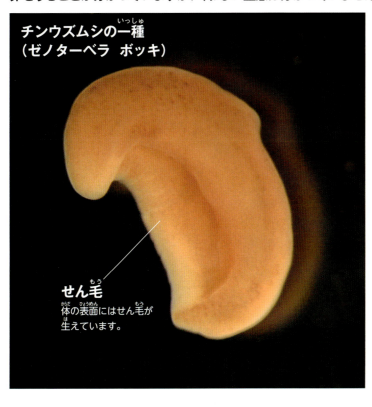

チンウズムシの一種（ゼノターベラ ボッキ）
せん毛 — 体の表面にはせん毛が生えています。

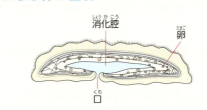

おもな体の器官（消化腔、卵、口）

チンウズムシの一種（ゼノターベラ ボッキ）

チンウズムシ科 ♠体長1～3cm ◆北大西洋、バルト海 ★海底の泥の中をはいまわってくらしています。体は左右対称のつくりです。この種にはまだ和名がついていません。

ギボシムシのなかま（半索動物）acorn worm

海にくらす細長い体をした生き物です。口のそばに原始的な脊索のような器官があり「半索動物」ともよばれます。ギボシムシのなかまは、とてもちぎれやすい体をしています。

体の先端にある吻の形が、ぎぼし（橋のらんかんの柱頭についているかざり）ににているため、この名前がつきました。

おもな体の器官

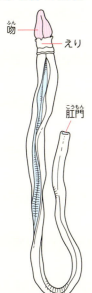

吻・えり・肛門

吻・えり・肛門
ワダツミギボシムシのふん 直径1cmほどです。

ワダツミギボシムシ

ギボシムシ科 ♠体長約1m ◆本州中部以南 ★低潮線近くから浅い海の砂泥底にU字形の巣穴を掘ってすみます。

ミサキギボシムシ

ギボシムシ科 ♠体長約20cm ◆陸奥湾以南 ★体は黄色で、潮間帯の砂の中にかくれています。ワダツミギボシムシのような吻は出しません。

豆ちしき　ギボシムシのなかまはヨードホルムのような強いにおいを発することがあります。

ナメクジウオ、ホヤのなかま（脊索動物）

ナメクジウオやホヤは脊索動物のなかまです。脊索は細長くてじょうぶなひものような器官で、ナメクジウオやオタマボヤは一生、そのほかのホヤはこどものころにだけ脊索をもちます。

ナメクジウオのなかま　lancelet

水深数十mまでの砂地にすみます。半透明の魚のような形ですが、目も背骨もあごもありません。背中側に脊索があります。

♠大きさ　◆分布　★おもな特徴など

ヒガシナメクジウオ
ナメクジウオ科　♠体長約5cm　◆房総半島から九州までの太平洋岸、瀬戸内海、丹後半島以南の日本海　★ふつうは砂の表面近くにもぐっていますが、刺激を受けると砂から出て、少しのあいだだけ体をけいれんさせて泳ぎます。

おもな体の器官

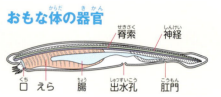

ホヤのなかま　sea squirt

潮間帯から深海まで、海の広い範囲にすみます。被のうというじょうぶな外皮で体がおおわれています。ひとつの体でおす、めすの両方の性質をもっています。こどものころにだけ、脊索があります。脊椎動物に最も近い動物だと考えられています。

おもな体の器官

マボヤ

マボヤ
マボヤ科　♠高さ約15cm　◆北海道～九州北部、朝鮮半島など　★赤だいだい色をした大型のホヤで、ごつごつした突起があります。食用のため養殖されます。

アカボヤ
マボヤ科　♠高さ約10cm　◆北海道～千島、ベーリング海　★被のうに突起はなく、細かい毛が生えています。食用になります。

マンジュウボヤ
マンジュウボヤ科　♠群体の直径約10cm　◆北海道以南の日本海岸、相模湾以南の太平洋岸　★個虫がたくさん集まってまんじゅうのような形の群体をつくります。

エボヤ
シロボヤ科　♠体長10cm　◆北海道～本州、オホーツク海　★細長く、かたい表面にしわがあります。長い柄の先で岩などにつきます。

豆ちしき　愛知県蒲郡市の大島と広島県三原市の有竜島はナメクジウオの生息地として国の天然記念物に指定されています。これらの場所をはじめ、日本ではナメクジウオの数が減っています。

シロボヤ
シロボヤ科 ♠高さ約6cm ◆日本各地 ★岩や船の底、養殖している貝の表面などにもくっつきます。世界で広く見られます。

ヘンゲボヤ
ヘンゲボヤ科 ◆本州中部〜九州、台湾 ★群体は1〜2cmの白色のかたまりで、潮間帯の岩や海藻の根もとなどにつきます。

チャツボボヤ
ウスボヤ科 ♠群体の直径1〜5cm ◆奄美群島、沖縄諸島 ★群体の中にある広いすきまに藻類が共生しているので、内側が緑色に見えます。ツボのかべにあるたくさんの穴が個虫の入水孔で、ここから入った海水はツボの口にあたるところからまとまって外に出ます。

イタボヤ
イタボヤ科 ♠群体の厚さ4〜5mm ◆日本各地 ★磯で岩や石にはりついて広がります。種類を決めるのがむずかしいなかまのひとつです。

オタマボヤ科の一種
オタマボヤ科 ♠体長数mm ◆日本各地 ★オタマジャクシのような形で、その尾には脊索があります。体のまわりに「ハウス」とよばれる大きな被のうをつくり、その中にすみます。

オタマジャクシのようなオタマボヤの本体

ボウズボヤ
ユウレイボヤ科 ♠群体の直径約30cm ◆能登半島、房総半島以南 ★柄のような部分が砂にうまった、きのこの形ににた大きな群体をつくります。

オオグチボヤ
オオグチボヤ科 ♠高さ15〜25cm ◆富山湾や相模湾など ★水深300〜1000mの深海にすみます。体を海底に固定し、流れにゆられながら口を大きくあけてえものを食べます。口が大きい動物は深海でよく見られます。

ヒカリボヤ
ヒカリボヤ科 ♠群体の長さ10〜60cm ◆日本各地 ★群体をつくり海中をただよいます。光る細菌が共生していて、刺激を受けると青緑色に光ります。

オオサルパ
サルパ科 ♠体長最大20cm ◆日本各地 ★クラゲのような透明の体で、海中をただよいます。円内の写真のように、個虫がつらなっていることもあります。

子どものころだけ脊索がある！

マボヤの子ども

ホヤは、オタマジャクシのようなすがたで卵からかえります。このころだけ、脊索や尾があります。口はなく、光を感じる眼点と、重力を感じる平衡器があります。その後1日半ほどで岩などにくっつくと、尾がなくなり、少しずつおとなのすがたへと変態します。

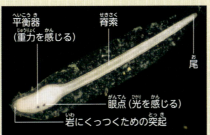
平衡器（重力を感じる） / 脊索 / 尾 / 眼点（光を感じる） / 岩にくっつくための突起

豆ちしき　ヒトをふくむ脊椎動物（背骨をもつ動物）も、ナメクジウオやホヤと同じ脊索動物というグループに分類されます。脊索のまわりに背骨ができるからです。

ライブLIVE情報

水の中でくらす単細胞の生き物

♠ 大きさ　◆ 分布　★ おもな特徴など

このページの生き物の写真はすべて顕微鏡写真です。

体がひとつの細胞からできているゾウリムシやアメーバ、藻類などの「原生生物」のうち、動物のように動き回ってえものを食べるような特徴をもつ生き物を「原生動物」ということがあります。多くは顕微鏡を使わないと観察できない大きさです。世界中の海や湖、池や川の中にたくさんすんでいて、水の生き物の大切な食べ物になっています。

ゾウリムシ 繊毛虫門
♠ 長さ0.1〜0.3mm　★池などの淡水にすみます。体の表面をおおう、せん毛を動かして動き回ります。

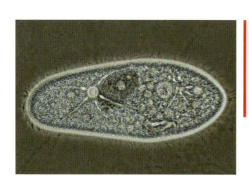

ミドリゾウリムシ 繊毛虫門
♠ 長さ約0.1mm　★淡水にすみます。細胞の中に「クロレラ」という緑藻が共生しているので、体が緑色に見えます。

トゲツメミズケムシの一種 繊毛虫門
♠ 体長約0.15mm　★池や川などの淡水にすみます。体にせん毛があります。

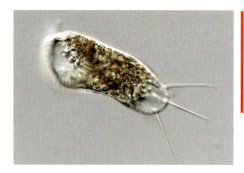

ツリガネムシの一種 繊毛虫門
♠ 体長約0.06mm　★水田や池など、あまり流れのない淡水にすみます。つり鐘のような形の細胞から長い柄がのびて水草などにくっつきます。刺激を受けると、柄をばねのようにちぢめます（写真右）。

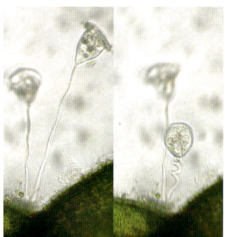

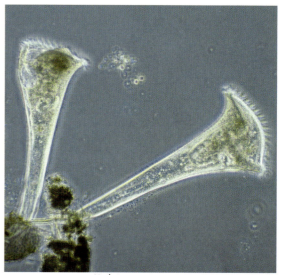

ラッパムシの一種 繊毛虫門
♠ 体長0.08〜2mm　★池や川などの淡水にすみます。口が大きくあき、ラッパのような形をしているのでこの名前がつきました。体の後端でほかの生き物などにくっつきます。

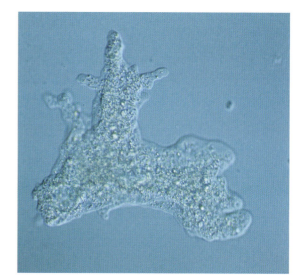

オオアメーバ アメーバ動物門
♠ 長さ0.4mm　★池や田んぼなどの淡水にすむ大型のアメーバです。細胞の一部からあしのような構造（仮足）をのばし、水の底を動いてえものを食べます。

見てみよう いろいろな微生物

※多様な生き物をまとめた原生生物は、時代や研究者によって分類の仕方が変わります。どのなかまに分類するべきか、はっきりしない種もあるほか、多細胞生物がふくまれることもあります。

日当たりのよい池や田んぼなどにたくさんすんでいます。

ガラス質の小さな骨をもつ放散虫

放散虫は、0.2mmほどの生き物で、淡水にも海水にもすんでいます。アメーバのような体の中に、ガラス質の小さな骨があります。骨の形はさまざまで、まるで芸術品のようです。骨の部分は死んだあとも残りやすいため、たくさんの化石が発見されています。

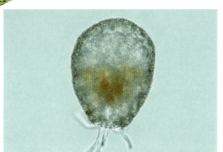

ツボカムリの一種 アメーバ動物門
♠体長約0.1mm ★淡水にすむ、つぼのような形のからをもつアメーバです。つぼから仮足を出して、動いたりえものをとらえたりします。

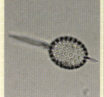 

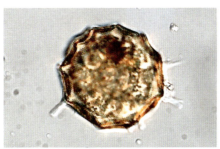

ナベカムリの一種 アメーバ動物門
♠体長0.03～0.15mm ★淡水にすむアメーバのなかまで、円盤のような形のからをもちます。仮足を出してえものをとらえます。

ホシズナ 有孔虫門
♠体長約2mm ★炭酸カルシウムでできたからをもつ有孔虫のなかまで、あたたかい地方の海にすみます。星のような突起の先から仮足を出して動いたり、食べ物をとったりします。死ぬと星形のからだけが残ります。

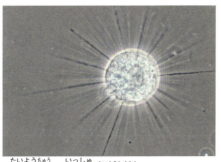

太陽虫の一種 太陽虫門
♠体長0.03～0.07mm ★池や川などの淡水のほか、海にすむ種もいます。細胞から細長い仮足を出して、まわりを通る小さな生き物をとらえて食べます。

えりべん毛虫の一種 襟鞭毛虫門
♠体長0.01～0.02mm ★淡水にも海水にもすみます。1本のべん毛をもち、その根もとを細かい毛がかこんでえりのように見えるのでこの名前がつきました。多細胞の動物に最も近い原生生物だと考えられています。

ほかの生き物に寄生して、病気を引き起こすなかまもいる

原生動物の中には、ほかの生き物の体に寄生してふえるものがいます。ヒトの体に寄生（感染）すると、重い病気を引き起こすことがあります。

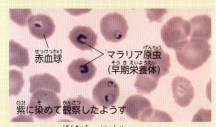

紫に染めて観察したようす

マラリア原虫の一種 アピコンプレックス門
♠直径0.001～0.002mm ★マラリア原虫が寄生したカにさされることで感染します。ヒトの赤血球の中でふえます。

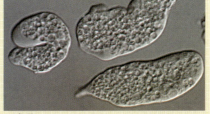

赤痢アメーバ アメーバ動物門
♠直径0.02～0.04mm ★ヒトの便などにすんでいて、これが口から入ると大腸などでふえます。

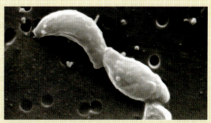

トキソプラズマ アピコンプレックス門
♠長さ0.005～0.007mm ★三日月形です。哺乳類、鳥類に寄生します。妊婦が感染すると、胎児に障がいが出ることがあります。

LIVE情報 潮だまりで生き物を見つけよう!

水の生き物を、実際に見たりさわったりしたいと思ったら、ぜひ磯遊びに出かけてみましょう。磯遊びをする場所は、潮が引いたときにあらわれる岩場（磯）に、海水が取り残されてできる水たまり、「潮だまり（タイドプール）」です。潮だまりでは、もともと水深の浅い岩場にすむ生き物をはじめ、引き潮に取り残されてしまったもの、こどものときだけすごすものなど、さまざまな生き物をすぐ目の前で見ることができるのです。

いろいろな生き物が見つかる!

水中の岩の上をはっているウミウシ、海藻の間のカニ、石の間にかくれていたヒトデなどを近くで観察することができます。

潮が引くと岩場に潮だまりができます。

注意すること

- 磯遊びをするときは、必ずおとなといっしょに行きましょう。
- 深い場所、流れの速いところ、波がくるところには絶対入ってはいけません。
- ぐらぐらするような石の上に乗って移動すると危険です。また、海藻をふんですべらないよう注意しましょう。
- 生き物さがしは、潮が引いていくときから始めましょう。しばらくして潮が満ちてくるとすぐに深くなります。潮が満ち始めてきたら観察をやめましょう。
- 動かした石などは元通りにし、生き物は観察したら海にもどしましょう。

磯遊びにぴったりなシーズンや時間は?

磯遊びに最も適したシーズンは、春から夏にかけてです。この時期は、潮の干満差が大きい大潮や、大潮直後の中潮になると、日中に最も潮が引くようになります。気温も水温も上がる時期なので、水に入ってもあまり寒くありません。特にゴールデンウィークから夏休み前半までがいちばんよい季節です。磯遊びをする時間は、干潮時刻の前後2時間ほどが適しています。干潮時刻の2時間前くらいから始めましょう。

※7月下旬以降は、台風が接近して海が荒れたり、毒をもつアンドンクラゲが増えたりするので注意が必要です。また、日本海側は太平洋側にくらべて潮の干満差が小さいので、もともと水深が浅く、波のおだやかな岩場をさがしましょう。

満潮のとき

大潮は、満潮と干潮の差が大きい日です。

干潮のとき

干潮時刻は、日によってちがいます。気象庁の発表する潮位表、新聞、釣り関係の雑誌やインターネットなどで調べることができます。

磯遊び用の服装は？

水にぬれてもよい服装で行きましょう。岩場を歩くため、肌の出るサンダルやすべりやすい靴は危険です。日光が強い季節なので、帽子や日焼け止めなども準備しましょう。軍手があると、岩をさわるときに手を守ることができます。

あると便利なもの

観察用水そう／観察用トレイ／カメラ（防水）／網／図鑑／箱めがね（底が透明になっている）

※深い場所に近づいたり流れのあるところでの観察ではこのほかにライフジャケットが必要です。

帽子やバンダナ（飛ばされないように注意）
軍手（手を守るため）
首の日焼け防止用タオル
ひざ上たけのズボンなど
マリンシューズなど（足を守るため）

岩かげにいたタツナミガイ

飛沫帯（潮上帯）
高潮線（満潮時の海面）
潮だまり（タイドプール）
潮間帯
低潮線（干潮時の海面）
潮下帯

ここに注意！

磯は岩ででこぼこが多く、海藻などですべりやすくなっています。転ばないように気をつけましょう。絶対に走り回ったりふざけたりしてはいけません。岩にはフジツボやカキなどがついていて、手やひざを少しついただけでも大きなけがをする場合があります。

フジツボなどでケガをするとたくさん傷口ができ、雑菌も入るので治りにくくなります。

危険な生き物

潮の引いた磯やサンゴ礁にも危険な生き物がいます。体は小さくても強力な毒をもち、種類によっては、さされたりかまれたりすると命の危険にかかわるものもいます。特徴をよく覚えて、見つけても手を出さないようにしましょう。

ハオコゼ（魚）

カツオノエボシ

ヒョウモンダコ

ゴンズイ（魚）

アンドンクラゲ

ガンガゼ

アンボイナ

LIVE情報 こんな場所をさがしてみよう

潮だまりの生き物は、鳥や魚などの天敵にねらわれている上、夜間に活動するものが多いので、明るく目立つ場所にはあまり出てきません。そこで、生き物がかくれているいくつかのポイントを中心に、じっくりさがしていきます。

ナマコ発見！

ウミウシ発見！
アオウミウシが見つかりました。動き回らずじっとしている生き物が多いので、ゆっくりさがしましょう。箱めがねを使ってもよいでしょう。

ウニ発見！

見つけるポイント！

岩の壁面や、えぐれて日かげになった場所。

大きな石の下や、石の裏側。海藻のかげなど。
生き物は日に当たると死んでしまうので、元にもどしておきましょう。

かくれた忍者を見破れ！

潮だまりの生き物の中には、まるで忍者のようにすがたをかくしているものがいます。一見、目立つような色をしていても、岩についた海藻やカイメンなどの間に入ると、その中にとけこんでしまったり、イソクズガニやヨツハモガニのように、体に海藻やゴミをつけて自分の体のシルエットを消してしまったりするものもいます。生き物たちの"忍法"を見破ることができるかが勝負です。

矢印の先にケブカガニがかくれています。

矢印の先にクモガタウミウシがかくれています。

指の先にイソクズガニがいるのがわかりますか？手に取ってすがたをよく見てみましょう。

観察トレイにのせると体の形などがよくわかります
※海水といっしょに入れましょう。

 ヒラムシのなかま
 アオウミウシ
 メダカラ
 イソギンチャクのなかま
 キヌハダウミウシ　ケブカオウギガニ

簡単にできる観察

潮だまりの生き物のなかには、変わった行動をするものもいます。見つけたら観察してみましょう。

うでを4本再生中のヤツデヒトデ

❶ヒトデを見てみよう

ヒトデの"足"である管足の使い方を観察してみましょう。いちばん簡単なのが、ひっくり返した体を元にもどすようすの観察です。このほか、潮だまりで多く見られるヤツデヒトデは、分裂したうでを再生しているものが見つかることがあります。つかまえて腹側を見ると、食事中のものがいることもあります。

潮だまりに多いイトマキヒトデが管足を使って起き上がるようす。砂浜にいるモミジガイなども、同じように観察できます。

❷ヤドカリを見てみよう

ヤドカリは動いていることが多いので、潮だまりで最も見つけやすく、観察のしやすい生き物です。繁殖期の春には、大きなおすが小さなめすの貝がらをつかんで引きずり回す行動が見られたり、1年を通して相手の貝がらをうばい合うけんかがよく見られたりします。

ホンヤドカリのおすは、繁殖相手のめすを見つけると、めすの貝がらの口をはさみでつかんで離しません。めすを貝がらごともち運びます。

ケアシホンヤドカリの貝がらのうばい合い。左のヤドカリが、大きい貝がらをもった右のヤドカリを攻撃し、貝がらから追い出しました。

❸ウニを見てみよう

放精放卵するバフンウニ（右が放卵、左が放精）

磯や潮だまりでは、バフンウニ、ムラサキウニ、アカウニなどのウニを見ることができ、ヒトデと同じように管足の観察をすることができます。また、繁殖期のウニは、水温の変化などを敏感に感じて、放精や放卵を始めることがあります。観察用水そうに入れたウニでも見られることがあります。

❹貝の卵を見てみよう

ウミウシのなかまの卵のう

潮だまりでも、いろいろな生き物が繁殖活動をしていて、貝のなかま、ウミウシのなかまの卵のうを見る機会がよくあります。虫めがねがあれば、卵のうの中の卵のつぶつぶを見ることができます。

産卵するカラマツガイ

205

水の生き物 キーワード集

水の生き物のことを知るのに覚えておくと便利な、少しむずかしい用語を集めてあります。本文の中に出てこない、ここにだけ紹介した用語もありますので、理解を深めるのに役立ててください。

すみ場所（地形）のキーワード

汽水域
淡水と海水が入りまじる水域です。川の水によって塩分がうすめられ、淡水に近いほどまでになることもあります。

内湾
入り口のせまい湾で、流れこむ川によって、水深が浅く、海底には泥が積もっています。水温や海水の塩分が変化しやすく、これらの環境の変化に強い生物がすんでいます。

大陸棚
波打ちぎわから水深200mくらいまでのゆるやかな傾斜面の海底をさします。えさになる生物が多く、多くの種類の生物がすんでいます。

大陸斜面
大陸棚の外側の部分にある、水深200mをこえるあたりからはじまる急斜面の海底です。水深が深くなるにつれて届く光が少なくなり、水温は低くなります。生物の種類は少なくなります。

大洋底
大陸斜面が終わった部分に広がる、水深3000～6000mほどの起伏の少ない海底で、深海底ともいいます。ところどころにさらに深い場所（海溝）があります。生物の種類は極端に少なく、高い水圧や低温に耐えることのできるものなど、特殊な生き物が多くなります。

沿岸
波打ちぎわから、大陸棚の外側のふちあたりまでの海や海底をさします。海岸には砂や泥、サンゴや貝がらが積もる浜や干潟、岩や石サンゴでできた磯（岩礁）やサンゴ礁が見られます。

沖（外洋）
大陸棚の外側など、水深が200m以上ある海域をさします。

すみ場所（環境）のキーワード

浜
砂や泥が積もった海岸で、沖に向かってだんだん深くなっていきます。小石や貝がら、サンゴのかけらなどがあります。

干潟
潮が引いたときにあらわれる砂や泥が積もった海岸です。南西諸島では、ヒルギなどの植物がしげる林（マングローブ林）になっていることもあります。河口近くに多く見られ、たくさんの生き物がすんでいます。

アマモ場
内湾や浅い砂地の海底で、アマモなどの海草がしげっている場所です。波がおだやかで、かくれ場所が多いため、多くの生物がくらす場所になっています。また、沿岸の浅い海底にカジメやホンダワラなど海藻がしげっている場所をガラモ場といい、アマモ場とあわせて藻場ともいいます。

磯（岩礁）
ごつごつした岩でできた海岸で、周囲には小石まじりの砂底の海底などもあります。岩の表面にさまざまな生物がつき、割れ目や穴などかくれ場所も多く、さまざまな生物がくらしています。

サンゴ礁
石サンゴ類などがつくる石灰質の体が積み重なってできた地形で、亜熱帯から熱帯の暖かい海の浅い場所に多く見られます。かくれ場所が多く、さまざまな種類の生物がくらしています。

潮の満ち干
地球の遠心力と月、太陽の位置と引力の関係で海面が上昇したり、下降したりをくりかえす現象です。海面が最も高くなるときを満潮、最も低くなったときを干潮といい、およそ1日のうちに、満潮→干潮→満潮→干潮という動きをします。満月と新月のときには満潮と干潮の海面の高さの差が大きくなり、これを大潮といいます。また、半月のときは差が小さくなり、小潮といいます。

潮だまり（タイドプール）
干潮のときに磯にできる海水の水たまりのことです。

潮間帯
満潮のときは水面の下になり、干潮のときは陸地としてあらわれる部分です。潮間帯より上の一年中海水につからない部分を潮上帯（飛沫帯）、潮間帯より下の一年中海水につかっている部分を潮下帯といいます。

流れ藻
春にちぎれたホンダワラ類（海藻）が、大きなかたまりになって海面をただよっているものです。

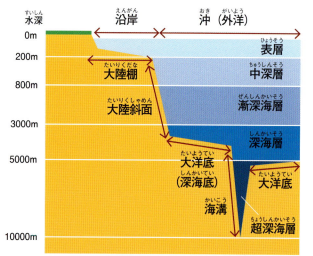

水の生き物のくらしのキーワード

↑ウミトサカのなかまの上にいる巻貝のテンロクケボリ。外套膜の色や形がウミトサカの触手にそっくりです。

擬態
周囲のものやほかの生物に、自分の色や形をにせること。目立たなくなることで、敵に見つかりにくくなったり、えものに気づかれにくくなったりする効果（カムフラージュ効果）があります。

共生
複数の種類の生物が一定期間以上いっしょに生活して、両方ともが有利になる（共利共生）か、どちらか片方が有利（片利共生）になるような関係をいいます。

雌雄同体
同じ個体のなかで、おすとめすの生殖器官をもつことをいいます。貝やウミウシのなかまで多く見られます。交尾をせずに自家受精するものと、ほかの個体と交尾をするものがいます。

ネクトン
流れにさからって泳ぐ力がある動物で、遊泳生物ともいいます。大部分の魚のほかイカのなかまなどがあてはまります。

プランクトン
泳ぐ力が弱く、水中をただようようにくらす生物。浮遊生物ともいいます。一生のうちの一時期だけをプランクトンとしてくらすものと、一生をプランクトンとしてくらすものがいます。動物プランクトンと植物プランクトンに分けられ、大きさは1000分の1mmほどのものから数mほどのものまでいます。

ベントス
水底や付着してくらす生物をさし、底生生物ともいいます。水底を動きまわるものや、水底や岩などに固着するもの、砂や泥などにもぐってくらすものがいます。

入っている貝がらにベニヒモイソギンチャクをつけてくらしているソメンヤドカリ。

クリーニング
ほかの動物についた寄生虫や有機物を食べて掃除すること。共生のひとつで、掃除共生ともいいます。魚をクリーニングするエビの例が有名です。

再生
体の一部が失われたときに、その部分が再びおぎなわれること。カニのはさみやヒトデのうでなどの再生がよく知られています。

水の生き物の体のキーワード

胃腔
海綿動物の体のまん中のあいた部分。水とともにとり入れた微生物などをここで食べます。

外套膜
軟体動物の軟体部をおおう筋肉質の膜で、このふちから貝がらを分泌します。二枚貝や巻貝類では、貝がらの内ばりのようになっていますが、イカやタコでは胴の部分をつくっています。

殻板
フジツボ類の外側の石灰質のからのことやヒザラガイのからのことをいいます。

管足
ウニ・ヒトデ・ナマコ類の体表にある細い管。先端が吸盤になっていることが多く、移動したり、えものをとらえたりするために使います。

刺胞
刺胞動物がもっている特別な細胞。触手などにたくさんあって刺激をうけると、先に針がついた糸状のものがとび出し、ほかの小動物をさします。

触手
動物の頭や口のまわりに生えているやわらかい突起で、動いたりのびちぢみして物にさわったり、物を引き寄せたりすることができる突起のこと。クラゲ類などのかさから出る、細長いひも状の突起や、刺胞動物のポリプやイソギンチャクの口の周囲の突起、ゴカイ類の頭部にある食物をとるための突起、外肛動物や箒虫動物、腕足動物、ナマコのなかまやオウムガイのなかまにも見られます。

群体
刺胞動物やホヤなど、同種のごく小さな1ぴき1ぴきがくっつきあって1つの生物のような体をつくって生活しているかたまりです。群体をつくっているそれぞれの生物を個虫といいます。

吻
ユムシやゴカイ類の一部、鰓曳動物、動吻動物、胴甲動物などで、体の前端から出入りする部分。食物をとり入れたり、攻撃、防御のほか、運動器官としても働きます。

ポリプ
刺胞動物で、筒形の体の先に口が開き、そのまわりに触手が並んだ体の構造。

まん脚
フジツボやエボシガイなどの植物のつるのような形のあし。

幼生
ふ化してから変態をして親と同じような形になるまでの期間のこどものこと。刺胞動物から脊索動物まで、さまざまな動物のグループで見られます。幼生は、体の形が親とちがうだけでなく、くらし方も親と大きくちがうものが多く見られます。

カニのなかまのゾエア幼生

エビのなかまのフィロソーマ幼生

フジツボのなかまのノープリウス幼生

動物のなかまのつながり

動物は、原生生物からさまざまに枝分かれしながら進化し、現在のような形になったと考えられています。その枝分かれのようすと、動物どうしのつながりを、下から上へとのびていく木のような形にした図を「系統樹」といいます。系統樹から、この本に出てくる動物のつながりを見てみましょう。

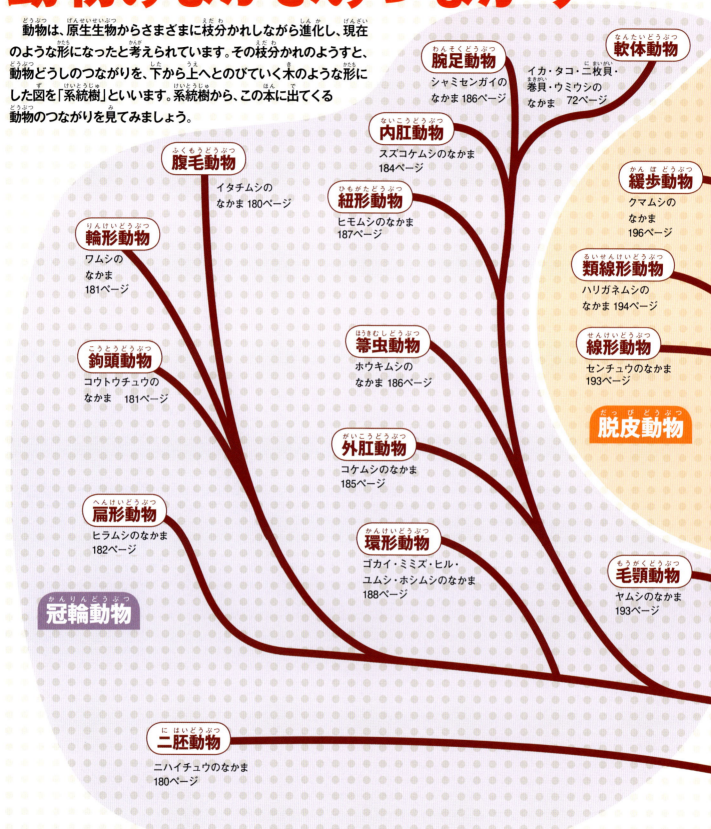

※生物のなかま分けのしかたには、研究者によっていろいろ考え方があります。また、分ける手がかりが時代とともに変化していくため、確定したものではありません。

このほか、顎口動物、直泳動物、有輪動物、微顎動物というグループがありますが、この本ではあつかっていないため、系統樹にのせていません。

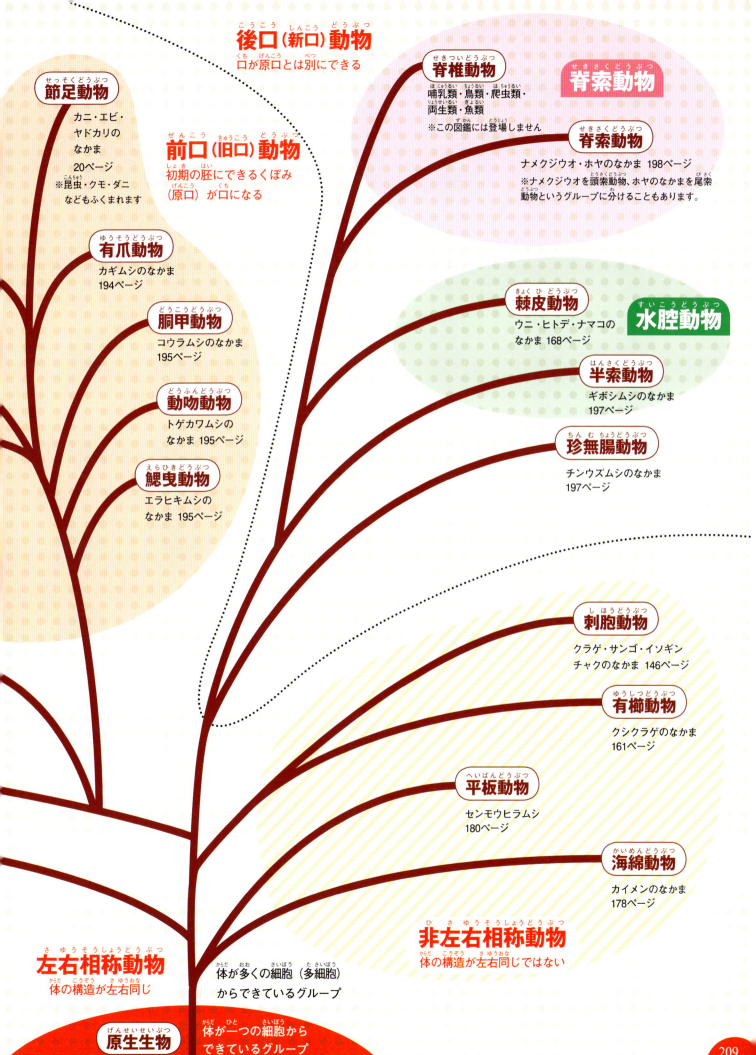

さくいん INDEX

この本に出ている水の生き物の和名（日本語の種名）や名前がアイウエオ順に並んでいます。名前の下には学名（学術的な種名など）がのせてあります。

ア

アオイガイ（カイダコ） — 82
Argonauta argo

アオウミウシ — 17・83・87
Hypselodoris festiva

アオガイ — 90
Nipponacmea schrenckii

アオサンゴ — 148
Heliopora coerulea

アオスジガンガゼ — 171
Diadema savignyi

アオヒトデ — 167
Linckia laevigata

アオボシヤドカリ — 61
Dardanus guttatus

アオミノウミウシ — 18・85
Glaucus atlanticus

アオムキミジンコ — 68
Scapholeberis mucronata

アオリイカ — 77
Sepioteuthis lessoniana

アカイガレイシ — 107
Drupa rubusidaeus

アカイシガニ — 35
Charybdis miles

アカイセエビ — 57
Panulirus brunneiflagellum

アカウニ — 171
Pseudocentrotus depressus

アカエビ — 49
Metapenaeopsis barbata

アカガイ — 121
Scapharca broughtonii

アカカクレイワガニ — 43
Geograpsus stormi

アカカブトクラゲ — 142
Lampocteis cruentiventer

アカクモヒトデ — 169
Ophiomastix mixta

アカクラゲ — 156
Chrysaora melanaster

アカゲカムリ — 24
Lauridromia intermedia

アカザエビ — 54
Metanephropus japonicus

アカザラガイ — 123
Chlamys farreri akazara

アカサンゴ — 149
Paracorallium japonicum

アカシマシラヒゲエビ — 53
Lysmata amboinensis

アカシマモエビ — 53
Lysmata vittata

アカチョウチンクラゲ — 142
Pandea rubra

アカテガニ — 45
Chiromantes haematocheir

アカテノコギリガザミ — 34
Scylla olivacea

アカナマコ — 174・175
Apostichopus japonicus

アカニシ — 106
Rapana venosa

アカハナヒモムシ — 187
Cephalothrix simula

アカヒトデ — 167
Certonardoa semiregularis

アカヒトデヤドリニナ — 97
Stilifer akahitode

アカホシカクレエビ — 50
Ancylomenes speciosus

アカホシカニダマシ — 65
Neopetrolisthes maculatus

アカホシヤドカリ — 61
Dardanus aspersus

アカボヤ — 198
Halocynthia aurantium

アカマテガイ — 136
Solen gordonis

アカマンジュウガニ — 37
Atergatis subdentatus

アカミシキリ — 175
Holothuria (Halodeima) edulis Lesson

アカモンガニ — 36
Carpilius maculatus

アカリコケムシ — 185
Hislopia prolixa

アケウス — 27
Achaeus japonicus

アケガイ — 131
Paphia vernicosa

アケボノイモ — 115
Conus stercusmuscarum

アゲマキガイ — 135
Sinonovacula constricla

アコヤガイ — 124
Pinctada martensii

アサガオガイ — 105
Janthina janthina

アサジガイ — 135
Semele zebuensis

アサヒガニ — 23
Ranina ranina

アサヒキヌタレガイ — 119
Acharax japonica

アザミハナガタサンゴ — 151
Parascolymia vitiensis

アサリ — 16・119・132
Ruditapes philippinarum

アシナガツノガニ — 31
Phalangipus hystrix

アシハラガニ — 44
Helice tridens

アシビロサンゴヤドリガニ — 39
Pseudocryptochirus viridis

アシヤガイ — 91
Granata lyrata

アジロダカラ — 99
Cypraea ziczac

アズマニシキ — 123
Chlamys farreri nipponensis

アッキガイ — 105
Murex troscheli

アツブタガイ — 95
Cyclotus campanulatus

アデヤカゼブラヤドカリ — 63
Pylopaguropsis speciosa

アデヤカニセツノヒラムシ — 183
Pseudoceros ferrugineus

アナジャコ — 66
Upogebia major

アニサキス科の一種 — 193
Anisakis sp.

アブラガニ — 64
Paralithodes platypus

アフリカマイマイ — 140
Achatina fulica

アマオブネガイ — 94
Nerita albicilla

アマガイ — 94
Nerita japonica

アマクサアメフラシ — 83
Aplysia juliana

アマクサクラゲ — 156
Sanderia malayensis

アミガサクラゲ — 161
Beroe forskali

アミメサンゴガニ — 39
Trapezia septata

アミメダカラ — 101
Mauritia scurra indica

アミメノコギリガザミ — 33
Scylla serrata

アメフラシ — 83
Aplysia kurodai

アメリカザリガニ — 54・58
Procambarus clarckii

アヤトリカクレエビ — 50
Izucaris masudai

アヤボラ — 103
Fusitriton oregonensis

アラスジケマンガイ — 131
Gafrarium tumidum

アラヌノメガイ — 132
Periglypta reticulata

アラムシロ — 109
Reticunassa festiva

アラメサンゴガニ — 39
Trapezia flabopunctata

アラレガイ — 109
Niotha variegata

アラレタマキビ — 95
Nodilittorina radiata

アルビンガイ — 143
Alviniconcha hessleri

アワジタケ — 118
Brevimyrella awajiensis

アワブネガイ — 97
Crepidula gravispinosus

アンドンクラゲ — 160
Charybdea rastonii

アンボイナ — 116
Conus geographus

アンボンクロザメ — 114
Conus litteratus

イ

イイジマフクロウニ — 170
Asthenosoma ijimai

イイダコ — 80
Octopus ocellatus

イカ — 74

イガイ — 121
Mytilus coruscus

イガグリウミウシ — 86
Cadlinella ornatissima

イガグリガイ — 158
Hydractinia sodalis

イガグリガニ — 63
Paralomis histrix

和名	学名	頁
イグチガイ	Comitas kaderlyi	117
イケダホシムシ	Golfingia margaritacea margaritacea	192
イケチョウガイ	Hyriopsis schlegeli	127
イサゴホウキムシ	Phoronis psammophila	186
イシイソゴカイ	Perinereis wilsoni	188
イシガイ	Unio douglasiae	127
イシカゲガイ	Clinocardium buellowi	130
イシガニ	Charybdis japonica	35
イシカブラ	Magilus antiquus	108
イシダタミ	Monodonta labio form confusa	91
イシダタミヤドカリ	Dardanus crassimanus	60
イシマテ	Lithophaga curta	121
イセエビ	Panulirus japonicus	55
イセシラガイ	Anodontia stearnsiana	127
イセヨウラク	Pteropurpura adunca	107
イソアワモチ	Peronia verruculata	85
イソウミウシ	Rostanga arbutus	85
イソガニ	Hemigrapsus sanguineus	44
イソカニダマシ	Petrolisthes japonicus	65
イソギンチャク		152
イソギンチャクモエビ	Thor amboinensis	53
イソクズガニ	Tiarinia cornigera	32
イソコツブムシの一種	Gnorimosphaeroma sp.	69
イソスジエビ	Palaemon pacificus	50
イソナマコ	Holothuria (Lessonothuria) pardalis Selenka	174
イソニナ	Japeuthria ferrea	109
イソバショウ	Ceratostoma fournieri	106
イソバナガニ	Xenocarcinus depressus	29
イソハマグリ	Atactodea striata	133
イソヒモムシ	Baseodiscus delineatus	187
イソヤムシ属の一種	Spadella sp.	193
イソヨコバサミ	Clibanarius virescens	60
イタチムシ属の一種	Chaetonotus sp.	180
イタボガキ	Ostrea denselamellosa	126
イタボヤ	Botrylloides violaceus	199
イタヤガイ	Pecten albicans	122
イチョウガニ	Anatolikos japonicus	36
イッカククモガニ	Pyromaia tuberculata	27
イトマキヒトデ	Patiria pectinifera	17・165・167
イトマキボラ	Pleuroploca trapezium trapezium	112
イトミミズ	Tubifex tubifex	191
イナミガイ	Grafrarium dispar	132
犬糸状虫(イヌのフィラリア)	Dirofilaria immitis	193
イバラガニ	Lithodes turritus	64
イバラガニモドキ	Lithodes aequispinus	63
イバラカンザシ	Spirobranchus giganteus	177・189
イボアシヤドカリ	Dardanus impressus	61
イボイソバナガニ	Xenocarcinus tuberculatus	28
イボイチョウガニ	Romaleon gibbosulum	36
イボウミニナ	Batillaria zonalis	96
イボガザミ	Poetunus gladiator	35
イボキサゴ	Umbonium moniliferum	92
イボクラゲ	Cephea cephea	157
イボシマイモ	Conus lividus	115
イボショウジンガニ	Plagusia squamosa	45
イボダカラ	Cypraea nucleus	100
イボタマキビ	Nodilittorina trochoides	95
イボニシ	Thais clavigera	106
イボヤギ	Tubastraea faulkneri	151
イモガイヨコバサミ	Clibanarius eurysternus	60
イモフデ	Pterygia dactylus	113
イヨスダレ	Paphia undulata	132
イラモ	Nausithoe racemosa	157
イロワケクロヅケガイ	Diloma suavis	91
イワオウギガニ	Eriphia sebana	38
イワガキ	Crassostrea nippona	126
イワガニ	Pachygrapsus crassipes	43
イワフジツボ	Chthamalus challengeri	68
イワホリイソギンチャクの一種	Telmatactis sp.	154
イワホリガイ	Petricola divergens	133
インドヒラマキガイ(レッドスネイル)	Indoplanorbis exustus	140

ウ

和名	学名	頁
ウキダカラ	Cypraea asellus	99
ウグイスガイ	Pteria brevialata	124
ウコンハネガイ	Ctenoides ales	141
ウシエビ(ブラックタイガー)	Penaeus monodon	48
ウシノツノガイ	Subula muscaria	118
ウスアカイソギンチャク	Nemanthus nitidus	154
ウズイチモンジ	Trochus rota	88・92
ウスカワマイマイ	Acusta despscta sieboldiana	139
ウスチャクメイシ	Dipsastraea pallida	151
ウスバグルマ	Discotectonica acutissima	118
ウスヒザラガイ	Ischnochiton comptus	137
ウスヒラムシ	Notoplana humilis	182
ウスユキミノ	Limaria hirasei	124
ウズラガイ	Tonna perdix	104
ウチダザリガニ	Pacifastacus leniusculus	54
ウチムラサキ	Saxidomus purpurata	131
ウチヤマタマツバキ	Polinicea sagamiensis	101
ウチワエビ	Ibacus ciliatus	57
ウデナガクモヒトデ	Macrophiothrix longipeda	169
ウデフリクモヒトデ	Ophiocoma scolopendrina	169
ウデフリツノザヤウミウシ	Thecacera pacifica	84
ウニ		170
ウニレイシ	Mancinella echinata	107
ウネナシトマヤガイ	Trapezium liratum	129
ウノアシ	Patelloida lanx	90
ウバガイ(ホッキガイ)	Pseudocardium sachalinense	133
ウマビル	Whitmania pigra	191
ウミイチゴ	Eleutherobia rubra	148
ウミウサギガイ	Ovula ovum	99
ウミウシ		83
ウミウシカクレエビ	Zenopontonia rex	51
ウミエラカニダマシ	Porcellanella picta	65
ウミカラマツ	Myriopathes japonica	151
ウミギク	Spondylus barbatus	124
ウミギクモドキ	Pedum spondyloideum	141
ウミケムシ	Chloeia flava	189
ウミシダ目の一種	Comatulida	145
ウミトサカの一種		19

211

和名	学名	ページ
ウミニナ	Batillaria multiformis	96
ウミホタル	Vargula hilgendorfii	68
ウメノハナガイ	Pillucina pisidium	127
ウメボシイソギンチャク	Actinia equina	17・152
ウモレオウギガニ	Zosimus aeneus	37
ウラウズガイ	Astralium haematregum	93
ウラキツキガイ	Codakia paytenorum	127
ウラシマガイ	Semicassis bisulcata persimilis	103
ウリクラゲ	Beroe cucumis	161
ウリタエビジャコ	Crangon uritai	54

エ

和名	学名	ページ
エガイ	Barbatia lima	120
エゾアワビ	Haliotis discus hannai	89
エゾイガイ	Mytilus grayanus	122
エゾイシカゲガイ	Clinocardium californiense	130
エゾイソニナ	Sealesia modesta	109
エゾキンチャク	Swiftopecten swiftii	123
エゾサンショウ	Homalopoma amussitatum	93
エゾタマガイ	Cryptonatica janthostoma	101
エゾタマキビ	Littorina squalida	96
エゾチグサ	Cantharidus jessoensis	91
エゾバイ	Buccinum middendorffi	110
エゾバフンウニ	Strongylocentrotus intermedius	171
エゾヒトデ	Aphelasterias japonica	168
エゾヒバリガイ	Modiolus kurilensis	121
エゾフネガイ	Crepidula grandis	97
エゾボラ	Neptunea polycostata	111
エゾボラモドキ	Neptunea intersculpta	110
エゾマテガイ	Solen krusensternii	136
エゾワスレ	Callista brevisiphonata	131
エダアシクラゲ	Cladonema pacificum	158
エダカラ	Cypraea teres	100
エダツノガニ	Naxioides robillardi	28
エダホシムシ	Themiste blanda	192
エダムチヤギ	Ellisella plexauroides	149
エチゼンクラゲ	Stomolophus nomurai	157
エッチュウバイ（マバイ）	Buccinum striatissimum	109
エビ		48
エビクラゲ	Netrostoma setouchiana	157
エビスガイ	Calliostoma unicum	92
エボヤ	Styela clava	198
エムラミノウミウシ	Hermissenda crassicornis	87
エラヒキムシの一種	Priapulus sp.	195
エラミミズ	Branchiura sowerbyi	191
えりべん毛虫の一種	Choanozoa sp.	201
エンコウガニ	Carcinoplax longimana	39

オ

和名	学名	ページ
オイランヤドカリ	Dardanus lagopodes	60
オウウヨウラク	Ceratostoma inornatum	107
オウギガニ	Leptodius exaratus	36
オウストンガニ	Cyrtomaia owstoni	28
オウムガイ	Nautilus pompilius	75・142
オオアカハラ	Petrolisthes coccineus	65
オオアカヒトデ	Leiaster leachi	167
オオアカホシサンゴガニ	Trapezia rufopunctata	39
オオアメーバ	Amoeba proteus	200
オオイカリナマコ	ynapta maculata	175
オオイソバナ	Melithaea ocracea	149
オオイトカケ	Epitonium scalare	105
オオイボイソギンチャク	Ucricina felina	152
オオイワガニ	Grapsus tenuicrustatus	43
オオウミキノコ	Sarcophyton glaucum	148
オオウミグモの一種	Colossendeis megalonyx	69
オオウミシダ	Tropiometra afra macrodiscus	176
オオエッチュウバイ（アオバイ）	Buccinum tenuissimum	111
オオエンコウガニ	Chaceon granulatus	40
オオカイカムリ	Dromia dormia	24
オオキララガイ	Acila divaricata	119
オオグチボヤ	Megalodicopia hians	144・199
オオクモヒトデ	Ophiarachna incrassata	169
オオケブカガニ	Pilumnus tomentosus	38
オオケマイマイ	Aegista vulgivaga	138
オオコシオリエビ	Cervimunida princeps	65
オオコブシガニ	Parilia majora	25
オオサカツノコブシガニ	Leucosia pulcherrima	26
オオサルパ	Thetys vagina	199
オオシマヤタテ	Strigatella retusa	113
オオシャクシガイ	Cuspidaria nobilis	136
オオジャコガイ	Tridacna gigas	129
オオシロピンノ	Pinnothres sinensis	40
オオスダレ	Paphia schnelliana	132
オオゾウガイ	Cymatium pyrum	104
オオタニシ	Cipangopaludina japonica	95
オオタマウミヒドラ	Hydrocoryne miurensis	158
オオタマワタクズガニ	Micippa cristata	32
オオツノクリガニ	Trichopeltarion ovale	27
オオツノヒラムシ	Planocera multitentaculata	182
オオトゲトサカ	Dendronephthya gigantea	149
オオトリガイ	Lutraria maxima	133
オオナルトボラ	Tutufa bufo	103
オオノガイ	Mya arenaria oonogai	135
オオバウチワエビ	Ivacus novemdentatus	57
オオハシカルパガザミ	Carupa ohashii	33
オオバンカイメン	Spirastrella insignis	178
オオバンヒザラガイ	Cryptochiton stelleri	137
オオヒタチオビ	Fulgoraria magna	114
オオブンブク	Brissus agassizi	173
オオベッコウガサ	Cellana testudinaria	90
オオヘビガイ	Serpulorbis imbricatus	97
オオマリコケムシ	Pectinatella magnifica	185
オオミスジコウガイビル	Bipalium nobile	183
オオミナベトサカ	Paraminabea robusta	148
オオミノムシ	Vexillum plicarium	113
オオモモノハナ	Macoma praetexta	134
オオヨコナガピンノ	Tritodynamia rathbunae	40
オオワレカラ	Caprella kroeyeri	69
オカガニ	Discoplax hirtipes	46
オカメブンブク	Echinocardium cordatum	173
オカメミジンコ	Simocephalus vetulus	68

見出し	ページ
オカモノアラガイ *Succinea lauta*	140
オカヤドカリ *Coenobita cavipes*	61
オキアサリ *Gomphina semicancellata*	132
オキシジミ *Cyclina sinensis*	131
オキナエビスガイ *Mikadotrochus beyrichii*	89
オキナガイ *Laternula anatina*	136
オキナガレガニ *Planes major*	43
オキナマコ *Apostichopus nigripunctatus*	175
オキナワアナジャコ *Thalassina anomala*	66
オキナワハクセンシオマネキ *Uca perplexa*	42
オキニシ *Bursa bufonia dunkeri*	103
オキノテヅルモヅル *Gorgonocephalus eucnemis*	168
オサガニ *Macrophthalmus avvreviatus*	41
オタマボヤ科の一種 *Oikopleuridae sp.*	199
オチバガイ *Psammotaea virescens*	134
オトヒメエビ *Stenops hispidus*	54
オトメイモ *Conus virgo*	117
オトメガサ *Scutus sinensis*	91
オナジマイマイ *Bradybaena similaris*	139
オニアサリ *Protothaca jedoensis*	132
オニイソメ *Eunice aphroditois*	188
オニキバフデ *Mitra papalis*	112
オニクマムシ *Milnesium tardigradum*	196
オニクモヒトデ *Ophiomastix janualis*	169
オニコブシガイ *Vasum ceramicum*	113
オニサザエ *Chicoreus asianus*	106
オニテッポウエビ *Alpheus disper*	52
オニノツノガイ *Cerithium nodulosum*	96
オニノハ *Tosatrochus attenuatus*	91
オニヒトデ *Acanthaster planci*	4・167
オハグロガキ *Saccostrea mordax*	126
オハグロシャジク *Clavus japonicus*	117
オビクラゲ *Cestum veneris*	161
オマールエビ(ロブスター) *Homarus gammarus*	55
オミナエシダカラ *Cypraea boivinii*	100
オヨギイソギンチャク *Boloceroides mcmurrichi*	152
オリヅルエビ *Neostylodactylus litoralis*	50
オルトマンワラエビ *Chirostylus ortmanni*	64
オルビニイモ *Conus orbignyi*	116
オワンクラゲ *Aequorea coerulescens*	159

カ

見出し	ページ
カイアシ類 *Copepoda spp.*	68
カイウミヒドラ *Hydractinia epiconcha*	158
カイエビ *Caenestheriella gifuensis*	68
カイカムリ *Lauridromia dehaani*	24
カイコウオオソコエビ *Hirondellea gigas*	144
カイチュウ *Ascaris lumbricoides*	193
カイメンガニ *Prismatopus longispinus*	29
カイメンホンヤドカリ *Pagurus pectinatus*	62
カイレイツノナシオハラエビ *Rimicaris kairei*	143
カイロウドウケツ *Euplectella aspergillum*	179
カガミガイ *Phacosoma japonicum*	131
カギツメピンノ *Pinnotheres pholadis*	40
カギノテクラゲ *Gonionema depressum*	159
カギムシの一種・カギムシのなかま *Peripatidae sp.*	194
ガクフイモ *Conus musicus*	114
カクベンケイ *Parasesarma pictum*	45
カコボラ *Cymatium parthenopeum*	103
カゴメガイ *Bedeva birileiffi*	108
カサガイ *Cellana mazatlandica*	90
カサネシリス *Amblyosyllis speciosa*	189
ガザミ *Portunus trituberculatus*	33
カザリイソギンチャクの一種 *Alicia* sp.	152
カズラガイ *Phalium flammiferum*	103
カスリオフェリア *Polyophthalmus pictus*	189
カセンガイ *Babelomurex lischkeanus*	107
カタツムリ	138
カタベガイ *Angaria neglecta*	93
カタヤマガイ(ミヤイリガイ) *Oncomelania nosophora*	96
カツオノエボシ *Physalia physails*	18・160
カツオノカンムリ *Velella velella*	160
カナメイロウミウシ *Hypselodoris kaname*	86
カニ	23
カニノテムシロ *Plicarcularia bellula*	109
カニモリガイ *Rhinoclavis kochi*	97
カノコアサリ *Glycydonta marica*	132
カノコガニ *Daira perlata*	32
カノコダカラ *Cypraea cribraria*	99
カバザクラ *Nitidotellina iridella*	134
カバホシダカラ *Cypraea lutea*	99
カバミナシ *Conus vexillum*	117
カブトエビの一種 *Triops sp.*	68
カブトガニ *Tachypleus tridentatus*	70
カブトクラゲ *Bolinopsis mikado*	161
カブラガイ *Rapa rapa*	108
カミクラゲ *Spirocodon saltatrix*	158
カミナリイカ *Sepia lycidas*	76
カムロガイ *Sundamitrella impolita*	108
カメノテ *Capitulum mitella*	17・68
カモガイ *Lottia dorsuosa*	90
カモメガイ *Penitella kamakurensis*	136
カモンダカラ *Cypraea helvola*	99
カヤノミカニモリ *Clypeomorus bifasciata*	96
カラカサクラゲ *Liriope tetraphylla*	159
カラスガイ *Cristaria plicata*	127
カラマツガイ *Siphonaria japonica*	140
カリオヒラムシ *Callioplana marginata*	182
カリガネエガイ *Barbatia virescens*	120
カルイシガニ *Daldorfa horrida*	32
カワアイ *Cerithidea djadjariensis*	96
カワザンショウガイ *Assiminea japonica*	96
カワシンジュガイ *Margaritifera laevis*	126
カワテブクロ *Choriaster granulatus*	167
カワニナ *Semisulcospira libertina*	15・95
カワラガイ *Fragum unedo*	130
ガンガゼ *Diadema setosum*	170
ガンガゼカクレエビ *Tuleariocaris zanzibarica*	51
ガンガゼモドキ *Echinothrix diadema*	170
カンザシヤドカリ *Paguritta vittata*	62
ガンゼキボラ *Chicoreus brunneus*	106

キ

キイボキヌハダウミウシ — 87
Gymnodoris rubropapulosa

キイロイガレイシ — 107
Drupa glossularia

キイロイボウミウシ — 87
Phyllidia ocellata

キイロダカラ — 99
Cypraea moneta

キクザル — 130
Chama japonica

キクノハナガイ — 140
Siphonaria sirius

キサゴ — 92
Umbonium costatum

キセルガイモドキ — 138
Mirus reinianus

キタクシノハクモヒトデ — 144・169
Ophiura sarsii

キタムラサキウニ — 171
Strongylocentrotus nudus

キッカイソギンチャク — 154
Stichodactylidae sp.

キヌガサガイ — 97
Stellaria exutus

キヌカツギイモ — 115
Conus flavidus

キヌザル — 130
Vasticardium arenicola

キヌタアゲマキ — 135
Solecurtus divaricatus

キヌボラ — 109
Reticunassa japonica

キヌマトイガイ — 135
Hiatella orientalis

キバアマガイ — 94
Nerita plicata

キバオウギガニ — 37
Lydia annulipes

キバタケ — 118
Oxymeris crenulatus

キベリクロスジウミウシ — 85
Chromodoris quadricolor

キメンガニ — 25
Dorippe sinica

ギヤマンクラゲ — 159
Tima formosa

キリオレ — 105
Viriola tricincta

キリガイ — 118
Triplostephanus triseriata

キンイロセトモノガイ — 97
Vitreolina auratas

ギンエビス — 92
Ginebis argenteonitens

ギンカクラゲ — 160
Porpita pacifica

キンギョガイ — 130
Nemocardium bechei

キンコ — 174
Cucumaria frondosa japonica Semper

キンシバイ — 109
Alectrion glans

キンセンガニ — 27
Matuta victor

キンチャクガイ — 123
Decatopecten striatus

キンチャクガニ — 38
Lybia tessellata

ク

クサビライシ — 150
Lobactis scutaria

クシクラゲ — 161

クシハダミドリイシ — 150
Acropora hyacinthus

クジャクガイ — 121
Septifer bilocularis

クズヤガイ — 90
Diodora sieboldii

クダボラ — 117
Turris crispa

クダマキガイ — 117
Lophiotoma leucotropis

クチグロキヌタ — 100
Cypraea onyx

クチバガイ — 133
Coecella chinensis

クチベニガイ — 136
Solidicorbula erythrodon

クチベニデ — 136
Anisocorbula venusta

クチベニヒモムシ — 187
Micrura bella

クチベニマイマイ — 139
Euhadra amaliae

クチムラサキサンゴヤドリ — 108
Coralliophila neritoides

クチムラサキダカラ — 100
Cypraea carneola

グビジンイソギンチャク — 153
Syichodactyla tapetum

クボガイ — 92
Chlorostoma lischkei

クマエビ — 18・20・49
Penaeus semisulcatus

クマサカガイ — 97
Xenophora pallidula

クマノコガイ — 92
Chlorostoma xanthostigma

クマムシ — 196

グミ — 174
Pseudocnus echinatus

クモガイ — 98
Lambis lambis

クモガタウミウシ — 85
Platydoris speciosa

クモガニ — 27
Oncinopus araeea

クモヒトデ — 168

クラゲ — 156

クラゲイソギンチャク属の一種 — 144
Actinoscyphia sp.

クラゲダコ — 82
Amphitretus pelagicus

クリイロイモ — 116
Conus radiatus

クリゲヒモムシ — 187
Tubulanus punctatus

クリフレイシ — 107
Thais luteostoma

クルマエビ — 48
Marsupenaeus japonicus

クルマガイ — 118
Architectonica trochlearis

クルマチグサ — 91
Eurytrochus cognatus

クロアワビ — 89
Haliotis discus

クロイソカイメン — 178
Halichondria okadai

クロイロコウガイビル — 183
Bipalium fuscatum

クロウニ — 172
Stomopneustes variolaris

クロガネイソギンチャク — 152
Anthopleura kurogane

クログチ — 121
Xenostrobus atratus

クロシタナシウミウシ — 87
Dendrodoris nigra

クロシュミセン — 123
Malleus malleus

クロスジウミウシ — 85
Chromodoris quadricolor

クロスジニセツノヒラムシ — 183
Pseudobiceros gratus

クロスジリュウグウウミウシ — 84
Nembrotha lineolata

クロタマキビ — 95
Littorina sitkana

クロチョウガイ — 124
Pinctada margaritifera

クロヅケガイ — 91
Monodonta neritoides

クロトゲホネガイ — 106
Murex ternispina

クロナマコ — 174
Holothuria (Halodeima) atra Jaeger

クロピンノ — 40
Pinnotheres bobinensis

クロフジツボ — 68
Tetraclita japonica

クロベンケイガニ — 45
Chiromantes dehaani

クロミナシ — 117
Conus bandanus

クロユリダカラ — 101
Cypraea guttata

ケ

ケアシガニ — 29
Maja spinigera

ケアシホンヤドカリ — 62
Pagurus lanuginosus

ゲイコツナメクジウオ — 145
Asymmetron inferum

ケイトウガイ — 130
Chama dunkeri

ケガイ — 121
Trichomya hirsuta

ケガキ — 126
Saccostea kegaki

ケガニ — 27
Erimacrus isenbeckii

ケショウシラトリ — 134
Macoma calcarea

ケハダヒザラガイ — 137
Acanthochitona defilippii

ケブカエンコウガニ — 40
Entricoplax vestita

ケブカガニ — 38
Pilumnus vespertilio

ケブカヒメヨコバサミ — 60
Paguristes ortmanni

ケフサイソガニ — 43
Hemigrapsus penicillatus

ケマンガイ — 131
Gafrarium divaricatum

ケムシヒザラガイ — 137
Cryptoplax japonica

ケヤリムシ — 189
Sabellastarte japonica

ケンサキイカ — 77
Loligo edulis

ゲンロクソデガイ — 119
Jupiteria confusa

コ

コアッキガイ — 106
Murex trapa

ゴイサギ — 134
Macoma tokyoensis

ゴイシガニ — 37
Palapedia integra

コイチョウガニ — 36
Glebocarcinus amphioetus

コイワイソギンチャクモドキの一種 — 155
Ricordea sp.

コウイカ — 75
Sepia esculenta

コウダカアオガイ — 90
Nipponacmea concinna

コウダカスカシガイ — 90
Puncturella nobilis

コウラナメクジ — 140
Limax flavus

コウラムシの一種 — 195
Rugiloricus sp.

ゴエモンコシオリエビ — 143
Shinkaia crosnieri

コオニコブシ — 113
Vasum turbinellum

ゴカイ — 188

コゲチャタケ — 118
Pristiterebra bifrons

ゴシキエビ — 56
Panulirus versicolor

コシダカウニ — 171
Mespilia globulus

コシダカエビス — 91
Calliostoma consors

コシダカガンガラ — 92
Omphalius rusticus

コシダカフジツガイ — 104
Cymatium dunkeri

コシマガリモエビ — 52
Heptacarpus geniculatus

コタマガイ — 132
Gomphina melanegis

コツブコケムシのなかま — 184
Cupuladria sp.

コノハガニ — 28
Huenia heraldica

コブカニダマシ — 65
Pachycheles stevensii

コブシガニ — 25
Euclosia obtusifrons

コブシメ — 75
Sepia latimanus

コブセミエビ — 57
Scyllaride haani

コブヒトデ — 167
Protoreaster nodosus

コベルトカニモリ(コオロギ) — 96
Cerithium dialeucum

コベルトフネガイ — 119
Arca boucardi

コマダライモ — 114
Conus chaldeus

コマチガニ — 38
Harrovia elegans

コマチコシオリエビ — 65
Allogalathea elegans

ゴマフイモ — 115
Conus pulicarius

ゴマフニナ — 96
Planaxis sulcatus

コメツキガニ — 41
Scopimera globosa

コモチイソギンチャク — 152
Epiactis japonica

コモチモミジ — 166
Trophodiscus almus

コモンウミウシ — 86
Chromodoris aureopurpurea

コモンガニ — 27
Ashtoret lunaris

コモンダカラ — 99
Cypraea erosa

コモンヤドカリ — 61
Dardanus megistos

コロモガイ — 113
Cancellaria spengleriana

コンゴウボラ — 113
Cancellaria laticosta

サ

サカマキガイ — 140
Physa acuta

サガミウミウシ — 86
Cadlinella sagamiensis

サガミミノウミウシ — 87
Phyllodesmium serratum

サギガイ — 134
Macoma sector

サキグロタマツメタ — 102
Euspira fortunei

サキシマオカヤドカリ — 62
Coenobita perlatus

サキシマミノウミウシ — 86
Flabellina ornata

サクラエビ — 49
Sergia lucens

サクラガイ — 134
Nitidotellina hokkaidoensis

サクラミミズ — 191
Eisenia japonica

ザクロガイ — 99
Erato callosa

サザエ — 93
Turbo cornutus

サザナミガイ — 135
Lyonsia ventricosa

サザナミショウグンエビ — 55
Enoplometopus voigtmanni

サツマアカガイ — 133
Paphia amabilis

サツマアサリ — 132
Antigona lamellaris

サツマツブリ — 106
Haustellum haustellum

サツマハオリムシ — 145・189
Lamellibrachia satsuma

サトウガイ(マルサルボウ) — 120
Scapharca satowi

サナダミズヒキガニ — 24
Latreillia valida

サビシラトリ — 134
Macoma contaculata

サメザラガイ — 135
Scutarcopagia scobinata

サメダカラ — 99
Cypraea staphylaea

サメハダオウギガニ — 37
Actaea semblatae

サメハダコケムシ — 185
Jellyella tuberculata

サメハダテナガダコ — 81
Octopus luteus

サメハダヘイケガニ — 25
Paradorippe granulata

サメハダホシムシ — 192
Phascolosoma scolops

サメムシロ — 108
Alectrion papillosus

サヤガタイモ — 115
Conus miliaris

サラガイ — 135
Megangulus venulosa

ザラカイメン — 179
Callyspongia confoederata

サラサウミウシ — 86・87
Chromodoris tinctoria

サラサエビ — 49
Rhynchocinetes uritai

サラサバイ — 93
Phasianella solida

サラサミナシ — 115
Conus capitaneus

サルエビ — 48
Trachypenaue curvirostris

ザルガイ — 130
Vasticardium burchardi

サルノカシラ — 130
Pseudochama retroversa

サルボウガイ — 120
Scapharca kagoshimensis

サワガニ — 14・46
Geothelphusa dehaani

サンゴイソギンチャク — 153
Enatacmaea quadricolor

サンゴガニ — 4・39
Trapezia cymodoce

サンゴモエビ — 52
Saron neglectus

サンゴヤドリガニ — 39
Hapalocarcinus marsupialis

サンショウウニ — 171
Temnopleurus toreumaticus

サンハチウロコムシ — 188
Hemilepidonotus helotypus

シ

シーボルトミミズ — 190
Amynthas sieboldi

シオサザナミガイ — 134
Gari truncata

シオツガイ — 133
Petricolirus aequistriatus

シオフキガイ — 133
Mactra veneriformis

シオマネキ — 42
Uca arcuata

シオミズツボワムシ — 181
Brachionus plicatilis sp. Complex

シオヤガイ — 132
Anomalocardia squamosa

シカクナマコ — 175
Stichopus chloronotus Brandt

シキシマフクロアミ — 69
Archaeomysis vulgaris

シコロエガイ — 120
Porterius dalli

シチクガイ — 118
Hastula rufopunctata

215

シヅガワロクソソメラ — 184 *Loxosomella shizugawaensis*	シロアンボイナ — 116 *Conus tulipa*	スナエビ — 53 *Pandalus prensor*
シドロガイ — 98 *Strombus japonicus*	シロイガレイシ — 107 *Drupa ricinus hadari*	スナガニ — 41 *Ocypode stimpsoni*
シナハマグリ — 131 *Meretrix petechialis*	シロウミウシ — 86 *Chromodoris orientalis*	スナヒトデ — 166 *Luidia quinaria*
シノマキ — 104 *Cymatium pileare*	シロウリガイ — 143 *Phreagena soyoae*	スナホリガの一種 — 65 *Hippa pacifica*
シバエビ — 48 *Metapenaeus joyneri*	シロガヤ — 159 *Aglaophenia whiteleggei*	スベスベサンゴヤドカリ — 61 *Clibanarius bimaculatus*
シボリダカラ — 100 *Cypraea limacina*	シロヒゲナマコ — 174 *Thyone benti Deichmann*	スベスベマンジュウガニ — 36 *Atergatus floridus*
シマアラレミクリ — 110 *Siphonalia pfefferi*	シロボヤ — 199 *Styela plicata*	スミゾメミノウミウシ — 87 *Protaeolidiella atra*
シマイシガニ — 35 *Charybdis feriata*	シロマダライモ — 115 *Conus nussatella*	スミノエガキ — 126 *Crassostrea ariakensis*
シマイシビル — 191 *Erpobdella lineata*	シワガザミ — 33 *Liocarcinus corrugatus*	スルメイカ — 78 *Todarodes pacificus*
シマイセエビ — 55 *Panulirus penicillatus*	シワホラダマシ — 110 *Cantharus mollis*	ズワイガニ — 29 *Chionoecetes opilio*
シマダコ — 80 *Octopus ornatus*	ジンガサウニ — 172 *Colobocentrotus mertensi*	
シマミミズ — 191 *Eisenia fetida*	シンデレラウミウシ — 85 *Hypselodoris apolegma*	**セ**
シマレイシガイダマシ — 107 *Morula musiva*	ジンドウイカ — 77 *Loliolus japonica*	セキコクヤギ — 149 *Isis hippuris*
シャコ — 67 *Oratosquilla oratoria*		セキモリ — 105 *Epitonium robillardi*
シャゴウ — 128 *Hippopus hippopus*	**ス**	赤痢アメーバ — 201 *Entamoeba histolytica*
ジャノメアメフラシ — 83 *Aplysia dactylomela*	スイジガイ — 98 *Lambis chiragra*	セグロサンゴヤドカリ — 61 *Calcinus gaimardii*
ジャノメガザミ — 34 *Portunus sanguinolentus*	スイショウガイ — 99 *Lunella correensis*	セコボラ — 110 *Siphonalia modificata*
ジャノメダカラ — 101 *Cypraea argus*	スガイ — 93 *Turbo coronata coreensis*	セスジシャコ — 67 *Lophosquilla costata*
ジャノメナマコ — 175 *Bohadschia argus Jaeger*	スカシガイ — 91 *Macroschisma sinense*	セスジビル — 191 *Whitmania edentula*
シャミセンガイ科の一種 — 186 *Lingula sp.*	スカシカシパン — 173 *Astriclypeus manni*	セタシジミ — 127 *Corbicula sandai*
ジュウイチトゲコブシガニ — 26 *Arcania undecimspinosa*	スクミリンゴガイ（ジャンボタニシ） — 95 *Pomacea canaliculata*	セノラブディティス・エレガンス（C. エレガンス） — 193 *Caenorhabditis elegans*
ジュウモンジダコ — 142 *Grimpoteuthis hippocrepium*	スケーリーフット — 143 *Chrysomallon squamiferum*	ゼブラガニ — 39 *Zebrida adamsii*
ジュズベリヒトデ — 166 *Fromia monilis*	スゲガサチョウチンの一種 — 186 *Discradisca sp.*	セミアサリ — 133 *Claudiconcha japonica*
ジュドウマクラ — 111 *Oliva miniacea*	スゴカイイソメ — 188 *Diopatra sugokai*	セミエビ — 57 *Scyllarides squamosus*
シュモクガイ — 123 *Malleus albus*	スザクサラサエビ — 49 *Rhynchocinetes durbanensis*	センジュイソギンチャク — 146 *Heteractis magnifica*
ショウジョウガイ — 124 *Spondylus regius*	スジイモ — 117 *Conus figulinus*	センジュナマコ — 144 *Scotoplanes globosa*
ショウジンガニ — 44 *Guinusia dentipes*	スジウズラガイ — 104 *Tonna olearium*	センナリウミヒドラ — 158 *Solanderia misakiensis*
ショクコウラ — 113 *Harpa major*	スジエビ — 50 *Palaemon paucidens*	センナリスナギンチャク — 155 *Parazoanthus sp.*
シライトマキバイ — 109 *Buccinum isaotakii*	スジエビモドキ — 50 *Palaemon serrifer*	
シラエビ — 50 *Pasiphaea japonica*	スジグロホラダマシ — 110 *Cantharus undora*	**ソ**
シラオガイ — 131 *Circe scripta*	スジヒラマキイモ — 115 *Conus ferrugineus*	ゾウリエビ — 57 *Parribacus japonicus*
シラクモガイ — 106 *Thais armigera*	スジホシムシモドキ — 192 *Siphonosoma cumanense*	ゾウリムシ — 200 *Paramecium caudatum*
シラタエビ — 50 *Exopalaemon orientis*	スズコケムシ — 184 *Barentsia discreta*	ソデイカ — 78 *Thysanoteuthis rhombus*
シラタマガイ — 99 *Trivirostra oryza*	スズメガイ — 97 *Hipponix trigona*	ソトオリガイ — 136 *Laternula marilina*
シラトリガイモドキ — 134 *Heteromacoma irus*	スソカケガイ — 90 *Montfortula picta*	ソバガラガニ — 32 *Trigonoplax unguiformis*
シラナミガイ — 128 *Tridacna maxima*	スダレガイ — 133 *Paphia lischkei*	ソメワケウミクワガタ — 69 *Elaphognathia discolor*
シラヒゲウニ — 171 *Tripneustes gratilla*	スナイソギンチャク — 153 *Dofleinia armata*	ソメンヤドカリ — 61 *Dardanus pedunculatus*

ソライロイボウミウシ ——— 87
Phyllidia coelestis

ソリハシコモンエビ ——— 50
Urocaridella sp.

タ

ダイオウイカ ——— 79・142
Architeuthis japonica

ダイオウグソクムシ ——— 69・142
Bathynomus giganteus

ダイオウゴカクヒトデ ——— 167
Mariaster giganteus

ダイオウタテジマウミウシ ——— 87
Armina major

タイショウエビ ——— 48
Fenneropenaeus chinensis

ダイダイイソカイメン ——— 178
Hymeniacidon synapium

ダイダイウミウシ ——— 87
Doriopsilla miniata

ダイミョウイモ ——— 114
Conus betulinus

太陽虫の一種 ——— 201
Raphidiophrys sp.

タイラギ ——— 122
Atrina pectinata

タイワンガザミ ——— 33
Portunus pelagicus

タカアシガニ ——— 30・145
Macrocheira kaempferi

タカノケフサイソガニ ——— 43
Hemigrapsus takanoi

タカノハガイ ——— 136
Ensiculus cultellus

タガヤサンミナシ ——— 114・141
Conus textile

タケノコガイ ——— 118
Terebra subulata

タケノコカニモリ ——— 96
Rhinoclavis vertagus

タコ ——— 74・80

タコクラゲ ——— 157
Mastigias papua

タコノマクラ ——— 18・173
Clypeaster japonicus

タコヒトデ ——— 168
Plazaster borealis

タコブネ(フネダコ) ——— 82
Argonauta hians

タツナミガイ ——— 83
Dolabella auricularia

タテジマイソギンチャク ——— 153
Diadumene lineata

タマエガイ ——— 121
Musculus cupreus

タマオウギガニ ——— 37
Calvactaea tumida

タマキガイ ——— 120
Glycymeris vestita

タマキビガイ ——— 96
Littorina brevicula

タマシキゴカイ ——— 16・189
Arenicola brasiliensis

タラバガニ ——— 64
Paralithodes camtschaticus

タルダカラ ——— 101
Cypraea talpa

タワシウニ ——— 172
Echinostrephus aciculatus

ダンベイキサゴ ——— 92
Umbonium giganteum

チ

チカクマムシ科の一種 ——— 196
Parastygarctus sp.

チグサガイ ——— 91
Cantharidus japonicus

チゴガニ ——— 41
Ilyoplax pusilla

チゴケムシの一種 ——— 185
Watersipora sp.

チサラガイ ——— 123
Gloripallium pallium

チスイビル ——— 191
Hirudo nipponia

チヂミウスコモンサンゴ ——— 150
Montipora aequituberculata

チヂミボラ ——— 107
Nucella lima

チトセボラ ——— 112
Fusinus nicobaricus

チビクモヒトデ ——— 168
Ophiactis savignyi

チマキボラ ——— 117
Thatcheria mirabilis

チャイロキヌタ ——— 99
Cypraea artuffeli

チャツボボヤ ——— 199
Didemnum molle

チュウゴクモクズガニ ——— 43
Eriocheir sinensis

チョウセンハマグリ ——— 73・131
Meretrix lamarckii

チョウセンフデ ——— 113
Mitra mitra

チョウメイムシ科の一種 ——— 196
Macrobiotus sp.

チヨノハナガイ ——— 133
Raetellops pulchellus

チリボタン ——— 124
Spondylus cruentus

チリメンナルトボラ ——— 103
Tutufa oyamai

チリメンボラ ——— 107
Rapana bezoar

チロリ ——— 188
Glycera nicobarica

チンウズムシの一種(ゼノターベラ ボッキ) ——— 197
Xenotubella bocki

チンチロフサゴカイ ——— 189
Loimia verrucosa

ツ

ツキガイ ——— 127
Codakia tigerina

ツキヒガイ ——— 124
Amussium japonicum japonicum

ツグチガイ ——— 99
Primovula triticea

ツタノハガイ ——— 90
Scutellastra flexuosa

ツチイロカイメン属の一種 ——— 178
Dysidea sp.

ツツウミヅタ ——— 148
Clavularia inflata

ツヅミクラゲ ——— 159
Aegina rosea

ツノガイ ——— 137
Antalis weinkauffi

ツノガイヤドカリ ——— 60
Pomatocheles jeffreysii

ツノガニ ——— 28
Hyastenus diacanthus

ツノキガイ ——— 112
Pleuroploca glabra

ツノナガコブシガニ ——— 16・26
Leucosia anatum

ツノマタカイメン ——— 179
Raspailia hirsuta

ツノマタナガニシ ——— 112
Fusinus tuberosus

ツノメガニ ——— 41
Ocypode cerathophthalmus

ツバイ ——— 109
Buccinum tsubai

ツバサゴカイ ——— 189
Chaetopterus cautus

ツブナリコケムシの一種 ——— 185
Amathia sp.

ツボカムリの一種 ——— 201
Difflugia sp.

ツボシメジカイメン ——— 179
Grantessa shimeji

ツボワムシ属の一種 ——— 181
Brachionus sp.

ツマジロナガウニ ——— 172
Echinometra sp.

ツメタガイ ——— 16・102
Glossaulax didyma

ツリガネムシの一種 ——— 200
Vorticella sp.

テ

テツイロナマコ ——— 175
Holothuria (Selenkothuria) moebii Ludwig

テッポウエビ ——— 52
Alpheus brevicristatus

テッポウエビモドキ ——— 52
Betaeus granulimanus

テヅルモヅル科の一種 ——— 144
Gorgonocephalidae gen. sp.

テナガエバリア ——— 25
Ebalia longimana

テナガエビ ——— 50
Macrobrachium nipponense

テナガコブシガニ ——— 25
Myra celeris

テナガダコ ——— 81
Octopus minor

テンガイ ——— 90
Diodora quadriradiatus

デンキクラゲ ——— 160

テングガイ ——— 106
Chicoreus ramosus

テングニシ ——— 112
Hemifusus tuba

テンテンウミウシ ——— 85
Halgerda brunneomaculata

テンニョノカムリ ——— 108
Babelomurex japonicus

テンロクケボリ ——— 99
Diminovula punctata

ト

トウイト ——— 110
Siphonalia fusoides

トウガタカニモリ ——— 96
Rhinoclavis sinensis

トウカムリ ——— 102
Cassis cornutus

ドウケツエビ ——— 54
Spongicola venusta

和名	学名	頁
トウヨウオニモエビ	Heptacarpus rectirostris	53
トウヨウコシオリエビ	Galathea orientalis	64
トウヨウホモラ	Homola orienetalis	25
トカシオリイレ	Cancellaria nodulifera	113
トガリオウギガニ	Cycloxanthops truncatus	37
トキソプラズマ	Toxoplasma gondii	201
トクサバイ	Phos senticosum	110
トゲアシガニ	Percnon planissimum	45
トゲクリガニ	Telmessus acutidens	27
トゲサンゴ	Seriatopora hystrix	150
トゲシャコ	Harpiosquilla harpax	67
トゲスギミドリイシ	Acropora intermedia	150
トゲツノメエビ	Phyllognathia ceratophthalma	51
トゲツメミズケムシの一種	Stylonychia sp.	200
トゲナシビワガニ	Lyreidus stenops	23
トゲノコギリガザミ	Scylla paramamosain	34
トゲヒオドシエビ	Acanthephyra eximia	49
トゲモミジガイ	Astropecten polyacanthus	166
トコブシ	Haliotis diversicolor aquatilis	89
トサカガキ	Lopha cristagalli	126
トックリガンガゼモドキ	Echinothrix calamaris	170
トビイカ	Sthenoteuthis oualaniensis	78
ドブガイ（ヌマガイ）	Anodonta woodiana	127
トマヤガイ	Cardita leana	129
トヤマエビ	Pandalus hypsinotus	53
トラノオガニ	Benthopanope indica	38
トラフカラッパ	Calappa lophos	26
トラフシャコ	Lysiosquillina maculata	67
トラフナマコ	Holothuria (Stauropora) pervicax Selenka	174
トリガイ	Fulvia mutica	130

ナ

和名	学名	頁
ナガイトカケ	Amaea magnifica	105
ナガイモ	Conus australis	116
ナガウニモドキ	Parasalenia gratiosa	172
ナガウバガイ	Spisula polynyma	133
ナガザル	Vasticardium enode	130
ナガタニシ	Heterogen longispira	95
ナガトゲクモヒトデ	Ophiothrix exigua	169
ナガニシ	Fusinus perplexus	111
ナガレサンゴ	Leptoria phrygia	151
ナガレハナサンゴ	Euphyllia ancora	151
ナキエンコウガニ	Propheticus musicus	39
ナキガザミ	Laleonectes nipponensis	34
ナスタオオウミグモ	Colossendeis nasuta	145
ナツモモ	Clanculus margaritarius	91
ナデシコガイ	Chlamys irregularis	122
ナベカムリの一種	Arcella sp.	201
ナマコ		174
ナミイソカイメン	Halichondria panicea	178
ナミウズムシ	Dugesia japonica	182
ナミガイ	Panopea japonica	135
ナミギセル	Phaedusa japonica	138
ナミノコガイ	Latona cuneata	133
ナミヒメムシロ	Reticunassa pauperus	109
ナミマイマイ	Euhadra sandai communis	139
ナメクジ	Meghimatium bilineatus	140
ナメクジウオ		198
ナワメグルマ	Heliacus enoshimensis	118
ナンヨウダカラ	Cypraea aurantium	101

ニ

和名	学名	頁
ニオガイ	Barnea manilensis	136
ニクイロヒタチオビ	Fulgoraria hirasei	114
ニシキアマオブネ	Nerita polita	94
ニシキウズ	Trochus maculatus	93
ニシキウミウシ	Ceratosoma trilobatum	86
ニシキエビ	Panulirus ornatus	56
ニシキツノガイ	Pictodentalium formosum	137
ニシキノキバフデ	Mitra stictica	112
ニシキヒザラガイ	Onithochiton hirasei	137
ニシキミナシ	Conus striatus	116
ニセイガグリウミウシ	Cadlinella subornatissima	86
ニセクロナマコ	Holothuria (Mertensiothuria) leucospilota	174
ニチリンイソギンチャク	Phymanthus sp.	154
ニチリンクラゲ	Solmaris rhodoloma	159
ニッポンウミシダ	Anneissia japonica	176
ニッポンヒトデ	Distolasterias nipon	168
ニッポンマイマイ	Satsuma japonica	138
ニッポンヨコエビ	Gammarus nipponensis	69
日本海裂頭条虫	Diphyllobothrium nihonkaiense	183
ニホンクモヒトデ	Ophioplocus japonicus	168
ニホンザリガニ	Cambaroides japonicus	54
日本住血吸虫	Schistosoma japonicum	183
ニホンスナモグリ	Niphonotrypaea japonica	66
ニホントゲクマムシ	Echiniscus japonicus	196
ニンジンイソギンチャク	Paracondylactis hertwigi	153

ヌ

和名	学名	頁
ヌカエビ	Paratya improvisa	49
ヌノノメアカガイ	Cucullaea labiata	120
ヌノメイトマキヒトデ	Aquilonastra batheri	167
ヌノメガイ	Periglypta puerpera	131
ヌマエビ	Paratya compressa	49

ネ

和名	学名	頁
ネコガイ	Eunaticina papilla	101
ネジガイ	Gyroscala lamellosa	105
ネジボラ	Japelion pericochlion	109

ノ

和名	学名	頁
ノコギリウニ	Prionocidaris baculosa annulifera	170
ノコギリガニ	Schizophrys aspera	29
ノシガイ	Eugina mendicaria	110
ノラクラミミズ	Amynthas megascolidioides	190

ハ

和名	学名	頁
バイ	Balylonia japonica	109
ハイガイ	Tegillarca granosa	120
バイカナマコ	Thelenota ananas	175
パイプウニ	Heterocentrotus mamillatus	172

和名	学名	頁
バカガイ	*Mactra chinensis*	133
ハクセンアカホシカクレエビ	*Ancylomenes kobayashii*	51
ハクセンシオマネキ	*Uca lactea*	42
バクダンウニ	*Phyllacanthus dubius*	170
ハコエビ	*Linuparus trigonus*	56
ハゴロモガイ	*Dilvarca ferruginea*	120
ハスノハカシパン	*Scaphechinus mirabilis*	173
ハダカカメガイ（クリオネ）	*Clione limacina*	19・84
ハダカモミジ	*Dipsacaster pretiosus*	166
ハタゴイソギンチャク	*Stichodactyla gigantea*	153
ハチジョウダカラ	*Cypraea mauritiana*	101
ハッキガイ	*Siratus pliciferoides*	106
ハッタミミズ	*Drawida hattamimizu*	190
ハツユキダカラ	*Cypraea miliaris*	100
バテイラ	*Omphalius pfeifferi*	93
ハナイカ	*Metasepia tullbergi*	76
ハナウミシダ	*Comaster nobilis*	176
ハナオトメウミウシ	*Dermatobranchus ornatus*	87
ハナガサクラゲ	*Olindias for mosa*	159
ハナクマムシ属の一種	*Florarctus* sp.	196
ハナグモリガイ	*Glauconome chinensis*	135
ハナサキガニ	*Paralithodes brevipes*	63
ハナチグサ	*Cantharidus callichroa*	91
ハナデンシャ	*Kalinga ornata*	84
ハナヒシガニ	*Patulambrus nummiferus*	32
ハナビラダカラ	*Cypraea annulus*	99
ハナマルユキ	*Cypraea caputserpentis*	100
ハナムシロ	*Zeuxis castus*	109
ハナワイモ	*Conus sponsalis*	114
ハネウミヒドラ	*Halocor dyle disticha*	158
ハネジナマコ	*Holothuria (Metriatyla) scabra Jaeger*	175
ババガセ	*Placiphorella stimpsoni*	137
ハブクラゲ	*Chironex yamaguchii*	160
バフンウニ	*Hemicentrotus pulcherrimus*	171
ハボウキガイ	*Pinna bicolor*	122
ハマガニ	*Chasmagnathus convexus*	44
ハマグリ	*Meretrix lusoria*	131
ハラダカラ	*Cypraea mappa*	101
ハリエビス	*Lischkeia alwinae*	91
ハリガネムシの一種	*Gordioidea*	194
ハリセンボン	*Pleistacantha sanctijohannis*	28
ハルシャガイ	*Conus tessulatus*	115

ヒ

和名	学名	頁
ヒオウギ	*Mimachlamys nobilis*	123
ヒオドシイソギンチャク	*Anthopleura pacifica*	153
ヒガシナメクジウオ	*Branchiostoma japonicum*	198
ヒカリウミウシ	*Plocamopherus tilesii*	84
ヒカリダンゴイカ	*Heteroteuthis (Stephanoteuthis)* sp. aff. *atlantis*	76
ヒカリボヤ	*Pyrosoma atlanticum*	199
ヒゲガニ	*Jonas distincta*	36
ヒゲトゲカワ	*Echinoderes sensibilis*	195
ヒゴロモエビ（ブドウエビ）	*Pandalopsis coccinata*	53
ヒザラガイ（ジイガセ）	*Acanthopleura japonica*	137
ヒシガタコブシガニ	*Serulocia rhomboidalis*	26
ヒシガニ	*Platylambrus validus*	32
ヒダリマキイグチ	*Antiplanes contraria*	117
ヒダリマキマイマイ	*Euhadra quaesita*	139
ヒヅメガニ	*Etisus laevimanus*	37
ヒトエカンザシ	*Serpula vermicularis*	189
ヒトツモンミミズ	*Amynthas hilgendorfi*	190
ヒトデ		166
ヒトハダサンゴヤドリ	*Coralliophila madreporaria*	108
ヒドラの一種	*Hydra* sp.	158
ヒナガイ	*Dosinorbis bilunulatus*	131
ヒバリガイ	*Modiolus nipponicus*	121
ヒバリガイモドキ	*Hormomya mutabilis*	121
ヒメアサリ	*Ruditapes variegatus*	132
ヒメアワビ	*Stomatella impertusa*	93
ヒメイカ	*Idiosepius paradoxus*	76
ヒメイガイ	*Septifer keenac*	121
ヒメイソギンチャク	*Anthopleura asiatica*	152
ヒメイトマキボラ	*Pleuroploca trapezium paeteli*	111
ヒメイナミガイ	*Gafrarium dispar*	132
ヒメオウギガニ	*Paraxanthias elegans*	37
ヒメクダウミヒドラ	*Tubu laria venusta*	158
ヒメクロナガウニ	*Echinometra oblonga*	172
ヒメケハダヒザラガイ	*Acanthochitona achates*	137
ヒメケブカガニ	*Pilumnus minutus*	38
ヒメコザラ	*Patelloida heroldi*	90
ヒメシオマネキ	*Uca vocans*	42
ヒメジャコ	*Tridacna crocea*	19・128
ヒメシラトリ	*Macoma incongrua*	134
ヒメセミエビ	*Chelarctus virgosus*	57
ヒメタニシ	*Sinotaia quadrata histricus*	95
ヒメトクサ	*Brevimyurella japonica*	118
ヒメハナギンチャク	*Pachycerianthus magnus*	155
ヒメベニツケガニ	*Thalamita picta*	35
ヒメホウキムシ	*Phoronis ijimai*	186
ヒメモノアラガイ	*Austropeplea ollula*	140
ヒメヤタテ	*Strigatella auriculoides*	113
ヒメヨウラク	*Ergalatax contractus*	107
ヒョウモンダコ	*Hapalochlaena fasciata*	81
ヒラアシエゾイバラガニ	*Paralomis cristata*	63
ヒライソガニ	*Gaetice depressus*	44
ヒラサザエ	*Pomaulax japonicus*	94
ヒラセイモ	*Conus hirasei*	114
ヒラツメガニ	*Ovalipes punctatus*	34
ヒラテテナガエビ	*Macrobrachium japonicum*	51
ヒラノマクラ	*Adipicola pacifica*	145
ヒラフネガイ	*Ergaea walshi*	97
ヒラムシ		182
ヒルガタワムシ科の一種	*Philodidae* sp.	181
ヒレガイ	*Ceratostoma burnetti*	106
ヒレジャコ	*Tridacna squamosa*	129
ヒレナシジャコ	*Tridacna derasa*	128
ヒロフサコケムシ	*Bugula umbelliformis*	184
ビワガイ	*Ficus subintermedia*	104
ビワガニ	*Lyreidus tridentatus*	23

フ

- フウセンクラゲ — 161
  Hormiphora palmata
- フクラヤムシ — 193
  Flaccisagitta enflata
- フクロウニ目の一種 — 144
  Echinothurioida
- フサコケムシ — 185
  Bugula neritina
- フサトゲニチリンヒトデ — 168
  Crossaster papposus
- フシザオウニ — 170
  Plococidaris verticillata
- フジツガイ — 103
  Cymatium lotorium
- フジツボ — 68
- フシデサソリ — 98
  Lambis scorpius
- フジナマコ — 175
  Holothuria (Thymiosycia) decorata Marenzeller von
- フジナミガイ — 134
  Soletellina boeddinghausi
- フジノハナガイ — 133
  Chion semigranosa
- フタバベニツケガニ — 35
  Thalamita sima
- フタホシイシガニ — 35
  Charybdis bimaculata
- フタミゾテッポウエビ — 52
  Alpheus bisincisus
- フツウミミズ — 190
  Amynthas communissimus
- フデガイ — 112
  Mitra inquinata
- フトコロガイ — 108
  Euplica scripta
- フトスジミミズ — 190
  Amynthas vittatus
- フトミゾエビ — 49
  Melicertus latisulcatus
- フトメリタヨコエビ — 69
  Melita rylovae
- フトユビシャコ — 67
  Gonodactylus chiragra
- フドロガイ — 99
  Strombus marginatus robustus
- フナガタガイ — 129
  Trapezium bicarinatum
- フナクイムシ — 136
  Teredo navalis
- フナムシ — 69
  Ligia exotica
- フネガイ — 120
  Arca avellana
- ブラックタイガー — 48
- フルイガイ — 135
  Semele cordiformis
- フレリトゲアメフラシ — 141
  Bursatella leachii
- フロガイダマシ — 101
  Naticarius concinnus

ヘ

- ヘイケガニ — 25
  Heikeopsis japonica
- ヘイトウシンカイヒバリガイ — 143
  Bathymodiolus platifrons
- 平板動物の一種 — 180
  Placozoa sp.

- ベッコウイモ — 115
  Conus fulmen
- ベッコウガキ — 126
  Neopychodonte cochlear
- ベッコウガサ — 90
  Cellana grata
- ヘナタリ — 96
  Cerithidea cingulata
- ベニイシガニ — 35
  Charybdis acuta
- ベニウミトサカ — 149
  Scleronephthya gracillima
- ベニオウギガニ — 37
  Liomera venosa
- ベニガイ — 135
  Pharaonella sieboldii
- ベニクダウミヒドラ — 158
  Tubularia mesembryanthemum
- ベニシオマネキ — 42
  Uca crassipes
- ベニシボリガイ — 85
  Bullina lineata
- ベニズワイガニ — 29
  Chionoecetes japonicus
- ベニツケガニ — 34
  Thalamita pelsarti
- ベニハイチュウ — 180
  Dicyema erythrum
- ベニヒモイソギンチャク — 154
  Calliactis polypus
- ベニホシマンジュウガニ — 37
  Liagore rubromaculata
- ベニホンヤドカリ — 62
  Pagurus rubrior
- ベニワモンヤドカリ — 60
  Ciliopagurus strigatus
- ヘリトリコブシガニ — 25
  Philyra heterograna
- ヘリトリマンジュウガニ — 36
  Atergatis reticulatus
- ベンケイガイ — 120
  Glycymeris albolineata
- ベンケイガニ — 45
  Sesarmops intermedium
- ヘンゲボヤ — 199
  Polycitor proliferus

ホ

- ホウキムシ — 186
  Phoronis australis
- 放散虫 — 201
  Radiolaria
- ボウシュウボラ — 104
  Charonia lampas sauliae
- ホウシュノタマ — 101
  Natica gualteriana
- 包条虫（エキノコックス）の一種 — 183
  Echinococcus multilocularis
- ボウズイカ — 76
  Rossia pacifica
- ボウズコウイカ — 75
  Sepia erostrata
- ボウズボヤ — 199
  Syndiazona grandis
- ホウネンエビ — 15・68
  Branchinella kugenumaensis
- ホオズキチョウチンの一種 — 186
  Terebratulina sp.
- ホオズキフシエラガイ — 84
  Berthellina citrina
- ホクロガイ — 133
  Oxyperas bernardi

- ボサツガイ — 108
  Anachis misera
- ホシキヌタ — 100
  Cypraea vitellus
- ホシズナ — 201
  Baculogypsina sphaerulata
- ホシゾラホンヤドカリ — 62
  Pagurus maculosus
- ホシダカラ — 101
  Cypraea tigris
- ホシベニサンゴガニ — 39
  Quadrella maculosa
- ホシマンジュウガニ — 36
  Atergatis integerrimus
- ホソウミニナ — 96
  Batillaria cumingii
- ホソスジイナミガイ — 131
  Gafrarium pectinatum
- ホソモエビ — 52
  Latreutes acicularis
- ホタテガイ — 123
  Patinopecten yessoensis
- ホタルイカ — 76
  Watasenia scintillans
- ホタルガイ — 111
  Olivella japonica
- ホタルミミズ — 190
  Microscolex phosphoreus
- ボタンエビ — 53
  Pandalus nipponensis
- ホッカイエビ — 54
  Pandalus latirostris
- ホッコクアカエビ（アマエビ） — 53
  Pandalus eous
- ホトトギスガイ — 121
  Musculista senhousia
- ホネガイ — 105
  Murex pecten
- ホネクイハナムシ — 145
  Osedax japonicus
- ボネリムシ — 192
  Bonellia minor
- ホヤ — 198
- ホラガイ — 104
  Charonia tritonis
- ホリモンツキテッポウエビ — 52
  Alpheus sp.
- ホンカリガネガイ — 117
  Gemmula unedo
- ホンコンイシガニ — 35
  Charybdis anisodon
- ホンドオニヤドカリ — 60
  Aniculus miyakei
- ホンナガウニ — 172
  Echinometra mathaei
- ホンヒタチオビ — 113
  Fulgoraria prevostiana
- ホンビノスガイ — 131
  Mercenaria mercenaria
- ホンヤドカリ — 17・62
  Pagurus filholi

マ

- マガキ — 126
  Crassostrea gigas
- マガキガイ — 98
  Strombus luhuanus
- マキアゲエビス — 91
  Turcica coreensis
- マキモノシャジク — 117
  Tomopleura nivea

マクラガイ *Oliva mustelina* — 111	マンボウガイ *Cypraecassis rufa* — 103	ミミイカ *Euprymna morsei* — 76
マシジミ *Corbicula leana* — 127		ミミガイ *Haliotis asinina* — 89
マダカアワビ *Haliotis madaka* — 89	## ミ	ミミズ — 190
マダコ *Octopus vulgaris* — 80	ミオツクシ *Siphonalia trochula* — 110	ミヤシロガイ *Tonna sulcosa* — 105
マダライモ *Conus ebraeus* — 114	ミガキボラ *Kelletia lischkei* — 110	ミルクイ *Tresus keenae* — 133
マダラウニ *Pseudoboletia indiana* — 171	ミカドウミウシ *Hexabranchus sanguineus* — 86	
マダラテッポウエビ *Alpheus pacificus* — 52	ミカドミナシ *Conus imperialis* — 116	## ム
マダラヒモムシ *Nipponnemertes punctatula* — 187	ミクリガイ *Siphonalia cassidariaeformis* — 110	ムカシタモト *Strombus mutabilis* — 98
マツカサウニ *Eucidaris metularia* — 170	ミサキギボシムシ *Balanoglossus misakiensis* — 197	ムギガイ *Mitrella bicincta* — 108
マツカサガイ *Inversidens japanensis* — 127	ミスガイ *Hydatina physis* — 85	ムシエビガイ *Pyrene flava* — 108
マツカゼガイ *Irus mitis* — 132	ミズガメカイメン *Xestospongia testudinaria* — 178	ムシボタル *Olivella fulgurata* — 111
マツカワガイ *Biplex perca* — 103	ミズクラゲ *Aurelia aurita* — 18・156	ムシモドキギンチャクの一種 *Edwardsiidae sp.* — 154
マツバガイ *Cellana nigrolineata* — 17・90	ミズジアオイロウミウシ *Chromodoris lochi* — 86	ムシロガイ *Niotha livescens* — 109
マツバガニ *Hypothalassia armata* — 38	ミスジマイマイ *Euhadra peliomphala* — 139	ムチカラマツエビ *Pontonides sp.* — 50
マツムシ *Pyrene testudinaria tylerae* — 108	ミズダコ *Octopus dofleini* — 81	ムツハオウギガニ *Leptodius sanguineus* — 36
マツヤマワスレ *Callista chinensis* — 131	ミズタマサンゴ *Plerogyra sinuosa* — 151	ムラサキイガイ（ムールガイ） *Mytilus galloprovincialis* — 122
マテガイ *Solen strictus* — 136	ミズヒキガニ *Eplumura phalangium* — 24	ムラサキイガレイシ *Drupa morum* — 107
マナマコ *Apostichopus armata* — 165・175	ミゾガイ *Siliqua pulchella* — 136	ムラサキインコ *Septifer virgatus* — 121
マネチカクマムシ属の一種 *Parastygarctus sp.* — 196	ミダレシマヤタテ *Strigatella litterata* — 113	ムラサキウニ *Anthocidaris crassispina* — 17・164・172
マバラマキエダウミユリ *Diplocrinus alternicirrus* — 144	ミツハキンセンモドキ *Mursia trispinosa* — 27	ムラサキウミコチョウ *Sagaminopteron ornatum* — 84
マヒトデ *Asterias amurensis* — 168	ミドリイガイ *Perna viridis* — 121	ムラサキオカガニ *Gecarcoidea lalandii* — 46
マベ *Pteria penguin* — 124	ミドリイソギンチャク *Anthopleura fuscoviridis* — 153	ムラサキオカヤドカリ *Coenobita purpureus* — 61
マボヤ *Halocynthia roretzi* — 198	ミドリシャミセンガイ *Lingula anatina* — 186	ムラサキガイ *Soletellina diphos* — 134
マミズクラゲ *Craspedacusta sowerbyi* — 159	ミドリゾウリムシ *Paramecium bursaria* — 200	ムラサキカイメン *Haliclona permollis* — 179
マメコブシガニ *Philyra pisum* — 26	ミドリヒモムシ *Lineus fuscoviridis* — 187	ムラサキクラゲ *Thysanostoma thysanura* — 157
マメホネナシサンゴの一種 *Corynactis sp.* — 155	ミドリユムシ科の一種 *Thalassematidae sp.* — 192	ムラサキクルマナマコ *Polycheira rufescens* — 175
マユツクリガイ *Siphonalia spadicea* — 110	ミナベトサカ属の一種 *Minabea sp.* — 148	ムラサキゼブラヤドカリ *Pylopaguropsis keiji* — 63
マラリア原虫の一種 *Plasmodium sp.* — 201	ミナミアシハラガニ *Pseudohelice subquadrata* — 45	ムラサキツノマタガイモドキ *Peristernia nassatula* — 111
マルソデカラッパ *Calappa calappa* — 27	ミナミウミサボテン *Cavernularia orientalis* — 149	ムラサキハナギンチャク *Cerianthus filiformis* — 155
マルタニシ *Cipangopaludina chinensis laeta* — 14・95	ミナミウメボシイソギンチャク *Anemonia sp.* — 152	
マルツノガイ *Pictodentalium vernerdi* — 137	ミナミオカガニ *Cardisoma carnifex* — 46	## メ
マルテンスマツムシ *Mitrella martensi* — 108	ミナミコメツキガニ *Mictyris guinotae* — 41	メガイアワビ *Haliotis gigantea* — 89
マルバガニ *Eucrate crenata* — 40	ミナミスナガニ *Ocypode cordimana* — 41	メガネカラッパ *Calappa philargius* — 26
マルピンノ *Pinnotheres cyclinus* — 40	ミナミテナガエビ *Macrobrachium formosense* — 51	メダカラ *Cypraea gracilis* — 100
マルフデ *Mitra cardinalis* — 112	ミナミヌマエビ *Neocaridina denticulata* — 15・49	メナガエンコウガニ *Ommatocarcinus pulcher* — 40
マンジュウヒトデ *Culcita novaeguineae* — 19・167	ミノウミウシのなかま *Aeolidiella sp.* — 84	メナガガザミ *Podophthalmus vigil* — 34
マンジュウボヤ *Aplidium pliciferum* — 198	ミノガイ *Lima vulgaris* — 124	メノコヒモムシ *Quasitetrastemma nigrifrons* — 187

モ

メリベウミウシ — 86
Melibe japonica

メンコヒシガニ — 32
Aethra scruposa

モ

モクズガニ — 15・43
Eriocheir japonica

モクズショイ — 28
Camposcia retusa

モクハチアオイ — 130
Lunulicardia retusa

モクヨクカイメン — 179
Spongia officinalis

モスソガイ — 110
Volutharpa ampullacea perryi

モツレフトヤギ — 149
Euplexaura anastomosans

モノアラガイ — 140
Radix japonicus

モミジガイ — 16・166
Astropecten scoparius

モミジボラ — 117
Inquisitor jeffreysii

モモエボラ — 113
Cancellaria sinensis

モモノハナガイ — 134
Moerella jedoensis

モンツキイシガニ — 35
Charybdis lucifera

モンハナシャコ — 67
Odontodactylus scyllarus

ヤ

ヤエウメ — 129
Phlyctiderma japonicum

ヤカドツノガイ — 137
Dentalium octangulatum

ヤクシマダカラ — 100
Cypraea arabica

ヤゲンイグチ — 117
Aforia diomedea

ヤコウガイ — 94
Turbo marmoratus

ヤシガニ — 62
Birgus latro

ヤジリアミコケムシの一種 — 185
Triphyllozoon sp.

ヤタテガイ — 113
Strigatella scutula

ヤツシロガイ — 105
Tonna luteostoma

ヤツデスナヒトデ — 166
Luidia maculata

ヤツデヒトデ — 168
Coscinasterias acutispina

ヤドカリ — 60

ヤナギウミエラ — 149
Virgularia gustaviana

ヤナギシボリイモ — 115
Conus miles

ヤナギシボリダカラ — 99
Cypraea isabella

ヤマキサゴ — 95
Waldemaria japonica

ヤマグルマ — 95
Spirostoma japonicum

ヤマタニシ — 95
Cyclophorus herklotsi

ヤマトウミウシ — 85
Homoiodoris japonica

ヤマトオサガニ — 16・41
Macrphthalmus japonicus

ヤマトカワゴカイ — 188
Hediste diadroma

ヤマトシジミ — 127
Corbicula japonica

ヤマトホンヤドカリ — 62
Pagurus japonicus

ヤマビル — 191
Haemadipsa japonica

ヤリイカ — 77
Loligo bleekeri

ヤワハネコケムシ — 185
Hyalinella punctata

ヤワラガニ — 32
Rhinchoplax messor

ユ

ユウシオガイ — 134
Morella rutila

ユウゼンウミウシ — 85
Platydoris cruenta

ユウモンガニ — 36
Carpilius convexus

ユウレイクラゲ — 156
Cyanea nozakii

ユキノカサガイ — 90
Niveotectura pallida

ユキミノガイ — 124
Limaria basilanica

ユズダマカイメン — 179
Tethya aurantium

ユノハナガニ — 19・143
Gandalfus yunohana

ユビナガホンヤドカリ — 62
Pagurus minutus

ユビワサンゴヤドカリ — 61
Calcinus elegans

ユムシ — 192
Urechis unicinctus

ユメナマコ — 142
Enypniastes eximia

ヨ

ヨウラククラゲ — 160
Agalma okenii

ヨコスジヤドカリ — 61
Dardanus arrosor

ヨコヅナクマムシ — 196
Ramzzottius varieornatus

ヨコツノコブシガニ — 26
Arcania cornuta

ヨツアナカシパン — 173
Peronella japonica

ヨツハモガニ — 28
Pugettia quadridens

ヨツモンカラッパ — 26
Calappa quadrimaculata

ヨツワクガビル — 191
Orobdella whitmani

ヨフバイ — 108
Talasco sufflatus

ヨメガカサ — 90
Cellana toreuma

ヨロイイソギンチャク — 153
Anthopleura uchidai

ラ

ラクダガイ — 98
Lambis truncata sebae

ラジノリンクス属の一種 — 181
Rhadinorhynchus sp.

ラッパウニ — 171
Toxopneustes pileolus

ラッパムシの一種 — 200
Stentor sp.

リ

リュウキュウアオイ — 130
Corculum cardissa

リュウキュウアサリ — 132
Tapes literatus

リュウキュウウミシダ — 176
Anneissia bennetti

リュウキュウザル — 130
Regozara flavum

リュウキュウサルボウ — 120
Anadara antiquata

リュウキュウシオマネキ — 42
Uca coarctata

リュウキュウシラトリ — 134
Quidnipagus palatum

リュウキュウタケ — 118
Oxymeris maculatus

リュウキュウナガウニ — 172
Echinometra sp.

リュウキュウバカガイ — 133
Mactra maculata

リュウキュウフジナマコ — 175
Holothuria (Mertensiothuria) hilla Lesson

リュウキュウマスオ — 134
Asaphis violascens

リュウグウオキナエビスガイ — 89
Entemnotrochus rumphii

リュウグウサクラヒトデ — 167
Astrosarkus idipi

リュウテン — 94
Turbo petholatus

リンボウガイ — 93
Guildfordia triumphans

ル

ルソンヒトデ — 168
Echinaster luzonicus

ルリイロモザイクヒトデ — 167
Halityle regularis

ルリガイ — 105
Janthina prolongata

レ

レイシガイ — 107
Thais bronni

レイシガイダマシ — 107
Morula granulata

レイシガイダマシモドキ — 107
Muricodrupa fusca

レンジャクガイ — 103
Casmaria ponderosa nipponensis

ロ

ロウソクガイ — 116
Conus quericinus

ワ

ワシノハガイ —————— 119
Arca navicularis

ワスレガイ —————— 131
Cyclosunetta menstrualis

ワタゲカムリ —————— 24
Metadromia fultoni

ワダチバイ —————— 110
Ancistrolepis grammata

ワダツミギボシムシ —————— 197
Balanoglossus carnosus

ワタリガニ —————— 33

ワモンクモヒトデ —————— 169
Ophiolepis superba

[総監修]
武田正倫（国立科学博物館　名誉研究員）

[監修・指導]
奥谷喬司（東京水産大学名誉教授　日本貝類学会名誉会長）
荒川和晴（慶應義塾大学先端生命科学研究所特任准教授）
有山啓之（大阪市立自然史博物館外来研究員）
伊勢優史（名古屋大学大学院理学研究科附属臨海実験所特任助教）
伊勢戸徹（海洋研究開発機構地球情報基盤センター　技術副主幹）
岩尾研二（阿嘉島臨海研究所）
巌城隆（目黒寄生虫館研究室長）
岩瀬文人（四国海と生き物研究室）
奥野淳兒（千葉県立中央博物館分館　海の博物館主任上席研究員）
柁原宏（北海道大学大学院理学研究院准教授）
金城その子（国立遺伝学研究所）
倉持卓司（葉山しおさい博物館）
小磯雅彦（水産研究・教育機構　西海区水産研究所亜熱帯研究センター生産技術グループ長）
木暮陽一（国立研究開発法人　水産研究・教育機構　日本海区水産研究所）
小郷一三（大阪市立自然史博物館外来研究員）
土田真二（海洋開発研究機構海洋生物多様性研究分野技術副主幹）
中野隆文（日本学術振興会特別研究員）
中野裕昭（筑波大学下田臨海実験センター准教授）
並河洋（国立科学博物館動物研究部　研究主幹）
西川輝昭（国立科学博物館客員研究員）
野崎久義（東京大学大学院理学系研究科准教授）
浜野龍夫（徳島大学大学院生物資源産業研究部教授）
平塚悠治（沖電開発・水産養殖研究センター）
広瀬雅人（東京大学大気海洋研究所国際沿岸海洋研究センター特任助教）
藤本心太（東北大学大学院生命科学研究科附属浅虫海洋生物学教育研究センター助教）
堀川大樹（慶應義塾大学先端生命科学研究所特任講師）
南谷幸雄（栃木県立博物館研究員）
柳研介（千葉県立中央博物館分館　海の博物館主任上席研究員）
山崎博史（フンボルト博物館研究員）
山西良平（西宮市貝類館　顧問）

[協力]
大越健嗣（東邦大学理学部生命圏環境科学科教授）、鈴木聖宏、石巻専修大学、谷茉沙子
JAMSTEC（海洋開発研究機構）

[写真]
高田竜（表紙）、AGE、アフロ、アマナイメージズ、JAMSTEC（海洋開発研究機構）、
OPO、PIXTA、PPS通信社、阿嘉島臨海研究所、
浅川学、荒川和晴、有山啓之、石巻専修大学、伊勢優史、伊勢戸徹、岩瀬文人、
海遊び・森遊び　きじむなあ、大木邦彦、大越健嗣、沖縄美ら海水族館、奥祐三郎、
奥谷喬司、奥野淳兒、小野篤司、鹿児島県立博物館、柁原宏、
北九州市立自然史・歴史博物館、北九州市博物館、北村真珠養殖株式会社、
倉持卓司、小磯雅彦、コーベットフォトエージェンシー、木暮陽一、小林安雅、
西海国立公園九十九島水族館 海きらら、斉藤秀明、佐々木寸、佐藤正典、柴田康平、
高久至、田口哲、武田正倫、為後智康、多留聖典、
千葉県立中央博物館 分館 海の博物館、土田真二、鶴岡市立加茂水族館、
東京都島しょ農林水産総合センター、東邦大学、冨樫敬、中野隆文、中野裕昭、
中村宏治、西川輝昭、秦康之、濱直大、早川昌志、逸見泰久、平塚悠治、広瀬雅人、
藤田喜久、藤田和彦、藤本心太、藤原義弘、古屋秀隆、ぼうずコンニャク、
HP「土佐の自然ギャラリー」町田吉彦（高知大学名誉教授）、堀川大樹、
ボルボックス、前之園唯史（株式会社かんきょう社）、漫湖水鳥・湿地センター、
ミキモト真珠島、南谷幸雄、目黒寄生虫館、
森拓也（すさみ町立エビとカニの水族館）、森久拓也、森山敦（OCEANUS）、
安延尚文、柳研介、山崎博史、山西良平、吉野雄輔、
リフトアップ石垣島エコツアー青木康夫

[図版・イラスト]
アート工房、川下隆、入澤芽、いずもり・よう

[カバーデザイン・装丁・レイアウト]
FROG KING STUDIO
（近藤琢斗／石黒美和／今成麻緒／冨岡夏海）

[本文レイアウト]
アド・クレール

[表紙画像レタッチ]
アフロビジョン

[編集協力]
λプロダクション（入澤宣幸、木村敦美）、
美和企画（笹原依子）、トリトン（大木邦彦）、
鈴木進吾、安延尚文、ミュール（柏原羽美）、
STUDIO PORCUPINE（川嶋隆義）

[校正]
滝田あゆみ、タクトシステム

[企画編集]
吉田優子、松下清、杉田祐樹、高田竜

<DVD映像制作>
[英語ナレーション]
DAVID ATTENBOROUGH

[日本語翻訳]
木村敦美

[日本語ナレーション]
江原正士

[メニュー画面制作]
村上ゆみ子

[制作協力]
田辺弘樹（シグレゴコチ）

<見てみようAR制作>
[動画提供]
荒川和晴、京都大学白浜水族館、
小林安雅、田口哲、
PIXTA、Shutterstock
学研教育アイ・シー・ティー

[3DAR制作]
水木玲

[制作協力]
アララ株式会社
田辺弘樹（シグレゴコチ）

学研の図鑑 LIVE
水の生き物

2016年7月12日　初版発行

発行人	土屋　徹
編集人	芳賀靖彦
発行所	株式会社　学研プラス 〒141-8415 東京都品川区西五反田 2-11-8
印刷所	図書印刷株式会社

NDC　483　224p　29.1cm
ISBN978-4-05-204327-7
©Gakken Plus 2016 Printed in Japan

本書の無断転載、複製、複写（コピー）、翻訳を禁じます。
本書を代行業者等の第三者に依頼してスキャンやデジタル化することは、
たとえ個人や家庭内の利用であっても著作権法上、認められておりません。
複写（コピー）をご希望の場合は、下記までご連絡ください。

日本複製権センター　　http://www.jrrc.or.jp
　　　　　　　　　　　E-mail:jrrc_info@jrrc.or.jp
　　　　　　　　　　　Tel:03-3401-2382

R〈日本複製権センター委託出版物〉

お客様へ
■ この本についてのご質問・ご要望は次のところへお願いします。
［電話の場合］
○ 編集内容に関することは
　　03-6431-1280（編集部直通）
○ 在庫・不良品（乱丁、落丁）については
　　03-6431-1197（販売部直通）
［文書の場合］
　〒141-8418　東京都品川区西五反田 2-11-8
　学研お客様センター「学研の図鑑 LIVE 水の生き物」係
○ この本以外の学研商品に関するお問い合わせは
　　03-6431-1002（学研お客様センター）
■ 学研の図鑑 LIVE の情報は下記をご覧ください。
　http://zukan.gakken.jp/live/
■ 学研の書籍・雑誌についての新刊情報・詳細情報は下記をご覧ください。
　学研出版サイト　http://hon.gakken.jp
※ 表紙の角が一部とがっていますので、お取り扱いには十分ご注意ください。

生物の進化

地球にあらわれた生物はさまざまです。この図鑑で紹介しているおもな水の生き物とほかの生き物とのつながりを見てみましょう。

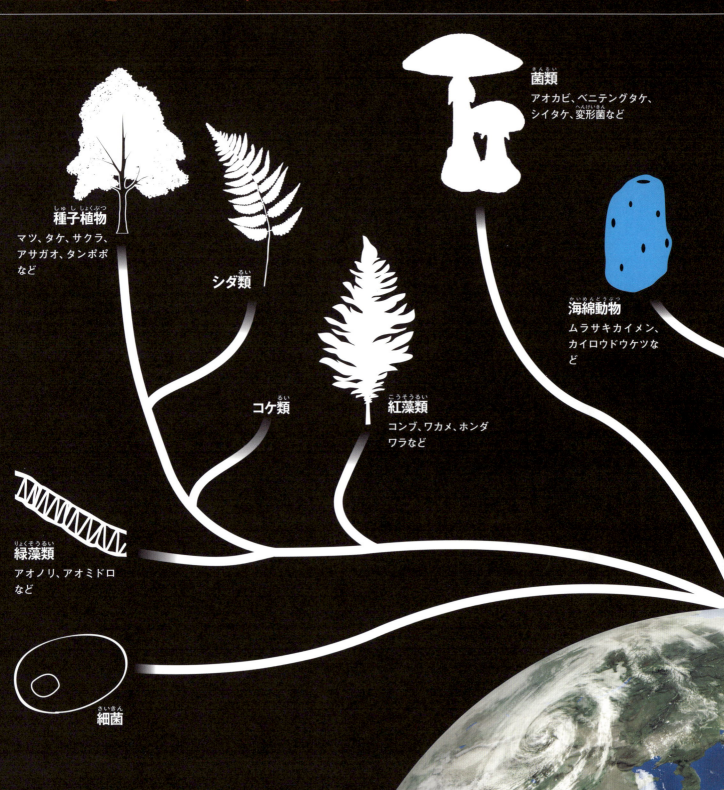